U0175019

贝聿铭全集
I.M.PEI COMPLETE WORKS

修订珍藏版

[美] 菲利普·朱迪狄欧　[美] 珍妮特·亚当斯·斯特朗 著　黄萌 译
Philip Jodidio Janet Adams Strong

北京联合出版公司
Beijing United Publishing Co.,Ltd.

贝聿铭在曼哈顿办公室中的一张家庭照片旁合影。照片中左边的那个小男孩就是儿时的贝聿铭。美国纽约，2002 年。艾略特·厄韦特（Elliott Erwitt）摄

贝聿铭和陈从周在香山饭店工地现场。中国北京，1982 年。马克·吕布（Marc Riboud）摄

贝聿铭在卢浮宫金字塔前。法国巴黎，1989 年。马克·吕布摄

目录

中文版序

　　离开中国八十多年了，而七十多年的建筑生涯大多在美国和欧洲，应该说我是个西方建筑师。我的建筑设计从不刻意地去中国化，但中国文化对我影响至深。我深爱中国优美的诗词、绘画、园林，那是我设计灵感之源泉。我很高兴有幸在中国参与了几项设计，从早期的香山饭店到近年的苏州博物馆，我都致力于探索一条中国建筑的现代之路。中国建筑的根可以是传统的，而芽则应当是新芽，这也是中国建筑的希望所在。我所做的仅仅是一点尝试，我对中国年轻的建筑师们寄予厚望。

　　木欣欣以向荣，泉涓涓而始流。

　　善万物之得时，感吾生之行休。

◀贝聿铭在他设计的国家美术馆东馆中。美国华盛顿特区，1978 年。

马克·吕布摄

后序：始于教堂，止于圣堂

林兵

2012 年春天，贝聿铭先生来到京都，为他的最后一件作品——美秀美学院圣堂揭幕，那年他95 岁。这座圣堂是为他的老客户神慈秀明会设计的。贝先生在揭幕前的晚宴上动情地说，他一生的设计源于 Chapel（教堂），止于 Chapel（圣堂），画了建筑设计生涯的一个完整的圆。

20 世纪 30 年代，年轻的贝聿铭曾就读于由美国圣公会创立的上海圣约翰中学和大学，大学一年级后便离开上海前往美国接受高等教育。在哈佛大学攻读建筑学硕士学位期间，他师从现代建筑鼻祖格罗皮乌斯。作为包豪斯的创始人，格罗皮乌斯所追求的是艺术与技术的结合、建筑与工艺的统一。格罗皮乌斯就中国建筑的现代化与年轻的贝聿铭进行了多次探讨，并这样评述贝聿铭在哈佛设计的上海博物馆：一名好的建筑师能够在不对创新妥协的同时，找到传统中永恒的元素。这句评语应该说预测了日后贝先生一生所追求的设计理念：就中国建筑设计现代化的问题而言，采用中国古建筑的诸多元素的表面化做法是不可取的，找到建筑所在地的人文元素才是设计精髓所在。

1946 年贝先生协助导师做了美国圣公会准备在上海建造的华东大学的规划设计。虽然该大学的规划因美国圣公会退出中国而未得以实施，但贝先生提出的现代建筑与中国传统空间结合的设计理念，不同于美国圣公会之前在中国建立的北京燕京大学、南京金陵大学等具有中国宫殿式建筑的校园规划。从当时的设计图纸来看，他在教室的屋顶设计上采用了单坡的处理手法，并通过建筑相围形成庭院，与六十年后设计的苏州博物馆异曲同工。他还将充满现代主义风格的设计通过中国传统山水画加以渲染，如同他三十年后设计的北京香山饭店。中国传统文化与现代主义建筑的融合是贝聿铭先生毕生的追求。

1953 年，贝先生受邀参与筹备中的东海大学的校园规划并实地察看。1953 年东海大学成立，选择台中的大肚山为校址。1955 年校董会正式邀请贝聿铭先生偕同当地建筑师张肇康、陈其宽二位先生规划设计东海大学校园。当时台湾的现代化发展刚起步，东海大学的校园规划和设计是一次不受传统约束的尝试。从校园规划来看，以文理大道为中轴线，各学院以四合院的形式置于两侧，整体规划中的中心部分即为路思义教堂。东海大学的规划由台湾建筑师继续完成，而贝先生则专心于路思义教堂的设计。这是贝聿铭先生最早设计建成的单体建筑，直至他退休之前挂在他办公室入口的便是路思义教堂的照片。

路思义教堂是美国《时代》《生活》杂志创办人路思义为纪念父亲路思义牧师捐资建造的。该建筑是结构与艺术的完美结合，也是清水混凝土建筑的早期呈现。贝先生并不是天主教徒，这是他首次设计宗教建筑，这之后再次设计宗教建筑将在六十年后，也将是他建筑生涯的最后一件作品。在路思义教堂设计之前的 1951 年，贝先生在欧洲游历了四个月，欧洲高大的哥特式教堂给他留下了深刻的印象，特别是哥特式建筑室内高耸向上的无柱空间。对他来说，路思义教堂的设计是对宗教建筑、中国传统建筑和现代主义建筑的思考和挑战。这是贝聿铭先生在西方学成后首次在亚洲设计，他希望这一设计能尝试达到东西方文化的结合：既有中国传统宫殿建筑的气势，又有哥特式教堂建筑中的宗教表现力，更必须是一座现代建造。

整个教堂的设计由四片弯曲的壳片组成，建筑平面为六边形，前后两组壳片既是墙体，又是屋顶，构成了20米高的无柱空间。光线由前后两片壳体交叉的缝隙进入，很具东方传统的光影效果。由于每片壳体略带弧形，可以独自直立。四片壳体组成的形体如同一个金字塔，非常稳固，可以抵御台湾比较常见的台风和地震。由四块曲面组成的无柱空间极具雕塑感，同时也是一种充满结构感的大胆创新。哥特式教堂通过高度展现上帝的创造力，而路思义教堂则通过建筑与结构大胆完美的结合来诠释神秘的教义。

当时与贝先生合作的是当地留法结构工程师方宪三先生。贝先生在多年后仍记得方先生在结构上所给予的巨大帮助。那是个没有电脑的年代，方宪三先生以其精准的计算和模型的制作，确保了此建筑的结构纯粹性。由于建筑是清水混凝土一次成型，模板的制作尤为重要。壳片的室内面采用了密勒梁，越往下，因受力越大，梁体越深。结构的模板由25名工人花了六周时间完成，用了1.8万根木材制模。拆模时工人非常紧张，甚至不敢站在模板下。在场的工程师在结构下方为他们壮胆。几天后，最后一块模板拆除后，整个教堂的结构便稳稳地站立在东海大学校园中。其实，在此之前，贝先生在美国的诸多住宅建筑中已经几次使用一次成型的建筑混凝土，对此非常有信心。

路思义教堂的外墙采用了菱形的琉璃瓦，菱形是与室内的密勒梁相呼应，琉璃瓦则体现了中国宫廷建筑用材的考究。琉璃瓦排列整齐，瓦间的缝隙下面较宽，越往上越细。施工方是台湾日据时代的技工，技术高超。外墙的底部有一个水槽，便于排水。2012年，东海大学对教堂进行了全面的整修。我与贝先生聊起此事，他看了当时整修的施工照片，当看到外墙的琉璃瓦照片时，他很高兴当年的琉璃瓦依旧完整。1999年路思义教堂经历了9·21大地震，整体建筑安然无恙，外墙琉璃瓦没掉下一块。

1963年路思义教堂落成。揭幕式上，东海大学董事会秘书长威廉·费恩说：因为贝先生不是基督徒，他的这件作品是艺术的神奇，而非信仰的力量。贝先生当时回应：该建筑遵循了结构体系和选材，并以设计逻辑和准则贯穿于其中。如同贝先生设计的许多建筑，他最擅长的便是将建筑的命题通过设计加以提升，在此，基督教从苦难中上升的教义通过空间得以体现。

1988年，也就是路思义教堂建成25年后，贝聿铭先生受邀为日本宗教组织神慈秀明会的会主小山夫人和女儿设计名为"天使的喜悦"的钟塔。神慈秀明会信奉"真善美"，崇尚自然、艺术和建筑之美。她们希望请到最好的建筑师来设计位于滋贺县总部神殿边上的钟塔，总部神殿是由著名日裔美籍建筑家山崎实先生设计的。这是贝聿铭先生从原公司退休后首次受邀，他被小山母女的诚意所打动，开始了之后长达二十多年的合作。钟楼完成后，贝先生再次受邀设计位于滋贺县信乐山的美秀美术馆。贝先生用《桃花源记》将中日两国的文化和美学联系在一起。美秀美术

馆位于自然保护区，大部分建筑位于山中，以植被覆盖。贝先生的设计理念在此以最完美的施工得以呈现。贝先生在美学上与小山母女有诸多的共鸣，她们成为他最满意的业主和挚友。在之后设计苏州博物馆期间，贝先生曾两次邀请小山女士到苏州老家，特邀她参加了 2006 年苏州博物馆的揭幕仪式。也就是在苏州，小山女士再次邀请贝先生参与美秀美学院的设计。当年 89 岁的贝先生希望在完成苏州博物馆的设计后能"退休"，但小山女士的邀请又一次打动了他，他答应次年秋天到日本参加美秀美术馆的 20 周年庆

典，并察看选址。美秀美学院位于美秀美术馆南面 10 千米，占地 25 319 平方米。贝先生坐着竹椅，亲自上山去选地。他对于最初的选址附近的高压线不尽满意，业主满足了他的要求，几天内就购置了更为合适的选地。由于贝先生年事已高，他只负责美秀美学院中圣堂的建筑设计。

圣堂位于美秀美学院的中心，与山崎实先生设计的美秀神殿在同一中轴线上。贝先生的美秀圣堂的设计原意就是一个简单的围合、聚集空间。他从东方的折扇中寻找设计灵感。无论是日本还是中国，扇子代表的是优雅。贝先生将扇面围合，

美秀美学院圣堂远景，2012 年

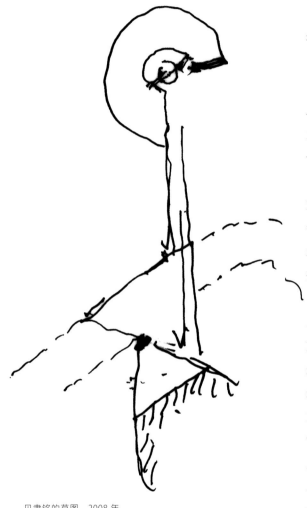

贝聿铭的草图，2008 年

在设计之初，团队通过对"∞"进行分析，得出平面最合理的几何体。建筑体的外立面采用了"双扭线"，建筑表皮采用的是不锈钢金属板，内侧则采用了木板。圣堂最初设计座位 240 个，后增加至 288 个。地下为更衣室及入口，地面仅为用于祈祷和冥思的圣堂。地面建筑面积为 610 平方米，地下为 1 250 平方米，建筑室内高度为 17.5 米。该建筑施工始于 2009 年，2012 年春天完成。对设计精益求精、从不放手的贝先生，因年事已高，无法经常亲临日本工地，依靠助手往来于美日之间，帮助管理工程的进展并即时向他报告。

该建筑设计简洁，用材讲究。外墙采用了 52 片、26 种尺寸不一的不锈钢板。这给金属板材的加工造成巨大难度。厂家经过多次研究，决定不采用分片焊接，而采用单片制模加工成型的做法，通过喷丸使完成面达到最完美的效果。为了满足如此长度的不锈钢板的制作，加工厂家对厂里的设备装置进行了改建，日本钢材公司为此项目特别定制了不锈钢卷材。室内采用了 8 000 多片大小不一的曲面红松夹板。木板间的夹缝放置了吸音材料，以确保室内完美的声学效果。美秀圣堂配备了现代建筑的空调系统，空调风口暗藏于地面的沿墙处和座椅下。负责的日本施工方在施工前建造了两片 1:1 的模拟外墙不锈钢板，以验证施工工艺和实际效果。

美秀圣堂体现了贝聿铭先生建筑设计的精细和完美，诸多贝氏经典的建筑细部在此得以应用。位于圣堂中心的圆形大吊灯为该设计空间量身定制。室内使用的石材是他在后期作品中经常使用

形成了一个轻盈的圆锥体，这就是美秀圣堂的最早构思。为了设计最完美的造型，贝先生一度在入睡前将纸和剪刀带上床，苦思设计，弄得一床碎纸。最后，贝先生通过几何与数学的完美组合，形成了最后的建筑形体。当贝先生在日本向小山女士介绍想法时，他告诉小山女士，扇子使他想起了小山女士的母亲——已过世的小山夫人。

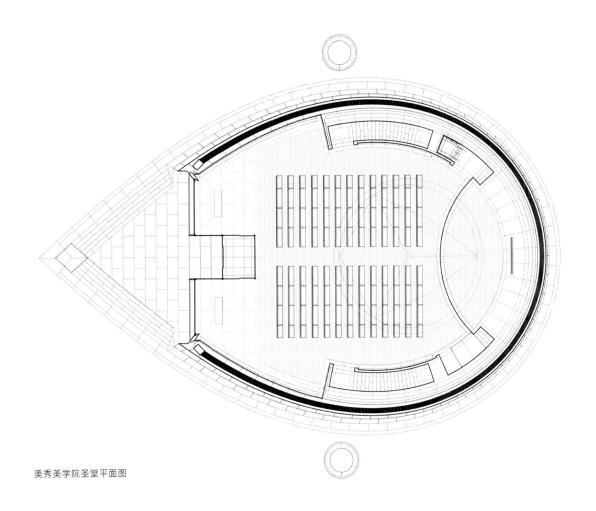

美秀美学院圣堂平面图

的法国石灰石。在建筑外部，他一如既往地追求泛光照明效果。建筑周边种植的是他最喜爱的日本红松，树木不小。在过去的几十年，贝先生经常笑眯眯地告诉他的业主，因为他已没有太多的时间去等小树长大。

美秀圣堂与路思义教堂规模近似，两者都具有很强的结构性。路思义教堂建造于20世纪50年代，由于受当时经济条件和施工技术等限制，该建筑没有空调，设计和施工上更为简单，因此也使建筑本身的简洁、纯粹得到更多的体现。相比之下，美秀圣堂无论在用材还是整体建筑设计上可谓尽善尽美。从路思义教堂到美秀圣堂的60年间，贝聿铭先生设计了大量公共建筑，这些建筑用材更为讲究，许多细部节点处理已成为经典，建筑中诸如照明、幕墙、陈设等都是一体化设计，以求建筑整体之完美。

虽然贝先生后期设计的建筑在各方面都显得更为"讲究"，但他对几何形体的钟爱和对结构真实表达的创作追求是一贯的。路思义教堂表现了结构的完美和纯粹，而美秀圣堂在结构的简洁之上有了更多的精致。路思义教堂的室内清水混凝土略显沉重，因此也使得进入室内的光略带"神韵"；而美秀圣堂的空间则较为轻盈，阳光从天窗普照圣堂内，淡木色的室内空间使身在其中的人们感受空间的明亮和轻松，并通过完美的空间去感受"真善美"的教义。贝聿铭先生经常说自己是现代主义建筑师，现代主义设计理念的坚持始终贯穿于其设计生涯。

2012年4月，贝先生携夫人参加了美秀圣堂的揭幕仪式。在揭幕式前一天，他坐着轮椅来

美秀美学院圣堂入口，2012 年

到圣堂，此时的贝先生很庆幸又一个建筑作品即将揭幕。漫步其中，他应该很欣慰从路思义教堂到美秀圣堂所走来的一路。对喜爱贝氏建筑的人们来说，他给予世界太多的经典和感动。经常有人问贝先生他后期的作品是否将是他的"封山之作"，他大多笑而不答，对他来说，设计与生命是共存的。

美秀圣堂是贝聿铭先生的最后一件作品，《贝聿铭全集》首版时尚未完成。谨以此文作为《贝聿铭全集》中文版再版之后序。

建筑是艺术与历史的融合

贝聿铭

年轻的时候我在中国，不懂到底什么是建筑，还以为那就是一种工程技术，脑海里完全没有设计的概念。我那时候学的都是物理啊、数学啊，没有学艺术、历史。后来才明白，建筑其实是属于艺术和历史范畴的东西。在麻省理工学院，我学的是工程学。在那里，威廉·爱默生（William Emerson）第一次让我思考了建筑的问题。[1]麻省理工学院的建筑学院和哈佛大学有一些联合项目，所以在沃尔特·格罗皮乌斯（Walter Gropius）加入哈佛之前，我已经接触了哈佛。[2]那时候麻省理工学院还沉迷于学院派风格（Beaux-Arts），所以当格罗皮乌斯和马塞尔·布劳耶（Marcel Breuer）去了哈佛，我立刻产生了兴趣，决定去那里读研究生。

在哈佛读研的最后一年，我在格罗皮乌斯教的班级学习。他允许每个学生自由选择课题。我对他说我想做点关于中国的项目，因为我认为建筑和历史紧密相连。他没有提出任何反对意见，只是简单地回应道："很好，你来证明一下吧。"我决定为上海设计一座博物馆。那时候，中国所有的博物馆都被建成了新古典主义风格。在我看来，柱廊和三角山墙的艺术风格都是错的，因为中国文物往往比较小。我了解中国艺术，因为我的家族一直热衷于收藏中国古董。我认为博物馆的设计风格应该顺应其藏品的风格，格罗皮乌斯完全同意。1946年，我在哈佛设计的这个建筑和苏州博物馆颇有相似的地方，只不过它早了60年。

1948年，当威廉·泽肯多夫（William Zeckendorf）决定为韦伯奈普公司（Webb & Knapp）创立一个建筑部门的时候，我正在哈佛教书。[3]他让菲利普·约翰逊（Philip Johnson）列一个建筑师的名单，名单里有我。于是，我就去纽约工作了。我们到处看地，我也开始了解房地产业。不过在相当长一段时间里，我们除了宏伟的想法，什么也没建成。直到建造基普斯湾大厦才开启了我的建筑生涯，也给了我信心。那段时间我崇拜密斯·凡·德·罗（Mies van der Rohe）。我胸怀大志，别看是初出茅庐，但是我想超越密斯。他喜欢把墙体遮蔽起来的方案，通常是在一个框架中间饰以玻璃和金属。我说，想象一下把墙体本身当作立面装饰，完全可以一步到位而不是分成两步。这就是基普斯湾项目和后来泽肯多夫的低成本房子的灵感来源。

我为威廉·泽肯多夫工作了十年，虽然没建几座房子，但是我和我组建的团队所做的工作，是做大规模的城市规划，这给我们提供了当时其他的年轻建筑师所没有的视野。在基普斯湾项目之后，我开始感受到低成本建筑的局限性，想做点不一样的东西。第一个机会来自丹佛。国家大气研究中心（NCAR）的沃尔特·奥尔·罗伯茨博士（Dr. Walter Orr Roberts）邀请我在一块台地上建一个研究中心。我欣然接受邀请。[4]大气研究中心项目给了我机会，第一次让我能够把建筑当作艺术来做。

继罗伯茨博士之后，我的最重要的机缘是和杰茜·肯尼迪（肯尼迪总统的夫人杰奎琳·肯尼迪的昵称——译注）会面。那是1964年，她为肯尼迪图书馆的事面试我。在所有她约见的建筑师里，我可能是最不像能成功得到这个机会的人，但是最终她选择了我。后来有一些项目找到我，一定程度上就是因为我建了肯尼迪图书馆而获得的声望，比如华盛顿国家美术馆东馆。再后来，就像埃米尔·比亚西尼（Emile Biasini）说的那样，正是因为我设计建造了华盛顿国家美术馆，我生命中的又一个贵人——弗朗索瓦·密特朗才选中了我来设计大卢浮宫项目。生命中，你往往需要一些特别有远见的人拉你一把。我很幸运，认识不少这种特殊人物。

我对公共建筑最感兴趣，在我看来，最好的公共建筑项目就是博物馆。博物馆是我的心头之好，因为它汇集了一切。卢浮宫是一个建筑，但是远远不止于此，它更是文明的符号。建博物馆的时候，我变得博学。如果我不深入了解那些东西，就没法设计。从我在哈佛师从格罗皮乌斯设计的第一个项目，到我最近的工作，博物馆一直是最好的主题，它提醒我们，艺术、历史和建筑其实是合而为一的。

前言

卡特尔·威斯曼（Carter Wiseman）

1889 年埃菲尔铁塔建成的时候，获得了巴黎民众的热情赞美，但是在艺术界和建筑界却是一片批评声。甚至在建筑完工前，连巴黎歌剧院的建筑师查理·加尼亚（Charles Garnier）那样的人都在一份请愿书上签了字，宣称这座铁塔是连"商业化的美国都不要的"，还指责它"毫无疑问是巴黎的耻辱"[1]。当然最后还是民众赢了，埃菲尔铁塔很快超越了巴黎圣母院，成为了最有辨识度的城市名片。

整整一个世纪以后，同样的一场大戏围绕着贝聿铭的玻璃金字塔上演了。这是卢浮宫博物馆一系列改造和重新规划项目中新入口的设计方案。最初人们的反应是震惊，认为这个设计扭曲了法国最神圣的文化殿堂。"简直难以忍受！"[2]《费加罗报》怒吼。《法兰西晚报》则宣称："这是暴行！"[3] 但是后来，这些反对声被普遍的赞誉淹没了。实际上，贝聿铭的金字塔现在已经全面取代埃菲尔铁塔，成为了城市的象征。它被印在明信片、旅游手册，甚至小学生的教科书上。

这两个故事的相似之处，不在于民意的力量决定着建筑的成功，而在于建筑的基本理念产生了巨大力量。埃菲尔铁塔炫耀着工程的奇迹，它严谨优雅的形象吸引了眼球，也征服了人们的观念。贝聿铭的金字塔是极简的几何图形，在现代化和高科技的辉映下同时印证了传统的形象和技术的骄傲。从他在麻省理工学院和哈佛大学度过的学生时代，到他 2006 年在故乡中国完成一座博物馆，在这 70 年的建筑生涯中，最关键的一点就在于此。他是一个精通工程的现代建筑师，但是从未忽视隽永的艺术感受和文化价值。

贝聿铭的某些建筑看起来似乎严谨又规整，这些作品反映了使用者的需求与评论家们挑剔的眼光。在他身上，浓缩着典型的美国式个人奋斗史：一个中国移民，深刻地领会了美国所能赋予的，但是又从未丢弃他在另一块土地上的故乡情结。更为奇妙的是，凭着一颗年轻而灵活的心，他在晚年的时候又拥抱了欧洲古典文化，接着又带着从未衰减的好奇心触及了日本传统文化和中东文化。

贝聿铭复杂的感性风格是逐渐显露出来的。他 1917 年生于中国的贵族阶层，父亲是中国银行高管。他少年时就读于上海的精英学校，和很多他这个阶层的孩子一样，会出国接受高等教育。1935 年，他的第一站到了费城，进入宾夕法尼亚大学建筑系。但是他被同班同学高超的美术功底吓到了，觉得自己在设计方面没前途，于是放弃了，转学到麻省理工学院学习建筑工程。

那时的麻省理工学院是技术的中心，和美国其他所有建筑学院一样，秉承着巴黎美术学院的传统，教学的基础是古典理论。虽然麻省理工学院的教学水平还不错，但是已经过时了。在法国，勒·柯布西耶（Le Corbusier）已经发展出了"房子就是居住的机器"这种思想，和来自德国、荷兰的改革派一样，彻底抛弃了代表没落王朝的新古典主义风格。

这场运动的领袖是沃尔特·格罗皮乌斯，他曾经是德国包豪斯学校的校长，在纳粹上台后，接受聘请到哈佛大学设计学院研究生院担任建筑系主任。格罗皮乌斯给这些年轻的建筑师描绘了一个激动人心的前景。这是一个"改变世界"的机会，他要扫除这些年来陈腐的美学观念，拥抱新的建筑材料和现代理念，开启一个新时代，造福社会。许多人被这个观念打动了，贝聿铭也是其中之一。他从麻省理工学院毕业后，去哈佛大学设计学院读研究生。在那里，他发现了一个全新的世界。格罗皮乌斯致力于"老老实实地"表现建筑结构，反对任何矫揉造作的装饰。他认为建筑史束缚了人们的创造性，学生们都被来自古希腊、古罗马、文艺复兴时代的佛罗伦萨的建筑杰作吓傻了。（格罗皮乌斯甚至禁止在哈佛大学的建筑学教学大楼里摆放古典主义的石膏像，还取消了建筑系研究生的建筑史课程。）

尽管贝聿铭对格罗皮乌斯的这种决不妥协的激进方法抱有警惕，但这个年轻的中国新移民还是在系主任的指导下完成了自己的毕业设计。在这个过程中，已经可以看出他的风格和正统的欧洲现代主义风格略有不同。他为上海设计了一座艺术博物馆，围墙拔地而起，周围花园环绕。

这种设计的灵感深深根植于贝聿铭的个人经历。他的家族在中国古城苏州拥有一座私家古典园林。苏州在上海的西北边，运河纵横，几个世纪以来一直是中国的文化中心，被作家们誉为"东方威尼斯"。苏州的文人墨客营造的古典园林颇具特色。围墙小心翼翼地围挡着园内的风景，小中见大，是大自然的微缩再现。花园被奇石点缀，这些石头由"宕户"（采石匠）精心打造。他们把这些石头置于江河湖泊，经由水流和时间侵蚀雕刻，最后运到花园里，时刻提醒着观者"时间的力量"。园林中小径和亭台楼阁的布置经过了精心设计，移步易景，只为给观者提供最好的景

观。所有这些范例，都会随着贝聿铭事业的成熟，越来越多地被考虑到他的作品中去。

他在哈佛大学的同学很多后来都功成名就，比如爱德华·拉勒比·巴恩斯（Edward Larrabee Barnes）、约翰·约翰森（John Johansen）、菲利普·约翰逊 以及保罗·鲁道夫（Paul Rudolph）。他们当然没有像贝聿铭这种独特的中国传统园林知识。更让他们料想不到的是毕业以后贝聿铭的选择，他走了和他们截然不同的道路。

那时候大多数刚毕业的研究生起步都从扩建朋友或者亲戚的度假别墅开始，贝聿铭却转而为开发商工作，设计住宅项目。这还不是一般的开发商，而是威廉·泽肯多夫，他是纽约房地产业最耀眼的领军人物，他造的房子正是人们想要的，也是卖得最好的。从泽肯多夫那里，贝聿铭学到了高端融资、城市规划、政策法规、商业上和个人生活中的实务操作。（泽肯多夫会租一架飞机，在城市上方飞一圈，着陆的时候，就能给市长提出一整套城市重建计划。）他们还有更深的关系。实际上，在这位年轻的建筑师心目中，泽肯多夫几乎扮演着父亲的角色，贝聿铭的妻子评论说，贝聿铭那时候就像一个空瓶子，泽肯多夫往里面装了麻省理工学院和哈佛大学学不到的现实世界的知识和经验，也给了他成长经历中没有感受过的情感上的温暖。[4]

毫不奇怪地，泽肯多夫的疯狂扩张终于导致财务危机和创意枯竭。随着泽肯多夫帝国的衰落，贝聿铭决定自己出来单干，还带走了包括亨利·考伯（Henry N. /Harry Cobb）在内的一些新锐建筑师。

过了几年，贝聿铭联合事务所（I. M. Pei & Associates）设计建造了上百幢建筑，其中很多都很挣钱，但是在审美上没有什么特别值得一提的。作为高级合伙人，很多不那么重要的委托都是团队里的其他成员负责的，但是由于署名的都是他，贝聿铭的艺术性似乎被他作为一个成功商人的光芒掩盖了。

商业上的成功保证了贝聿铭联合事务所可以自由地追求艺术性。最好的例子就是作为一个名不见经传的小公司，可以得到建造国家级项目的机会。那是位于科罗拉多州博尔德市（Boulder）的国家大气研究中心。国家大气研究中心是一个科研机构，中心主任沃尔特·奥尔·罗伯茨博士认为这座建筑应该适合落基山脉神奇的地貌，具有艺术感。罗伯茨是一个有着独特品味的人，比如他在背带裤上还要系着腰带。他热情洋溢地给贝聿铭介绍了自己将要在这座建筑里完成的研究项目和建筑所在的台地的地貌。（有些话是晚上在台地上喝着红酒说的。）结果催生了一座具有未来感的混凝土结构的建筑，这种风格在当时被称为野兽派。这座建筑后来曾被用作伍迪·艾伦的电影《沉睡者》（Sleeper）的场景。其中蜿蜒曲折的道路又使整个建筑柔和起来，这不禁让人想起苏州园林里的石头小径。

1967 年完工的国家大气研究中心的成功，为贝聿铭打开了一扇大门，带来了使他一跃成为著名建筑师的新机会。这个机会就是在马萨诸塞州的剑桥市为纪念肯尼迪总统而建的图书馆。在当时那可是最抢手的项目，于是相对来说没什么经验的贝聿铭不得不与那时当红的建筑师们竞争，其中包括路易斯·卡恩（Louis Kahn）、密斯·凡·德·罗以及保罗·鲁道夫。最后，竟然是贝聿铭胜出。制胜的关键是他对客户肯尼迪夫人感同身受。（总统的遗孀说：我觉得我可以和贝聿铭共同完成一个壮举。[5]）但是谁能想到开始这么顺利，后来却陷入了泥潭。被一些人称为"布莱托街的精英"（the Brattle Street elite）的剑桥社区成员站出来反对这个建筑项目，他们担心这座建筑会引来大批游客，扰人清静。最终，图书馆被迫重新选址到远离尘嚣的波士顿湾的一个填埋区。到 1979 年竣工的时候，艺术家最初的艺术构思已经所剩无几。叹息这个并不算美好的结局，肯尼迪夫人说："我们只能尽人事，听天命吧。"[6]

尽管如此，单单是中标肯尼迪图书馆的项目这件事，就已经使贝聿铭稳坐顶级建筑师的交椅。就在那时，名声如日中天的事务所（这时已经改名叫作"贝聿铭合伙事务所"［I. M. Pei & Partners］）却遇到了几乎致命的打击。波士顿的约翰·汉考克办公大厦的窗户出了问题。这座建筑主要是由贝聿铭的合伙人亨利·考伯设计的。最终找出原因是玻璃的质量问题。坏了的玻璃被换上木头挡板，公众挪揄这座建筑是"世界上最高的小木屋"，这严重地影响了事务所的声誉。

由于濒临倒闭，贝聿铭合伙事务所接了很多小工程来渡过经济危机。当然有一些是之前已经接手的项目，比如雪城的埃弗森博物馆、康奈尔大学约翰逊艺术博物馆，还有乔特学校的保罗·梅隆艺术中心。乔特学校的委托人是保罗·梅隆（Paul Mellon），他是美国最富有、最有教养的人之一。

和贝聿铭一样，梅隆的父亲也是一位杰出的银行家，也和儿子关系疏远。虽然不能断言是相似的家庭背景使这两人一见如故，但毋庸置疑的是，贝聿铭和梅隆的私人关系远超过一般的商业合作关系。由此诞生了一个新的委托项目，那就是由梅隆的父亲赞助的华盛顿国家美术馆的扩建项目。我们现在都把这里叫作国家美术馆东馆。这座建筑被认为是后现代建筑的丰碑。它让人耳目一新的几何结构、多姿多彩的建筑材料和毫无瑕疵的细节处理，是机遇、天才和财富的完美结合。获得成功更为重要的要素是建筑师和客户之间真诚的情感共鸣。

另外两个重大项目由于缺少这种共鸣，结果喜忧参半。一个是北京西郊的香山饭店，这是一个政府委托项目。贝聿铭希望能把现代风格和中国传统的感性元素结合起来。虽然这座建筑最后基本实现了贝聿铭的愿望，但是并未得到一些政府官员的认可，他们没有认识到这座建筑的深远意义，这使贝聿铭大感失望。

这种失望既是个人的沮丧，也是作为建筑师的遗憾。当时，贝聿铭的想法可能太天真了，他希望这个作品能成为中国审美的催化剂，促使他的祖国从千篇一律的苏联式设计迅速转向兼具中国特色和现代主义的审美趣味。为了实现这个愿望，他读了万卷古书，研究中国传统文化；又行了万里山路，寻觅最合适的山石装点酒店的花园，还费尽心思保护香山独特的自然环境和森森古树。但现实中，他不得不疲于应付当地政府的事务性工作，还得应对中国当时相对落后的施工技术，在项目过程中产生了无数的混乱和挫折。最

后，在一次和中国官员的会议上，贝聿铭终于大发雷霆，他形容称："我觉得自己当时就像那种典型的美国商人，觉得自己被外国人欺负了，大喊大叫，拍桌子瞪眼睛。没想到，我吵赢了那一架。我这才意识到，我不像自己以为的那么中国化。"[7]

另外一个位于纽约市的项目——雅各布·K.贾维茨会展中心，主要由贝聿铭长期的合作者詹姆斯·伊戈尔·弗里德（James Ingo Freed）负责。这个项目也同样陷入了和市政府的纠缠，后来因为建筑材料的问题而停滞不前，几乎导致了和汉考克办公大厦一样的危机。

在公司前景晦暗的那个时期，贝聿铭的合伙人亨利·考伯因为汉考克办公大厦事件独自品尝苦果。他说，他的合伙人最成功的作品其实是这个建筑事务所。确实如此。虽然其他合伙人或公司成员可能觉得他们的成就没有被充分认可，但是在心里，他们都认可贝聿铭合伙事务所是一个独一无二的企业，这个名字享誉世界，代表着工作能力和专业精神。贝聿铭的工程师背景保证了事务所作为一个号称艺术创新的公司，其技术服务水平是无与伦比的。还有这里的企业文化非常独特，不同于其他任何这种类型和规模的事务所，许多员工都觉得这里像一个家庭。虽然前台的装潢简洁严肃，但是就在这繁忙的一天快要结束的时候，后面办公室飘出来的爆米花的阵阵香气带来了浓浓的人情味。（当然了，并不是所有客户都喜欢这种味道，到了80年代，这种爆米花仪式渐渐被废止了。）

全体员工团结一致，共同的目标和合作的精神让公司挺过了最困难的时期。经历了像汉考克

办公大厦、香山饭店和贾维茨会展中心这些危机，公司仍然保持着稳定的设计理念。在之后的几年，贝聿铭和他的合伙人们走出低谷，设计了一系列出色的作品，最著名的要数达拉斯的莫顿·H. 梅尔森交响乐中心，还有香港中银大厦。

这些建筑都很精彩，但是毫无疑问，它们都被贝聿铭接到的另一项委托夺去了光彩。1983年，法国总统弗朗索瓦·密特朗邀请贝聿铭重新规划卢浮宫博物馆。这个绝佳的任务让贝聿铭建筑生涯中所有的经验都熠熠生辉，包括跟泽肯多夫学到的城市规划经验、肯尼迪图书馆中练就的政治博弈能力、为梅隆建造华盛顿国家美术馆东馆收获的博物馆经验，还有在香山对文化遗产的探索。也许正是贝聿铭身上这种难得的综合性，使他当仁不让地成为最佳人选。当然也有人强调法国人和中国人之间具有某种相似性，他们重视的是文化而不是国别。这个项目再一次证明，客户这个角色在项目中至关重要。贝聿铭与密特朗相互理解，相信彼此都是珍贵的文化遗产的保护者，而密特朗能够用掌握的权力和资源来为这个项目保驾护航。

贝聿铭毕业后为泽肯多夫工作时，曾经习惯于在一定程度上牺牲了自己的创造性和独立性。卢浮宫项目似乎激发了新的创作激情和渴望。与此同时，他对其他文化也产生了浓厚的兴趣，而且他似乎急切地想要摘掉"建筑商"这顶烦人的帽子，想让自己的形象更接近一个建筑艺术家，而非商业建筑师。第一步，他把公司的名字从贝聿铭合伙事务所改为贝聿铭-考伯-弗里德合伙事务所（Pei Cobb Freed & Partners），以表彰他的主要合作者们多年来所做的贡献。第二步，他在1990年彻底从公司退休，成为独立建筑师，只是在重大项目上和事务所保持合作关系。

贝聿铭离开公司的主要原因被称为"卢浮宫效应"。他与密特朗合作所取得的巨大成功，震动了其他国家首脑，贝聿铭的名字简直具有宣传上的魔力。德国总理赫尔穆特·科尔迫切希望贝聿铭来柏林设计一座博物馆。卢森堡政府也希望这个小国能借贝聿铭设计的博物馆而声名远扬。这些项目进展顺利（柏林博物馆于 2003 年落成，卢森堡博物馆于 2006 年落成）。但由于客户中缺少对建筑有共同理解的大人物，建筑的理念不得不让步于当地政治势力和官僚主义，这些建筑可能不能代表贝聿铭的主要成就。

由德国和卢森堡工程产生的挫折感，终于被一个梦想中的项目缓解了。那是一个群山环抱中的艺术博物馆，客户委托时几乎没有提到资金限制。这就是日本大阪南部的美秀美术馆。客户是小山美秀子，一个宗教团体的领袖，她认为艺术和自然是获得精神满足的渠道。虽然身为日本人，但小山女士读过贝聿铭小时候熟读的经典。尽管语言不通，但他们的审美意趣息息相通。最后的设计方案，是在山体中挖出一个蜿蜒曲折的美术馆。观众先要穿过一条隧道，然后经过一座壮观的桥，才能到达。贝聿铭突破了自己惯常的几何图形风格，为这座建筑设计了极为奇妙的流动感。这标志着他回归到他在哈佛大学师从沃尔特·格罗皮乌斯工作室做毕业设计时所做的探索。

2000 年，贝聿铭受邀在卡塔尔的多哈市设计一座伊斯兰教艺术博物馆。他进行了更为大胆的探索。几乎同时，他还在 2001 年接受了另一个艺术博物馆的项目，即苏州博物馆。贝聿铭的两个儿子贝建中和贝礼中都是建筑师（贝聿铭的长子贝定中曾经参与过苏州的城市规划工作，于 2003 年去世）。苏州项目同时邀请他们共同参与建设，他们得以一起踏上跨世纪的让人感慨的回乡之路。新建筑选址在贝家以前的私家花园附近，这让人想起数年前在香山试图重塑当代中国建筑风格所做的努力。不同的是，这次他受到了热烈的欢迎，这个项目本身也更有吸引力。无论是设计还是材料，苏州博物馆将传统与现代相结合，是对他人生起点和艺术、文化及个人历程的高雅致敬。

贝聿铭为现代建筑史贡献了无可争议的杰作，国家美术馆东馆和卢浮宫的改建就是明证。在许多同时代的建筑师中，他注定会青史留名。他在哈佛大学的校友兼同事菲利普·约翰逊在去世两年后被媒体称为"全美建筑总长"。在约翰逊漫长的 98 年的人生中，其代表作还是那座 1949 年为自己建造的叫作"玻璃屋"（Glass House）的度假小屋，当时他只有 43 岁。（当然他作为改革者和历史学家的成就另当别论。）另外两位曾经声名显赫的设计学院研究生院毕业生保罗·鲁道夫和爱德华·拉勒比·巴恩斯，名字也从人们的记忆中渐渐淡出。那些所谓的后现代主义建筑师也无不如此，比如罗伯特·文图里（Robert Venturi）和迈克尔·格雷夫斯（Michael

Graves）。他们在 20 世纪 70 年代和 80 年代如日中天，但是现在这些曾经闪耀的明星渐渐失去了光彩。

多年来，一些评论家（可能出于嫉妒地）认为他擅长与权贵打交道。但这种评论所忽略的是如果建筑师的目标是创造伟大的建筑，尊重并满足业主的愿望和善用资源便是必需的重要技能。同时，他们也忽略了这样一个事实：和同时代的建筑师们相比，贝聿铭无疑是一位艺术家。他坚持着理性的几何结构，从未被任何意识形态所左右。就算在学生时代，沃尔特·格罗皮乌斯的正统现代主义对他来说其实也是一种束缚。而后现代主义主张的对历史的重新研究让他觉得流于表面。他虽然不排斥新技术，但是并不提倡用电脑来辅助设计。人们只需看看香港中银大厦就能明白他是怎样通过结构创新与美学相结合来改造传统的摩天大楼的。美秀美术馆践行了他在学生时代就追求的天人合一的理想——建一座与自然风光和谐统一的博物馆。很少有建筑师能用一生的作品来印证他敏感的艺术性随着时间的流逝而渐渐成熟。

其实，贝聿铭还有一项了不起的成绩，他的作品数量超过几乎任何一位同时代的建筑师，他为许多客户提供始终如一的高品质设计，其中也包括来自他的祖国——中国的委托。

90 岁的贝聿铭说，也许他成功地实现了青年时的梦想，但是仍然能找到来时的路。

1948—1995：贝聿铭，连续与进化

珍妮特 · 亚当斯 · 斯特朗

　　贝聿铭总是希望自己被称为现代派建筑师，他从不因袭前人，大胆运用最前卫的建筑语言和新技术。在实现这个愿望的美好过程中，他的作品还像镜子一样照出了我们这个时代的各种特殊事件，反映着时代特点：第二次世界大战的结束、民用航空的兴起、城市化进程、种族骚乱、男女同校；在世界范围内，有社会主义中国的崛起、夏威夷州因太平洋战场而设立、冷战、现代大气科学的诞生、约翰 · F. 肯尼迪遇刺、新加坡共和国成立；在他的职业生涯后期，又见证了中国对西方的开放、香港从英国统治下回归、德国重新统一以及中东国家的兴盛。

　　贝聿铭的职业选择是时代的产物。从麻省理工学院和哈佛大学毕业后，他没法回中国，于是就加入了战后美国的经济建设。战后的美国，遍地都是机会，幸运的新移民们带来了新的思想。在哈佛大学设计学院，贝聿铭的天才老师们都是来自德国包豪斯的战争移民。贝聿铭则为他们的西方哲学带来了东方视角。正是在那个时代，以毕加索为代表的早期立体主义者们为美国艺术注入了新的生命力，也为贝聿铭奠定了在现代建筑中用雕塑手法塑造实体和空间的基础。值得一提的是，战后的繁荣和更多的闲暇时光使博物馆建设正当其时。贝聿铭在那时建成了他后来建造的十多个博物馆中的第一个。这使他成为历史上少有的站在大众文化中心的建筑师。

　　对贝聿铭影响最深的是风格迥异的两个人：一个是包豪斯学校的创立者和理论家沃尔特 · 格罗皮乌斯，另一个是房地产开发商威廉 · 泽肯多夫，他们教会他在着手工作之前要先冷静分析。

　　贝聿铭的朋友马塞尔 · 布劳耶也是一个重要人物，他向建筑界注入了人文主义。而勒 · 柯布西耶可能比布劳耶还重要，贝聿铭以他为自己的"导师"。他们很多年后才得以相见，但勒 · 柯布西耶的著作唤醒了还沉浸于麻省理工学院学院派风格的贝聿铭。贝聿铭凭借自己严谨的工程和中国传统背景，很好地融合和平衡了这些影响。贝聿铭从小生活在注重传承的诗礼之家，作为世界上最古老文明的继承者，贝聿铭不可能无视历史和传统。自从香山饭店项目以来，对文化根源的探寻一直是他的作品的主旋律。这种探寻从始至终贯彻着。最活跃的现代主义追随者同时又是一个纯粹的传统主义者。尽管贝聿铭在实现美学目标时使用几何图形作为基本元素和技术手段，但他一直坚决抵制标志性风格，而宁愿从地方特色和历史性中汲取灵感。他的作品风格统一，不会有颠覆性的异端，却又灵活多变，站在技术革命的前沿。在建筑时尚的快速变化中，他信心十足，从不随波逐流。

　　贝聿铭经常感叹，他在泽肯多夫的韦伯奈普公司工作了 12 年，作为管理者，他只能把工作分配给别人做而耽误了他的创造性。其实这些经验深化了他对城市发展的理解，并使他了解了其背后的力量。贝聿铭的社交能力和务实精神使他能够在错综复杂的政治经济体制中长袖善舞，解决棘手的问题。这些经验对他后来的工作颇有好处，比如大卢浮宫改造项目。

　　贝聿铭一直喜欢建筑的概念层面的设计，他鼓励其他人共同参与建筑物的建造过程，以减少日常工作的参与。他有一种颇具传奇色彩的能力。

他会突然出现在项目组，开一个简短的会议，然后就能取得重大突破。他凭着自己的专注力和视觉上的高度敏感性，能迅速地找到解决方案。这个过程被中国同事描述为中国水墨画中那寥寥几笔，速度很快，又清新脱俗。因为他清楚他要的是什么。

贝聿铭的建筑方法就像他孩提时代学习的中国古代典籍中讲究的"言简意赅"。"一笔能完成的时候，为什么要用两笔？"他问道，"你需要认清项目的难点，对它们的优先等级进行排序，这样你就找到了问题的关键，然后才能解决问题。如果你不带着问题去做事，你的解决方案就只是空想，纯属浪费时间。这还远未到能开始设计的阶段。换句话说，你在处理形式、空间、光线和布局这些建筑要素之前，需要先把非常庞杂的客户需求解读成具体的实质性的建筑语言。这可不容易，要花好多时间。你必须剥离那些不那么重要而且抽象的需求。这是我从'老子'那里学到的，他说'多言数穷'，他认为语言要简化再简化，直到只剩下必要的东西。我的方法也是简化。我们一旦确定了关键问题，就一个一个地解决它们，从头到尾，始终要保持思路清晰。这整个过程从复杂开始，然后变得简单、更简单、最简单，等到了建筑的具体开发和细节设计阶段，又回归复杂。"

贝聿铭不怎么解释他的思维过程和思想方法。虽然在本书的前言中，他确实提到了一些激发他的设计灵感的事件，但通常他很少把他的想法落于纸面。他的作品集早已被广泛发行数十年，但是并没有一部核心论文供学生学习，也没有成立"贝聿铭学派"。然而，在贝聿铭创立的公司中确实有大量忠实的追随者，这促使他成功。贝聿铭是公司的灵魂。这家公司常常被誉为他最伟大的作品。到他退休的时候，有大约 2 000 人曾为他工作，这相当于一个小镇的人口，跨度有几十年，分散在各个地方，其中许多人都成就非凡。可以肯定的是，并非所有人都学到了同样的东西，但某些核心价值观是一致的，包括协作精神和对城市项目的关注、精良的设计、建筑上的匠人精神。当然，还有对贝聿铭的忠诚和热爱。贝聿铭1990 年从贝聿铭-考伯-弗里德合伙事务所退休。他重新踏上征程，开始了对历史脉络的探寻，将他漫长职业生涯的最新篇章谱写到欧洲和亚洲文化的寻根之旅中。

螺旋公寓

THE HELIX
美国，纽约州，纽约市　1948—1949 年（未建成）

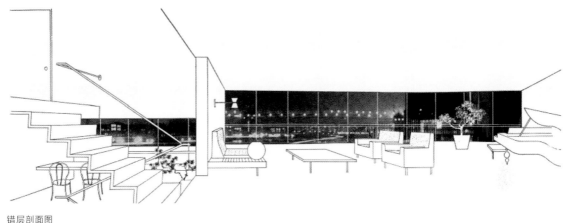

错层剖面图

当纽约的富人流行往郊区搬家的时候，威廉·泽肯多夫发现自己手里剩下大量战前富丽堂皇的大户型公寓。与此同时，从战场上回来的退伍兵们对方便的一居室的需求大幅增长。拆除或者改造过时的住宅和建新房子一样花钱，泽肯多夫断定房地产市场是周期性的，过不了几年，人们会重新产生对大户型套房的需求。他对麾下的建筑师说："聿铭，如果你能设计一栋可以随意改变大小的公寓，我们马上就开工建造。"[1]泽肯多夫半开玩笑地描绘了一棵住宅树，有一个主干，树枝分叉成单独的平台，或者分成很多格，每个家庭可以根据需要在上面建造大小不同的房屋。

两个星期后，贝聿铭做出了一个革命性的方案。那是一座有 21 层的圆柱形塔楼。[2]这个设计被有机地构思为一个个灵活组合的楔形公寓，以半层为单位拾级而上，穿成一串，围绕着中心的树干螺旋形上升。房间呈放射状，整体建筑从中央塔柱辐射而出，像一棵树，上面套着一个个同

心圆。从内向外，中间采光不好的部分是中心塔柱，向外是享受更多自然光和景观的越来越大的生活空间。混凝土墙负责承重，也把一间间公寓隔开，这样房间里就不再需要柱子了。

每层中心都设有消防通道和两部电梯。每部电梯都位于一个短短的弯曲走廊中，同时供四套公寓使用。向外一层的环形区域安装管道，这些水电管道及线路同生活区很近，这就大大节约了不必要的管道走线。

房间最窄的区域是第三圈。这里是可以灵活布局的厨房和浴室。在其外第四圈，延伸出一个 25 英尺（约 7.6 米）深的巨大空间，用来做起居室、卧室和餐厅，同样可以灵活布局。螺旋公寓的最外圈是宽阔的阳台，有 8 英尺（约 2.4 米）深、35 英尺（约 10.7 米）长。塔面的弯曲遮挡了邻居的视线，因此这些阳台拥有很好的私密性。上面的房檐能够挡住阳光。这个大阳台为闹市中的人们提供了远离城市喧嚣的奢华的户外空间。

尽管巴克敏斯特·富勒和弗兰克·劳埃德·赖

罗斯福大街靠近第 59 街桥的螺旋公寓大楼，经过图像处理后的想象图

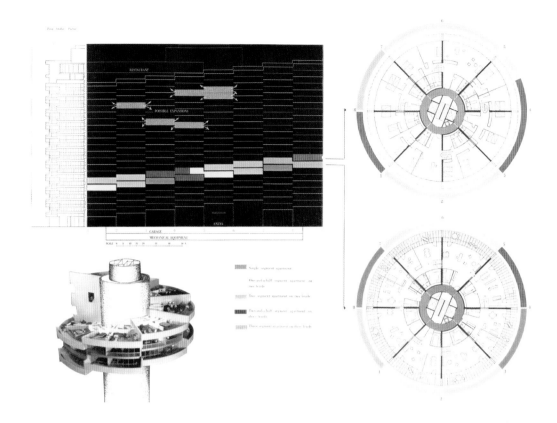

居住单元位置示意图

螺旋结构俯瞰剖面图

特以前也提出过中心塔柱的设计概念，但是螺旋公寓的设计非常特别。相邻的两个单元之间相差半层，这样无论横着、竖着、斜着都可以和其他套间相连接，最大程度地增加了使用的灵活性。比如，空巢老人可以很容易地卖掉多余的房间。

同样地，想要扩大居住面积的住户可以容易地把自己的家拓宽到相邻单元。全部买下还是部分买下，丰俭由人，在这里，可以很方便地把家变成两层的、三层的，或者一眼望不到头、随意分割的宽敞的平层大宅。利用可以自由组合的厨卫区，可以把油腻的厨房改造成浴室。这些改造还不用建造浪费空间的过道，只需要建个半层高的上下楼梯。每个楔形的公寓大约 800 平方英尺（约 74 平方米），在其内部，用户可以用模块化的隔墙随意安排房间。

"螺旋公寓"被媒体称为"迄今为止美国公寓设计中最具想象力和革命性的方案"[3]。领衔的工程师说："简直是令人感动。"[4]

泽肯多夫对这个方案感到非常兴奋，以至于他开了个先例，头一次为公寓楼的设计申请了专利。[5]他说："你看看时尚界，一件连衣裙都可以风靡全球，螺旋公寓很容易就能成为另一个克里斯汀·迪奥（Christian Dior）。"[6]

泽肯多夫从来不肯错过展示螺旋公寓的机会。当时正在做联合国项目的勒·柯布西耶来

炮台公园城中的螺旋公寓提案，1958 年

访，他长久地盯着这个建筑模型，然后开始含蓄地提问，以捍卫自己设计的"遮阳板"（brises soleil）项目："阳光在哪里？你好像没有考虑朝向问题。"贝聿铭毫不犹豫地解释说，纽约有空调，所以建筑物不需要考虑朝向；在这儿重要的是风景，而不是阳光。勒·柯布西耶没有再说什么就走了。很快，他来信表达了对螺旋公寓的兴趣，并且要求看看设计平面图和剖面图。[7]

小约翰·洛克菲勒（John D. Rockefeller, Jr.）认为这个设计"巧夺天工"，他盛赞泽肯多夫在摒弃当时错误的建筑传统方面的勇气，并

为他超前的眼光喝彩。无论螺旋公寓的结果是什么，他写道："它毫无疑问标志着城市住宅设计的重大飞跃。"[8] 尽管得到广泛的赞誉，而且螺旋公寓的施工成本预计比传统设计还低 20%，但泽肯多夫还是无法为这个项目筹到足够的资金。之后多年间，他一直顽强地试图在旧金山的俄罗斯山（Russian Hill）、在洛杉矶、在波士顿的查尔斯河畔、在哈瓦那以及最后在纽约的炮台公园城（Battery Park City）建造它，但遗憾的是都没有成功。

海湾石油公司办公大楼

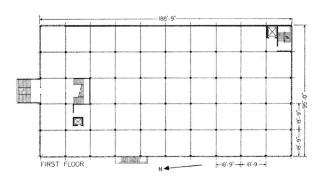

平面图

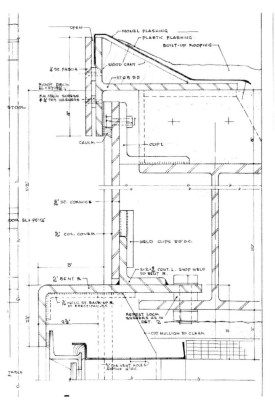

大理石墙剖面图

　　威廉·泽肯多夫在亚特兰大市中心拥有好几处商业地产，其中有一处地段特别好，位于繁华的朱泥坡大街（Juniper）和庞塞·德·莱昂大街（Ponce de Leon）的交叉路口。1949 年末，在还没有任何设计方案的情况下，他就将这块地租给了海湾石油公司建造办公楼。那时候，海湾石油公司的业绩随着战时的石油消费激增而攀上巅峰，于是希望在当地设立永久性的办公地点。

　　此时的贝聿铭，工作大都还停留在纸上谈兵的阶段，泽肯多夫把他解放出来，将他推入了房地产投资建设的真实世界。"聿铭啊，你去亚特兰大吧。我们的预算是每平方英尺 7 美元。看看你能不能为我造出一座好建筑来。"[1]

　　这个挑战令人生畏，不仅因为预算太低，几乎是不可能完成的任务，而且因为自从贝聿铭从学术界来到韦伯奈普公司，还从未真正建造出任何成品。他参观了距离现场仅几个街区的佐治亚大理石公司（Georgia Marble Company），跟老板相谈甚欢，告诉他，他们的产品在纽约很受欢迎，他们公司的产品被大量用于卫生间隔断。然后贝聿铭非常机敏地和老板达成协议，将在他的新建筑中使用他们的产品，而佐治亚大理石公司则以非常优惠的价格，为他提供原材料。

　　以前，大理石通常只被用作装饰面板，在贝聿铭的设计中，这种切割成 4 英尺（约 1.2 米）的石板本身就是墙体。[2] 带花纹的白色大理石带来了灵动的自然元素，打破了裸露的钢制框架结构给人造成的过于冷酷理性的印象。

　　这座建筑有着明显的密斯的风格。这大概是因为密斯提倡的机器感的审美造价最低，符合项目省钱的要求。这栋建筑两层的钢架构件是预制的，从地面到屋顶每一格 18 英尺（约 5.5 米）宽、

框架结构建造过程

安装大理石板

安装油漆过的隔热用刨花板

从朱泥坡大街和庞塞·德·莱昂大街看到的建筑外观

22英尺2英寸（约6.8米）高。框架在两个星期内就竖立了起来，建造整幢大楼仅用了四个月。不需要搭建昂贵的脚手架，大理石和玻璃都是从里面安装的，加固的时候只需要从外面搭梯子就能进行。外立面用刨花板做保温，灰泥涂抹，再刷上油漆。由于建筑中有中央空调，窗户就设计成了固定的不能开合的样式，又额外省了一笔钱。他还在屋顶上铺设了一层细碎的白色大理石，这样保温效果更好，非常节能。

作品最后呈现的效果是在地面上安放了一个简简单单的长方形盒子。其中的动感来自入口的遮阳棚、带花纹的大理石以及简洁的结构，特别是悬窗和气窗的使用体现出玻璃的韵味。几乎没有细节装饰。这种双层方盒子结构使得房子内部有点像loft，中央是开放式的工作空间，周围环绕着一圈高管办公室。

虽然这座建筑还不能算是杰作，但它在市中心的杂乱中引入了一种精致的秩序感，因为结构简单而显得自信，比例优雅，甚至像一座纪念碑。它的气场远远超过建筑的体量和拮据的预算。泽肯多夫盛赞这座建筑证明韦伯奈普公司为亚特兰大市中心面貌的改善做了很大贡献。[3]半个世纪之后，许多更新、更高的建筑拔地而起，而海湾石油公司办公大楼基本完好无损地屹立着。[4]

这座建筑不仅创造了低成本的奇迹，建造成本仅为每平方英尺7.50美元，而且它让泽肯多夫树立起了对贝聿铭的信心，这全面开启了贝聿铭作为建筑师的职业生涯。在之后的短短几年内，这位初出茅庐的建筑师手中就掌握了大约300万平方英尺（约28万平方米）的建筑项目。

韦伯奈普公司总裁办公室

WEBB & KNAPP EXECUTIVE OFFICES
美国，纽约州，纽约市　1949—1952 年

贝聿铭在 1948 年夏天第一次见到威廉·泽肯多夫。那时候这位在未来将要功成名就的开发商还不是后来给人的那种感觉。他的办公室里挂着满是水渍的窗帘，一个老式的 Victrola 柜式留声机被当成吧台，桌子上乱七八糟，被纸张和电话机占据。墙上呢，在亚历山大·雷顿弗斯特（Alexander Leydenfrost）和休·福瑞斯（Hugh Ferriss）的渲染图旁边，自动停车系统的图纸贴满了墙面。在没完没了的电话铃声中，这位公认的当代美第奇寻找着他的当代米开朗琪罗。他向贝聿铭描绘了他心中的宏伟蓝图。[1] 贝聿铭后来回忆这段经历时非常坦诚地说："那个办公室太破了，弄得我都有点担心来错地方了。但我喜欢泽肯多夫，喜欢他的说话方式，喜欢他解释他的想法的方式……他是一个想象力特别丰富的人，勇于尝试新事物。"[2] 对于一位年轻的建筑师来说，这是一个大胆的选择。特别是那时候战争刚刚结束，大多数开发商只要能拿到一个项目就会庆幸自己运气不错。

泽肯多夫实现宏伟蓝图的第一步，也正是贝聿铭接手的第一个项目，是改建他们自己的办公大楼。韦伯奈普公司于 1922 年成立，最初的名字叫作"麦迪逊大道 383 号"（383 Madison Avenue, Inc.）。自从泽肯多夫成功拿下纽约联合国大厦的项目，他的名气就迅速飙升，成为业界翘楚。贝聿铭将重点放在改造这栋建筑的 12 层以上，要让它与众不同，配得上这个口若悬河的房地产大亨。贝聿铭意识到整个韦伯奈普公司都是紧密团结在以泽肯多夫为核心的管理层周围的，于是将原来在角落里的总裁办公室改造成了建筑的核心。大厦总面积有 1.2 万平方英尺（约 1 115 平方米），其中一个开放的接待区大

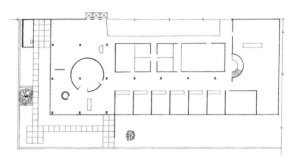

主楼层平面图

从第 46 街看麦迪逊大道 383-385 号

约占了总面积的三分之一。贝聿铭把老板放在一个直径 25 英尺（约 7.6 米）的凌空放置的柚木大圆桶里，这个大木桶就坐落在开放的接待区中。这个办公室的形状像一个大鼓，独自屹立在那里，简直是一个总部中的总部。任何人一进来就会看到它，从等候区开始，访客们自然被墙壁的弧度引导着，像

屋顶露台

泽肯多夫的圆形办公室俯瞰图

游行队伍一样在大门和办公室之间川流不息。不仅如此，开放的大堂隔着落地大玻璃窗和屋顶露台相连。露台上，一个线条优美的加斯顿·拉雪兹（Gaston Lachaise）的青铜雕像立在一个浅浅的倒影池中。池子里映射着大理石背景上的纹理和城市的倒影。在拐角阳台的对面，有一棵树龄45岁的松树，这是贝聿铭特意从自己在纽约卡托纳（Katonah）的家里挑选出来的，在一个星期日的清晨吊装到位。有人说这个主题显示出密斯的风格，特别是明显地受到他设计的巴塞罗那世博会德国馆的影响。其实，不如说它体现出了自然是如何完美地融入建筑与艺术的，而这正是贯穿贝聿铭整个职业生涯的不懈追求。

大鼓式办公室里面没有一般意义上的窗户，贝聿铭的观点是："泽肯多夫只相信自己，周围任何环境对于他来说都是多余的干扰。"[3]取而代之的是，房间里有一个气窗，屋顶上开有一个直径4英尺（约1.2米）的圆形小天窗。阳光从那里倾泻而下。窗子上安装着泽肯多夫从桌子上就能轻易控制的彩色滤镜，他可以随心所欲地为不同的会议调节适合的气氛。精雕细琢的橡木墙特意做过声学处理。前面装饰着珍贵的乾隆年间的花瓶和贝聿铭以2 500美元买来的马蒂斯的青铜像。一般人们会认为公司的氛围更适合摆放复制品，但是贝聿铭用堪比博物馆藏品质量的真迹来彰显厚重的文化底蕴和卓尔不群的

品位。这些名贵的收藏品还把贝聿铭引入了博物馆和艺术的世界，这些主题将在他的生命中相伴始终。

泽肯多夫办公室外面还有一个小圆柱体，里面安装着一部通往楼上餐厅和休息室的私人电梯。这座未来主义风格的玻璃塔台稳稳地站在屋顶上，就像巨轮上的船长室，航行在城市的风口浪尖上。它载着泽肯多夫日益壮大的房地产帝国，从此成就霸业。这个总部大楼多年来广受赞誉，其形象屡屡见诸报端，以至于尽管成本高于预期，但泽肯多夫坚持认为一分钱也不能省。[4]

贝聿铭团队的建筑师大都毕业于哈佛大学，他们非常关注细节，这里的所有陈设，从橱柜、家具、灯具到桌子和椅子，都是量身定做的。当然部分原因是为了照顾泽肯多夫富态的身材，更重要的是为了营造环境的整体感。在这座建筑里，每个节点、每个平面、每个空间都被全面考虑和仔细衔接。[5]《财富》杂志评论说，这是"美国最出色的办公室室内设计"[6]。在泽肯多夫的充分信任和支持下，贝聿铭可以随心所欲地进行设计，没有任何预算限制来掣肘。这种优厚条件实在是可遇不可求，直到大约20年后他接手华盛顿国家美术馆东馆项目时，才再次享受到同样的自由。而那时候，泽肯多夫的房地产帝国早已烟消云散了。

贝氏宅邸

PEI RESIDENCE
美国，纽约州，卡托纳　1952 年

　　1952 年，位于纽约市东北约 30 英里（约 48 千米）的卡托纳还是乡下，贝聿铭在那里建造了一个度假别墅。这是一个方方正正的现代主义建筑，它让人想起密斯刚刚完成的法恩斯沃思之家（Farnsworth House，1951 年）和菲利普·约翰逊的玻璃屋（1949 年），但又和它们有着很大区别。"这可不是一个展品。"贝聿铭解释说，"我们在这里养育我们的孩子，这座房子是真正供人居住的。"[1] 建造这座房子不必看客户的脸色，990 平方英尺（约 92 平方米）的结构既纯粹又简洁，贝聿铭的东方和西方混搭风格一目了然。他巧妙地运用了先进技术，成本也很低，在实用和美观之间找到了最好的平衡。

　　"那时候我钱不多，但资金有限不等于造不了房子，区别只是怎么造。"[2] 因为担心请工人到郊区干活会产生高昂的人工费，房屋的构件大部分在工厂"预制"。一摞一摞的标准化松木大梁裁切合度，由贝聿铭亲自引导着穿过树林运到山顶平地上。工人们在房子的两个长边上各安置了四根立柱，并在上面牢牢固定了成对的 60 英尺（约 18 米）长的枋（中国古代建筑中与正立面平行的横木叫作"枋"。——译注），两端留出 6 英尺（约 1.8 米）的悬空部分。枋支撑着六个托梁（中国古代建筑中与正立面垂直的横木叫作"梁"。——译注），也是两端悬空。托梁长 36 英尺（约 11 米），它们决定了房屋的进深。在托梁上面，垂直铺设 72 英尺（约 22 米）长的横木，构成主体结构，同样留出 6 英尺（约 1.8 米）的悬空部分，以支撑地板和屋顶。这种简单的多层悬挑结构，是"我从中国寺庙建筑中学到的东

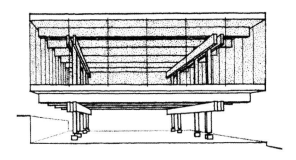

剖面透视图

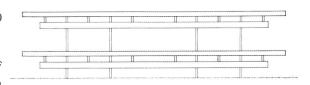

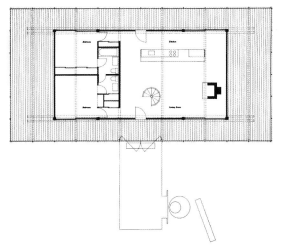

纵向剖面图及平面图

西"，贝聿铭说，"一般的木结构建筑，木头容易缩小或者弯曲，不能持久。但是，像这种组合结构，一块压一块，这样就分散了重量，消除了自然收缩的影响"[3]。

　　工人们在一天内就建成了这个梁架结构，一直到封顶，只用了一个星期。从贝聿铭在毛坯墙

主入口

带天窗的起居室

上潦草地画出方案的时候算起，整栋房子在几个月内全部完工。[4] 贝聿铭自己亲手安装了防虫的纱门，还效仿密斯的风格在外墙装上了突出的窗棂，以增加外立面的节奏感。

贝聿铭希望这座房子可以一房两用：在冬天，较小的中心房间是家人团团围坐的温暖的小窝（取暖靠壁炉和地暖）；到了夏天，它就变成一个敞亮的避暑别墅，房间一直扩展到外面的大平台上，一对木门和四组推拉门使墙壁几乎全部

消失了，微风习习，暑气尽消。[5]

轻快风格的家具和玻璃天窗加强了空间的连续性，凌空而立的壁炉、厨房和楼梯也延续着这种感觉。[6] 房子几乎悬在半空，融合在自然环境中，安详而宁静。它体现了贝聿铭一贯的风格，追求天人合一，大自然也因为人的出现而更为生动美丽。入口处具有雕塑感，沿着大约 6 英尺（约 1.8 米）的台阶拾级而上，通向一个凌空的大平台。房前的空地可不是一般的草坪，一棵松树像个隐

房屋一角，悬挑结构

士一样和房子并肩而立。"我没花力气去做加法，我做的是减法。"贝聿铭说，"我只种了这一棵树。其他都是天然的，只是做了些修剪。"[7]

卡托纳的房子是贝聿铭设计的为数不多的私宅中的第一栋。此前的一个设计曾经因被抵押贷款拒绝而搁置，"就因为房子是平顶的"。很明显这对现代主义是一个巨大的挑战，贝聿铭一直对此耿耿于怀，以至于几十年后，他在1983年获得普利兹克奖发表获奖感言时还提起这个掌故。[8]

观景平台

里高中心

MILE HIGH CENTER
美国，科罗拉多州，丹佛市　1952—1956 年

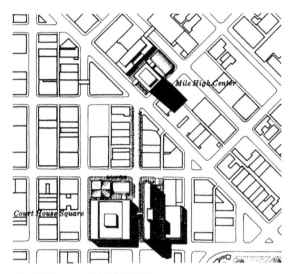

位置规划图：里高中心和法院广场

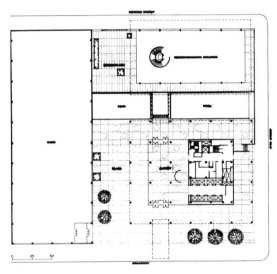

总平面图

1950 年的时候，丹佛市不断增长的人口已经使郊区变得非常繁荣，市中心反而早在大萧条之前就衰落了，一直没有什么像样的建筑，好像一个古板的卫道士坚决抵制着任何外来影响。泽肯多夫初来乍到，那时候他还只是一个普通的经营房屋买卖的房地产经纪人，而贝聿铭更是名不见经传。里高中心是他们合作的第一个城市改造项目。在规划好的中央商务区，他们开创了一种全新的模式，将公共空间和私人空间合并到一组建筑中。里高中心与不远处 1960 年建成的法院广场（Courthouse Square）一起掀起了建筑热潮，改变了丹佛市这些年来城市衰退的局面，并使丹佛市有了全美最具活力的中心城区。[1]

里高中心一侧是一栋 23 层的高楼，也是丹佛市的第一座摩天大楼。高楼旁边建了一座在风格、材质和功能上都和高楼截然不同的两层的玻璃展厅。玻璃展厅有着曲线形的混凝土屋顶。旁

边还有一家银行，被改造成石灰岩建筑。一个地下通道把这三座建筑物与相邻的车库连接起来。

贝聿铭充分利用了这个有高低落差的街角区域，让建筑物退后，使得上层和下层的街道都变成了宽阔的公共广场，并且用精心设计的照明、户外长椅、花草树木、带图案的人行道（冬天还能加热）和各种各样的空间布置把广场点缀得生机勃勃，最后和大厦的玻璃大厅无缝对接。里高中心简直是一个袖珍版的洛克菲勒中心，使老迈的丹佛市区重获青春。当夜幕降临、音乐响起的时候，里高中心前散步的人们在一个 200 英尺（约 61 米）长的灯光喷泉边流连忘返。水池里，科罗拉多鳟鱼悠闲地游来游去。

贝聿铭坚持大厦的一层不许设置杂乱的商铺，这挑战了房地产业的惯例。他向泽肯多夫保证，只要每平方英尺增加 5 美分的租金就可以弥补失去一层商铺租金的损失。"这座建筑很美，

塔楼幕墙和公共空间，筒形拱顶大厅和改造后的石灰岩银行大楼

下沉广场

鳟鱼池上的带棚连廊

人们愿意为它多花点钱。"[2] 他们把商店和饭馆搬到了玻璃展厅底层，从那里还能看到鳟鱼池。而占地 2.7 英亩（约 1 公顷）的下沉广场区域可以用来摆摊，后来这些商铺个个生意兴隆。

和贝聿铭早期的大多数建筑一样，这个项目奉行着密斯的建筑语汇，同时更富观赏性和表现力。挂毯一样的幕墙衬托着用深灰色的铝板勾勒出的骨架结构。米色的瓷砖带、窗户下面的空调管穿梭出纬线，较窄的垂直通风管道描绘着经线，有条不紊地编织着大厦的外立面。

在窗户和楼板之间，12 英寸（约 30 厘米）宽的玻璃饰带引人注目，特别是在晚上，使本来平坦的墙壁显得深不可测。贝聿铭说："好建筑并不是拿钱砸出来的，需要的是动脑子。我告诉

泽肯多夫我不是魔术师，但是只要多给我 5%~10% 的预算，结果就会大不相同。于是，我们就成交了。"[3] 在里高中心的设计中，贝聿铭第一次真正尝试塑造空间，建筑物之间的空地因为空空如也，所以通常会被人们忽视，但他反而加以巧妙利用，将其塑造成了建筑物的重要组成部分。"这不只是为了周末休闲，也不是为了做广告，而是为了保证它的长远价值。"[4] 泽肯多夫称赞里高中心是"一个超前的建筑，是经得起时间考验的办公大楼"[5]。尽管它的租金比平均每平方英尺 3 美元翻了一番，但是它的空置率是丹佛市最低的，并且吸引了重量级的租户。这些大客户又引来了他们的竞争者入驻这个地区，新建筑也随之蓬勃建设。

坡地上的塔楼和交通楼

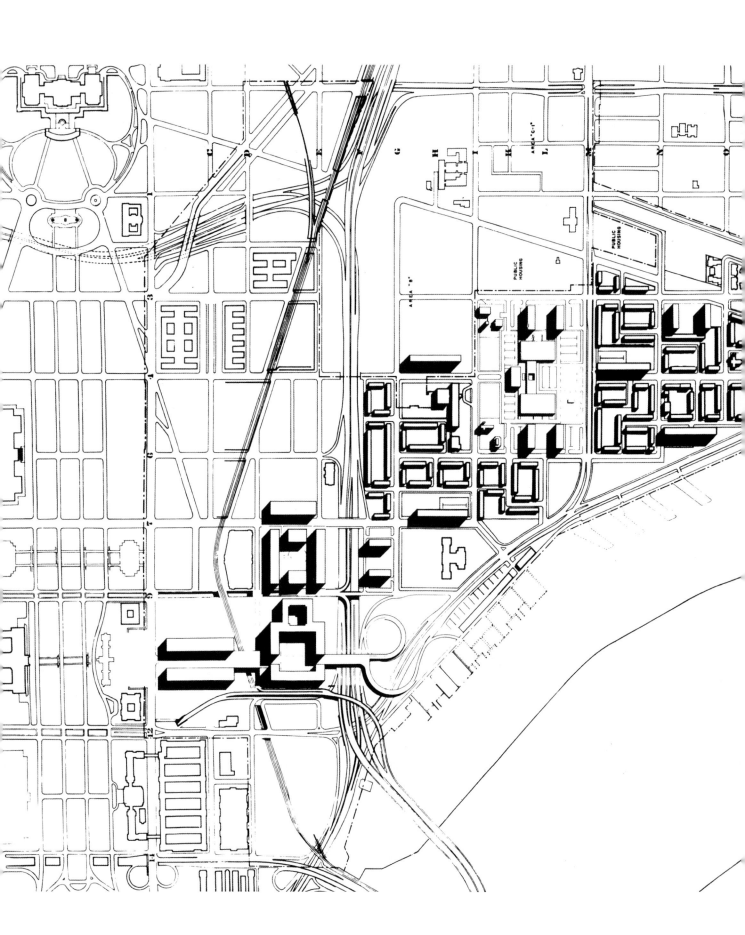

华盛顿西南区城市改造

SOUTHWEST WASHINGTON URBAN REDEVELOPMENT
美国，华盛顿特区　1953—1962 年

华盛顿西南区平面图，1800 年

西南区的棚户，北部可见国会大厦

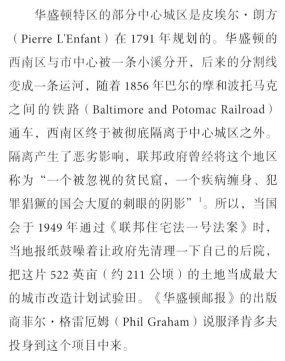

混合用途总平面图

　　华盛顿特区的部分中心城区是皮埃尔·朗方（Pierre L'Enfant）在 1791 年规划的。华盛顿的西南区与市中心被一条小溪分开，后来的分割线变成一条运河，随着 1856 年巴尔的摩和波托马克之间的铁路（Baltimore and Potomac Railroad）通车，西南区终于被彻底隔离于中心城区之外。隔离产生了恶劣影响，联邦政府曾经将这个地区称为"一个被忽视的贫民窟，一个疾病缠身、犯罪猖獗的国会大厦的刺眼的阴影"[1]。所以，当国会于 1949 年通过《联邦住宅法一号法案》时，当地报纸鼓噪着让政府先清理一下自己的后院，把这片 522 英亩（约 211 公顷）的土地当成最大的城市改造计划试验田。《华盛顿邮报》的出版商菲尔·格雷厄姆（Phil Graham）说服泽肯多夫投身到这个项目中来。

　　从市中心出发去西南区，必须从高架铁路桥底下钻过去。这就已经让人感到落差，觉得去了比较穷的地方。贝聿铭在最初的实地考察中意识

到解决问题的关键在于第 10 街，那里的铁路低于地面。他推断，如果在这里打通道路，在地面上衔接两个地区，那么物理上、视觉上和心理上的障碍就不复存在了。1954 年初，泽肯多夫和贝聿铭向华盛顿当局提交了一个总体规划。[2] 该方案的主要部分是建设第 10 街的商业中心。中间是一条 300 英尺（约 91 米）宽的步行街，两旁是政府机构和公共建筑，将西南区与市中心闹市区连接起来。外围是朗方广场和城中心广场（Town Center Plaza）。朗方广场包括办公楼、文化设施和展览中心，点缀着户外咖啡馆和活动场地，还设有连通着高速公路的地下停车场。城中心广场创造性地整合了购物中心、社区设施、联排别墅和高层公寓。公寓围绕私人花园建设，共同分享着大自然的绿意。继 1901 年麦克米伦计划（McMillan Plan）之后，第一次落实了公共绿地和滨水空间，规划了餐厅和水边栈道。

　　这个方案得到了《华盛顿邮报》及其竞争

第 10 街国家广场剖面图

城市开发计划鸟瞰图

对手《华盛顿之星》（*Washington Star*）前所未有的高度认可，评论家简·雅各布斯（Jane Jacobs）宣称："无论是总体概念、购物中心、广场还是景观都美丽而和谐，恰如其分地展示了全区、全市和全国机构的职能，每个层级相互支持，相得益彰，整个城市规划加在一起是一个完整的建筑作品。"[3] 但是国会大厦规划委员会（National Capitol Planning Commission）阻挠这项规划，委员会想要保持它对西南区的独家控制权，同时还有其他利益集团游说要维持那里大面积黑人区的现状。另外还有近 30 个经常相互争斗的联邦和地方机构对这个规划指指点点，阻碍了项目实施，这些机构里几乎没有人有城市改造经验。最后，多亏艾森豪威尔总统的干预，才使项目摆脱了官僚主义的纠缠。贝聿铭日后常常将华盛顿西南区改造遇到的障碍与他在卢浮宫的遭遇相提并论。[4]

这个项目拖延了很多年。在此期间，时过境迁，交通压力和其他城市压力都发生了重大变化。后来，为了实现更广泛的参与和建筑多样性，又引入了其他开发商和建筑师。当规划终于在 20 世纪 60 年代初开始零星起步时，泽肯多夫和贝聿铭已经退出了计划。贝聿铭的合作伙伴阿拉多·寇苏达（Araldo Cossutta）接手建造了朗方广场和商业中心的一期工程。贝聿铭亲自督造的建筑只剩下城中心广场的两栋混凝土公寓楼。他

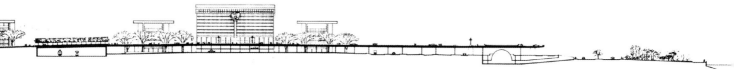

城中心广场公寓大厦，前方是保留的道旁树

选址在现成的树林中间，贝聿铭一直具有高瞻远瞩的大局观。"这个项目对我来说很重要，因为这是为民服务。"贝聿铭说，"这个规划重要的不是单个建筑，而是怎样带动这个地区的发展。"[5]最终，大约 80% 的计划得以实施。虽然最终的结果并未完全实现贝聿铭所设想的城市的连续性，但是这个规划的开放性和灵活性足以承受后来发生的各种不可避免的变化。联邦办公大楼是其中最煞风景的建筑，它像断头台一样切断了第10街，这从根本上破坏了空间开放、四通八达的基本理念。

这个项目于 20 世纪 50 年代初启动的时候，

华盛顿还是一个固守南方思想的城市，由种族主义的坚决拥护者们控制着，抵制自由派思想。在今天看来，这一对来自纽约的犹太开发商和他的中国建筑师闪亮登场，他们的开放式、综合性的设计非常超前、大胆而有远见，不仅给西南区带来了新的商机和活力，而且带来了充满希望的未来。波托马克河（Potomac River）和阿纳卡斯蒂亚河（Anacostia River）沿岸有着茂密的树林和美丽的河滩，当时泽肯多夫和贝聿铭伫立在河边，他们的目光没有停留在眼前的贫民窟上，未来蓬勃发展的联邦政府、商业大厦、文化中心和住宅区在他们眼前——展开。[6]

双曲面大厦

THE HYPERBOLOID
美国，纽约州，纽约市　1954—1956 年（未建成）

在 20 世纪中叶，美国的铁路业举步维艰，面临着各种压力。商业航空的飞速发展、人口郊区化，以及"在东部建造车站过高的成本"都让其无计可施。于是铁路业把目光转向了其手里持有的大量地产，这可是生财之道。[1]一直在寻找纽约附近大片地块的泽肯多夫很快就承接了宾州车站（Penn Station）的改建项目，工期一年。但是由于设计建造的成本几乎是天文数字，项目最终流产。他转而专注于纽约中央车站，这个项目由罗伯特·杨（Robert Young）拍板，那时候他刚刚当选垂死挣扎的纽约中央铁路（NYCR）主席，准备力挽狂澜。

贝聿铭很高兴能把城市改造项目放一放，做点别的工作。三个月后，在罗伯特·杨开往曼哈顿的私人列车车厢里，贝聿铭和泽肯多夫展示了双曲面大厦的设计方案。瘦削的 1 497 英尺（约456 米）高的大楼是贝聿铭设计的第一座摩天大楼，也是当时世界上规模最大、技术最先进的办公楼。大楼高达 108 层，每层大小不同，以满足不同类型的企业需求。底层是一个全新的靠天窗照明的交通枢纽，可以同时容纳火车、地铁、公共汽车和私家车。

随着楼层的增高，电梯的数量逐渐减少，楼体也变得纤细。直到顶层绚丽的皇冠部分才又变得宽大。这样的设计，节约成本的同时还能将风阻减少到大约相当于传统建筑的一半。因此，虽然 380 万平方英尺（约 35 万平方米）的双曲面大厦比帝国大厦大 70%，但它们的钢材用量是相同的。一本战后发展小册子指出，双曲面大厦的曲率符合空气动力学，甚至对于核爆炸都具有

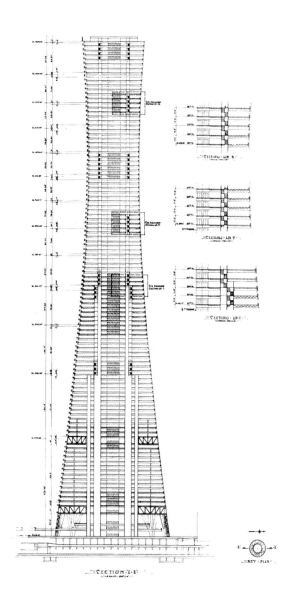

测量剖面图

更强的抵抗能力。[2]这种设计源自爱德华多·卡塔拉诺（Eduardo Catalano）的大跨度薄壳结构（thin-shell structures），但是又带有典型的贝聿铭式的技术创新，他把通常在水平方向上延展的

在韦伯奈普公司办公室楼顶欣赏模型

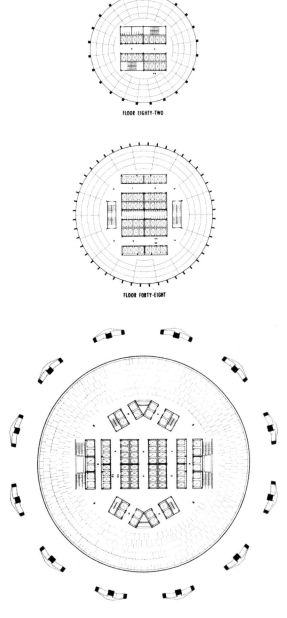

FLOOR EIGHTY-TWO

FLOOR FORTY-EIGHT

平面图：大堂、代表性的中层楼、高层楼

抛物线改到了垂直方向上，以前所未有的方式设计了高层建筑。[3]

就像纽约的世界贸易中心那样，双曲面大厦的强度取决于其周边形成密集结构的小部件。菱形格子状的支柱将建筑物的负荷分散到整个表面上，最后重新分配到 12 个巨大的支撑脚上。这些 V 字形支柱撑起了底楼的开放空间，省去了昂贵的跨梁，降低了地基成本的同时，还减少了对下面川流不息的列车的干扰。

推动这种设计的关键动力是现代城市规划思想，如何能为公园大道（Park Avenue）建造一个抢眼的焦点建筑，但又不能让人觉得拥挤压抑；如何在建造这样一座庞然大物的同时还能缓解城市交通的拥堵问题。小蛮腰双曲面大厦向后退出三个街区的位置，留出绿地，使公园大道名副其实，同时还使周边的房地产大大增值，这些地产大部分由纽约中央铁路所拥有。重要的是，这个规划重新设计了公园大道，车辆在流线型的

高架桥上通过，而不是像现在的赫尔姆斯利大厦（Helmsley Building）那样靠挖隧道行车，还带有危险的急转弯道路。

建造双曲面大厦时需要拆除纽约中央车站和相邻的纽约中央大楼，这在今天是不可想象的。但泽肯多夫认为，对于战后的纽约来说，破旧立新是必由之路。贝聿铭考虑的则是，一个公园是

模型，改造后的高架桥、停车场和带天窗的交通枢纽

否比"二流的学院派建筑"更有价值。他解释说，中央车站宽阔的大厅 "对我来说不是一个很好的空间。随便瞥一眼就已经看到尽头了。最好的空间应该是变化无穷又让人耳目一新的"[4]。贝聿铭不是一个人在战斗。支持他的人虽然不多，但都是一些很重要的建筑师，包括马塞尔·布劳耶和山崎实（Yamasaki），他们都支持现代主义。反对拆除老车站的，是一些势力越来越大的民间遗产保护组织。[5]

双曲面大厦是颇有远见的罗伯特·杨正在考虑的几个方案中最引人注目的。但是在 1957 年 1 月，美国参议院对 "病弱和衰退" 的铁路行业的调查显示，纽约中央铁路面临极大的破产风险，在过去的八年里，它在铁路运营方面损失了 5 亿美元。[6]两个星期后，罗伯特·杨自杀了，建造双曲面大厦的梦想也随他而去。

基普斯湾大厦

KIPS BAY PLAZA
纽约州，纽约市　1957—1962 年

　　商品经济的铁律制约着城市改造，往往导致城市建筑面貌单一而沉闷。而基普斯湾大厦异军突起，试图将高密度的城市住房当成艺术来做。最后的成功可以说是威廉·泽肯多夫和贝聿铭个人的成功，换成其他人可能早就放弃了。开发商泽肯多夫说："我们开创先河，在城市住宅建设中注入了新鲜的血液，从那以后，我们一直为自己的成就感到骄傲。"[1] 对于担任建筑师的贝聿铭而言，这个项目是他在纽约的第一个重大工程，是他早期职业生涯中最重要的工作之一。对自然环境的尊重、精致的细节处理和无与伦比的技术专长确立了他的个人风格。在基普斯湾大厦成功之后，贝聿铭沿着这条路创作了许多精美的混凝土建筑，为其后来创立属于自己的公司打下了基础。

　　基普斯湾清楚地显示出密斯的机器美学的影响，但也可以看出一些变化，贝聿铭吸收了勒·柯布西耶更具雕塑感的表达方式，还加入了他自己独特的理解。

　　这项工作开始于 1957 年，此时贝聿铭在泽肯多夫的公司工作了将近 10 年，其中大部分时间花在总体规划、城市开发以及一些最后并未建成的项目上。基普斯湾大厦计划建在纽约市中心寸土寸金的地段——尽管后来事实证明，这几乎是不可逾越的障碍。

　　第一和第二大道之间，由第 30 街和第 33 街围起来的三个街区，最初规划为位于第一大道的纽约大学贝尔维尤医院的员工宿舍。当最初的出资人中途退出后，罗伯特·摩西（Robert Moses）邀请威廉·泽肯多夫打包接手三个项目，

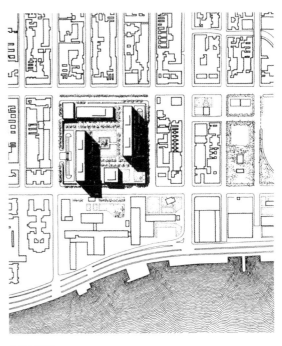

位置规划图

除了这个项目（后来更名为基普斯湾），还有位于西第 96 街的一个陷入困境的地产项目曼哈顿城（Manhattan town，后来更名为西园谷［Park West Village］），以及位于林肯中心附近的散乱的住宅区。突然之间，泽肯多夫一跃成为《联邦住宅法一号法案》颁布后纽约最大的开发商，最终成为全国数一数二的大开发商。

　　泽肯多夫派贝聿铭到史岱文森住宅区和皮特·库珀住宅区学习住宅基础知识，这些都是最近在基普斯湾南边建成的大型住宅区。贝聿铭发现它们的共同特点就是"大、重复、千篇一律"，于是决心改变原有的六栋建筑的总体规划。这些规划是摩西请 SOM 建筑设计事务所（Skidmore, Owings and Merrill）当顾问的时候设计的。贝聿

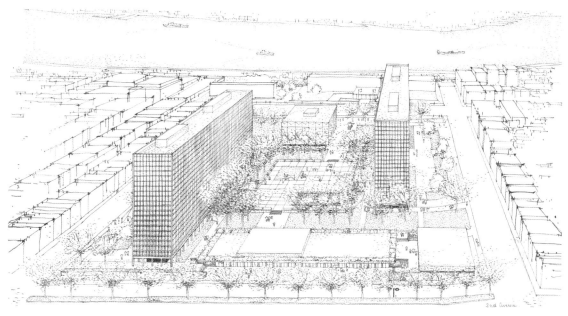

租赁手册上的示意图，穿过第二大道向东河方向看

铭咨询了在 SOM 事务所的朋友戈登·邦沙夫特（Gordon Bunshaft），戈登告诉他当然可以按照自己的意愿行事，但最好别那么做，因为完美的公共住宅建筑根本不存在。"造完美公寓这种事，你就丢给律师们去考虑吧。"从某种程度上看，这就是一个官僚主义的泥潭，但是贝聿铭成为了最终的胜利者。[2]

他把基普斯湾大厦缩小成了两栋 410 英尺（约 125 米）长的板楼，让出超过一半面积的场地，建了一个 10 英亩（约 4 公顷）的公园。然后又让两栋 21 层的大楼相互错开一些，从而使通风良好，空间也更开阔。当时的建筑师们通常把注意力集中在自己地盘里的单个建筑上，而贝聿铭为泽肯多夫工作时获得了丰富的城市改造经验，使他看问题能做到高瞻远瞩。他知道城市规划是怎样运作的，更重要的是，他有信心去解决棘手的问题。

板楼沿着地块的边缘建造，但是两栋楼错开一些，使较窄的街道能够融入基普斯湾，获得更大的开放空间。人行步道打造了东、西轴线，而南北方向的坡道通向地面停车场，地下停车场可以从拓宽的街道进入。这些板楼俯瞰着旁边留出地方建造的医院。紧挨着基普斯湾大厦，沿着第一大道还要再建一座医院或者一座联合国学校（这是泽肯多夫个人承建的），服务于北面十个街区以外的联合国大楼，这样就加强了社区配套设施。在这个超级区域对面，商店和电影院一字排开，繁荣了第二大道的商业街。同时，巨大的窗户把高楼林立的都市风景引入室内，基普斯湾公园和游乐场又缓解了拥挤的城市带来的压抑感。每个安排都综合考虑了高密度建筑群的特点，在完整的大框架里精心布局。复杂让位于简单，单个建筑让位于整体环境设计。相比于周围杂乱无章的建筑群，基普斯湾明显具有设计的连贯性和整体性，与环境更为和谐统一。

战后的住宅建设弥漫着程式化风格，联邦住宅管理局（FHA）、建筑队、开发商，甚至包括泽肯多夫的人，为了追求利润，都情愿模仿而不是创新。贝聿铭打破了这种模式，他认真研究了砌砖的技术，认为使用砖墙效果不好，成本又高，简直是事倍功半（虽然不完全正确）。他说服了泽肯多夫用砖墙掩盖结构不仅没有必要，而且非常浪费。

密斯提供了另一种解决方案，用独立的幕墙遮蔽结构。应用这种技术的柱廊大厦（Colonnade）正在新泽西州的纽瓦克（Newark）附近建造。与其说是这种建筑本身启发了贝聿铭，倒不如说是这种极简主义思想带来了启发。这对于基普斯湾

公寓室内设计

大厦尤其重要，因为预算太紧张，这就排除了用钢架结构和预制混凝土板的可能性。无论哪种方案，不管是从实用角度还是哲学角度出发，这些意见都是把结构层和表面装饰分开。而贝聿铭迈出了决定性的一步，他将两者结合起来，一步到位。混凝土被倒入一个模子里，从模子里出来的就是建筑本身：防火结构、外立面、窗框，还有装饰。内部和外部全都被塑造成一个整体，没有任何隐藏或添加，老老实实地显露出来。贝聿铭试图开发一种既有吸引力又成本低廉的、可以大量复制的建筑单元。实际上，它是一种现代化的"砖头"，但质地更接近于灰浆。

当时人们已经掌握了完整的混凝土结构的知识，但是对于把混凝土作为外墙还没有多少研究。贝聿铭在大学期间曾在斯通-韦伯斯特工程公司（Stone & Webster）做过混凝土设计，他认识到要想完善这些理论，还需要实践经验。在接下来的三年里，基普斯湾被改造成一个研究实验室，他们在那里研究混凝土生产的各个方面，从材料准备一直到成形技术，对各个环节都做了仔细的分析和测试。最后，在整栋楼浇筑前，他们还建了全尺寸的试验台提前演练。一种新开发的浅棕色水泥从李海山谷（Lehigh Valley）运来，被倒入新设计的表面镶着塑料的美国黄杉木模具中。

这些模具是由布鲁克林做家具的细木工根据建筑师的要求特制的。这可能是第一次为模具画设计图纸，因为以前没有考虑过表面肌理的影响。和基普斯湾的其他许多东西一样，这里的建筑技术后来成为了行业标准。泽肯多夫赌上了整个公司，他相信现场浇筑混凝土是一种成本-效益最高的建筑方法。那时候，其他开发商只看重眼前的没有风险的回报。

实践中，模具被反复使用，房子便拥有了规则的立面，不再需要一根根分散的柱子。自从第二次世界大战以来，标准做法是内部支撑的安置位置要按照不同需要来调节，因此没有统一的外立面。相比之下，基普斯湾的承重墙结构几乎不需要柱子，因此空间更开阔。外墙每个开间间距5英尺8英寸（约1.7米）。

这种模块式建造方法被引入大型板楼建设中，它成了影响人居规模的一个关键因素，这种对细节的关注在低成本住宅中是没有先例的。窗户比墙面退后14.5英寸（约37厘米），躲在阴影里，从外立面上看，水平的线条向后缩进，更凸显了垂直的线条。有弧度的窗楣摆脱了密斯的模式，表明了混凝土的可塑性；在结构上，它们增加了强度和抗风性。这种弧度也可以把大的无框玻璃板直接滑入混凝土墙中，而不需要在墙角额外固

联邦住宅管理局多户住宅咨询委员会，1960 年 2 月 19 日；右一为
贝聿铭

全尺寸的混凝土弯曲度现场测试

定。外立面的样子简言之就像个蜂巢，这样的墙面带来了意想不到的好处，可以减少眩光、保护隐私，不像平整的玻璃幕墙容易被窗帘和住户喜欢的别的饰物弄得很凌乱。真正舒服的是顶天立地的大窗户本身。基普斯湾大厦拥有无边无际的城市景观、光线、新鲜的空气和开阔的空间，是早期现代主义最好的奉献。根据《纽约时报》的报道，基普斯湾大厦是 "这个城市中最像玻璃房子的公寓" [3]。

为了确保政府向泽肯多夫提供贷款，贝聿铭必须应对联邦住宅管理局对于房屋抵押保险的复杂算法，不同的房间算法不同；楼层越高，房子越贵。但是在现行办法下，贝聿铭得不到联邦住宅管理局专门授予有阳台的房子的优惠，通常阳台按一半的面积算，那相当于少了数千美元。贝聿铭质疑这种规定，他认为城市居民不需要阳台，因为不经常使用，阳台就是用来积灰的。他们真正需要的是一年四季都能用的居住空间。为什么不把阳台和它们宝贵的补贴省下来，留给里面更大的卧室和客厅呢？

贝聿铭带着他的方案来到了华盛顿。他在联邦住宅管理局多户住宅咨询委员会听证会上代表美国建筑师协会（AIA）发言，为基普斯湾大厦格栅墙中间深陷的窗洞让出的面积赢得了房屋贷

款。这个小小的胜利具有重大意义，影响深远。以前贝聿铭遇到棘手的问题只能服从规定，这件事让他知道政策是可以改变的。[4]

贝聿铭在解决了项目的技术难题和政策问题后，于 1958 年 4 月去欧洲度假。几个星期后，他回来才知道基普斯湾项目快不行了，他是韦伯奈普公司内斗的受害者，公司里的保守派攻击他们这个项目 "不道德地滥用金钱"，承包商们也不喜欢革新。在贝聿铭不在时，这个项目重新招标，从主要承建商那里征集的投标价格高达每平方英尺 18 美元，这可是标准住宅成本的两倍。和以前那么多富有想象力但实现不了的方案一样，基普斯湾项目恐怕也难逃厄运。让贝聿铭大跌眼镜又感激涕零的是，泽肯多夫悄悄地，又极其夸张地，买下了工业工程混凝土公司（Industrial Engineering concrete company），最终以私人身份出面承接了这个项目。[5]

尽管预算几乎用尽了，但是贝聿铭担心基普斯湾项目过于开阔，需要一个中心景观来增加空间的凝聚力。他试图说服泽肯多夫去买一件毕加索的大型雕塑。虽然泽肯多夫对贝聿铭言听计从，但是这个项目太过靡费，同时还有其他很多项目缺钱，他拒绝了这个建议，反而给贝聿铭出了一道选择题：要雕塑还是要 50 棵树苗。从一开始

大楼和硕果累累的花园，1999 年

就想建一个公园的贝聿铭当然选了树苗。他说：
"正是公园成就了基普斯湾大厦，这是这个项目
最重要的部分。"[6]1993 年 5 月 20 日，基普斯湾
大厦的居民把公园献给了建筑师，用他的名字来
命名。

　　事实上，基普斯湾大厦是在非常有限的预算
下推进的。这还不算最重要的，重要的是，它打
破了建筑常规，探索出建筑的新方法，以某种方
式创造了一种被忽视的建筑类型。基普斯湾项目
证明了好的建筑并不取决于花多少钱，低成本的
房子也不一定是千篇一律的。它还证明，建筑的
成功不仅影响单个的建筑物，构思完美又成功实
施的设计可能会对城市的面貌做出长久的贡献。

路思义纪念教堂

LUCE MEMORIAL CHAPEL
中国，台湾，台中市，东海大学　1956—1963 年

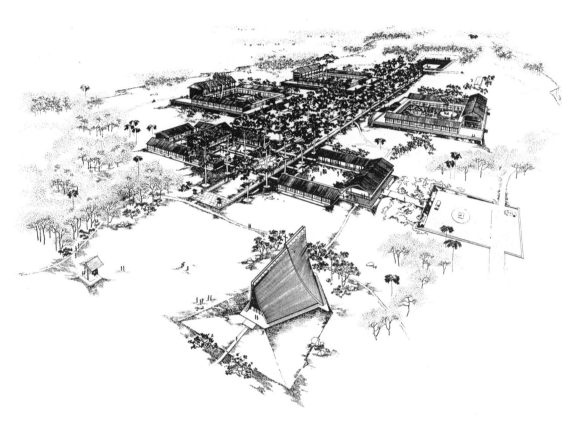

东海大学总体规划，鸟瞰图

　　基督教大学联合董事会于 1949 年从中国大陆搬到台湾，在当局资助的一块 345 英亩（约 140 公顷）的土地上建了东海大学。他们联系了贝聿铭，请他来做总体规划。贝聿铭在上海曾经就读于教会中学，并且曾经与沃尔特·格罗皮乌斯一起就教会大学的建造进行过讨论，虽然后来没有实际营建。[1] 泽肯多夫允许贝聿铭把东海大学项目带到公司来做，作为他的第一个独立项目。东海大学中的教堂命名为路思义，这是由路思义基金会资助的，用以纪念传教士路思义，他是《时代周刊》《生活》杂志的创始人亨利·路思义三

世（Henry Luce Ⅲ）的父亲。

　　贝聿铭在坡地上沿着中轴线规划了三个学院、图书馆和办公楼，把它们布置在四合院里，以营造一种社区的感觉。而教堂被安置在"荒凉的风吹山"上唯一一棵树的旁边，并让它偏离轴线，遗世独立。之后，贝聿铭把规划交给台湾的其他专家，自己回纽约专注于设计教堂。他的设计力求简洁，委托方除了希望教堂能供 500 人同时礼拜，没有其他任何要求。[2]

　　贝聿铭全身心投入到教堂的设计中，他当时已经与故乡隔绝，这项委托是他能得到的最接

教堂平面图

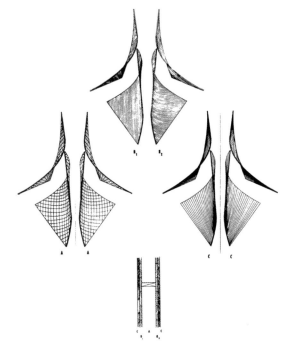

薄壳墙面结构：分层壳体和剖面图

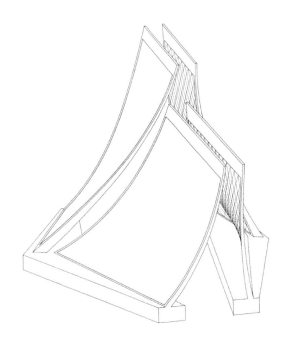

轴测图

近故土的任务。他试图结合自己身上兼具的东方和西方经验——东方的东西如北京故宫和古代寺庙的金顶琉璃瓦；西方的东西如哥特式大教堂极具张力的高耸入云的尖顶，和菲利克斯·坎德拉（Félix Candela）倡导的薄壳翘曲结构（thin warped shells）——在这座建筑上实现统一。[3]

小教堂由四个翘曲的薄壳组成，后面一组高，前面一组低，两组只稍稍相接。它们共同坐落在一个不规则的六角形基座上，形成 65 英尺（约 20 米）高的室内空间，既是墙壁，又是屋顶。整栋建筑没有一根柱子。光线透过薄壳衔接部分之间的玻璃缝隙洒向内部。穿过顶部狭长的天窗，天空无限延伸，就像东方传统中的"一线天"。每个薄壳的弧度让它可以不依赖任何支撑独自站立，但是为了抗击台湾的台风和地震，小小的、几乎看不见的蝶形连接件将整个建筑组装成一个结构稳定的金字塔。和贝聿铭同时期设计的双曲面大厦一样，抛物线形的曲面有一部分从地面上翘起来。这不是简单的弧度，而是极具创造力地把四个抛物线曲面组合到一起，形成一个具有雕塑感的空间，整个建筑好像在飞翔。

由于预算和技术问题，小教堂的建造耗时七年之久。台湾杰出的工程师方宪三提交了一份长达 30 页的初步计算以论证结构的可行性。[4] 那时候还没有计算机辅助设计，据方博士回忆："这个方案太具独创性了，要解决这个问题，根本没有工程文献可以参考。"[5] 为了防止混凝土薄壳被自身重量压垮，项目引入了肋条结构，并且按

施工过程：竹子脚手架

照贝聿铭反复说的 "老老实实的设计，不要藏起来"，这些肋条被暴露在外面，清楚地表达着结构和力量。肋条越往下越粗越厚，中间菱形空隙变小，因为越靠近地面应力越大。

这些巨大的肋条结构的模具，耗费 1.8 万块异形木料，根据铺在地面上的一幅全尺寸图纸，由 25 位当地木匠精雕细琢，用了六个星期完成。从 1963 年 6 月 20 日开始，混凝土从独立的竹制脚手架上倾泻，一轮一轮地浇筑，从这个薄壳墙到那个薄壳墙，两个月后才浇筑完毕。建筑师站在教堂内部见证历史时刻的到来，他们对自己建造的东西无比自信，固定模具的楔子一个接一个地被拔出来。陈其宽描述了当时的情况，整个结构感觉上是悬在空中的。当巨大的木架突然下降了 6 英寸（约 15 厘米）的时候，"我觉得整个建筑和大地都微微颤动……所有的力量都被转移到了墙上。从那一刻开始，这座建筑将完全依靠自己的力量永远屹立了"[6]。

1963 年 11 月 2 日，蒋介石的夫人为路思义教堂举行了揭幕典礼。从那时起它就成了东海大学的象征，也是台北的标志性建筑。联合董事

工人正在拆除模具

会秘书长威廉·芬恩（William Fenn）开玩笑说，贝聿铭不是一个基督徒，他建这个教堂不是上帝的奇迹，而是艺术的奇迹。[7] 贝聿铭立刻谦逊地表示，这不是什么奇迹，只不过是结构合理。

不同于密斯在伊利诺伊理工大学设计的理性主义教堂或者勒·柯布西耶在朗香设计的表现主义教堂，路思义教堂用纯粹的结构来塑造空间。贝聿铭说："它严格遵守了结构体系，充分利用了材料的特性，符合逻辑和建筑规则。"[8]

内部视图：墙面重叠处
和玻璃一线天

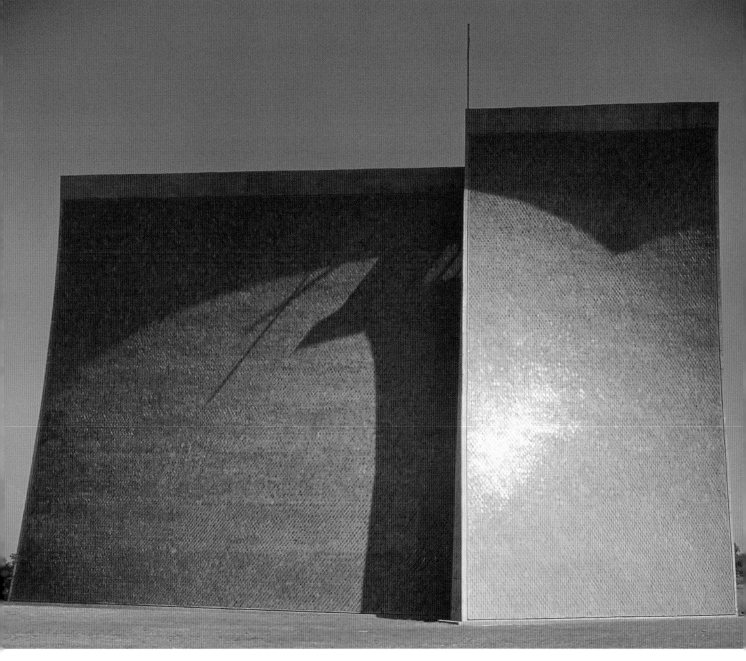

侧立面图

这是贝聿铭成熟的建筑思想的早期实例——用坚实的技术功底服务于艺术情怀，扎根于历史中，把建筑变为雕塑作品。路思义教堂并没有给贝聿铭带来更多机会，因为在美国人工成本太高。在纽约，他的主要影响力来自同一时期建造的基普斯湾大厦，大量使用混凝土材料降低成本，可以进行无穷尽的简单复制，这使他获得了巨大的成功。路思义教堂是在贝聿铭的职业生涯早期接手的唯一一个宗教建筑，当时他39岁。直到2007年，他才得到另一个在日本京都建教堂的机会，那时他已经90岁高龄了。

社团山

SOCIETY HILL
美国，宾夕法尼亚州，费城　1957—1964 年

随着美国各地的城市大规模的推倒重建热潮，费城在城市规划委员会主任埃德蒙·培根（Edmund Bacon）的开明领导下，推出了目标宏大的总体规划，开展了 75 个城市改造项目，旨在振兴美国历史最悠久的城市。难能可贵的是，这个倡议得到了政府、企业、银行以及其他各种公私机构的热情支持。为了保证项目实施，还组建了费城旧城发展集团。[1]

整个规划中，最具挑战性的项目之一是社团山，其名字来源于 18 世纪的自由贸易者社团（Society of Free Traders）。在这个区域，有不少历史建筑和曾经优雅的大宅。但是由于几代人的忽视，这种优雅在周围拥挤的仓库、工厂以及费城批发市场腐烂的垃圾中渐渐沦落了。项目邀请了四个开发团队为这个 56 英亩（约 23 公顷）的地块提交规划方案。

在常规的建设项目里，一般都是把老房子夷为平地，然后重新建设。这一次不同于以往，这个项目要求选择性地保护一些老建筑，并且让新旧、高低都不同的建筑相互融合，协调一致。更加特别的是，这次的中标原则不考虑成本，将完全根据设计的优劣进行选择。虽然贝聿铭仍然受雇于韦伯奈普公司，但他和泽肯多夫以平等合作者的身份参加了比赛，并且战胜了其他拥有强大的本地关系网的选手。

招标方提供的总体规划图上标明了那些需要妥善保护的建筑物，低层住宅、高密度塔楼和板楼被划分在不同的区域里。只有贝聿铭不理会招标方推荐的 12 层板楼，而是把 720 套新公寓都集中在三座细高的 31 层塔楼中，让它们与历史建筑

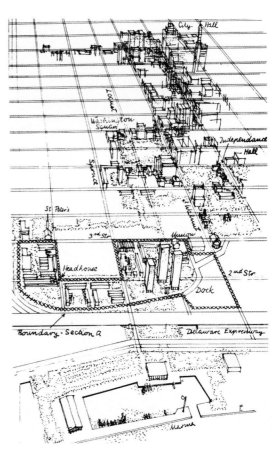

区域研究，阴影是选址边界

拉开一定距离，腾出空间沿着特拉华河（Delaware River）河岸修建一座公园。另外有两座塔楼坐落于华盛顿广场。在塔楼群之间是三组几乎相接的联排别墅，延续了与其相连的历史建筑的尺寸，所有组成部分都串联在城市规划委员会划定的林荫大道中。

贝聿铭利用他在基普斯湾项目的研究成果将混凝土墙体应用于高层建筑，并将费城的城市生活带到新的高度。他把目光放在整个城市的尺度上，把塔楼想象成有生命的，希望自己的建筑与

塔楼和联排别墅坐落在殖民地风格的街区中

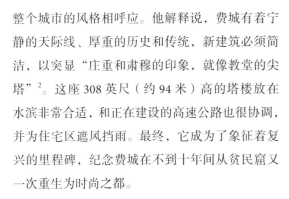

中心广场

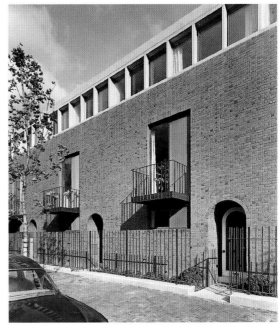

罗卡斯特街上的联排别墅中心

整个城市的风格相呼应。他解释说，费城有着宁静的天际线、厚重的历史和传统，新建筑必须简洁，以突显"庄重和肃穆的印象，就像教堂的尖塔"[2]。这座 308 英尺（约 94 米）高的塔楼放在水滨非常合适，和正在建设的高速公路也很协调，并为住宅区遮风挡雨。最终，它成为了象征着复兴的里程碑，纪念费城在不到十年间从贫民窟又一次重生为时尚之都。

当然，这个方案的成功之处不在于高度，而是巧妙的分组布局。常识告诉我们，三座同样高的建筑物比参差不齐的一组建筑群显得更为宁静。而且与板楼不同，这些塔楼身材细长，视线可以从它们中间穿过，轻易看到周围，风景更为开阔。三座塔楼呈风车状布置，营造了雕塑般的张力和平衡，每个塔楼都被精确定位，都可以沿着绿树成荫的人行步道看到保留的历史建筑群。委员会主席培根将这个方案比作 16 世纪由教皇西克斯图斯五世（Sixtus V）在罗马建造的方尖碑群，将朝圣者从一座纪念碑引领到另一座纪念碑，勾画着朝圣之路。[3]

同样地，新的联排别墅和老城区也相呼应，

它们按照传统的费城老房子的样式被安置在一个个住宅区块里，虽然明显是现代建筑，但它们在材料和尺寸上与旁边的历史建筑形成互补。窗户的石灰岩窗框和塔楼是一样的，一目了然是一组建筑。培根则将其视为该地区殖民地时代窗户风格的重现；整个地区的故事，从过去到现在，都汇集在一起，由一组建筑默默地讲述着。[4]

三件一组的莱昂纳多·巴斯金（Leonard Baskin）的雕塑作品占据了塔楼的中央庭院，庄严的加斯顿·拉雪兹的全身塑像成为联排别墅优雅的中心。这是社团山树立起的另一个典范，巴斯金获得了"1% 留给艺术"计划的资助。这个计划由费城重建局提出，于 1961 年底被联邦住宅管理局采纳，以保证为公共艺术留出一定比例的资金支持。贝聿铭得到了 40 万美元，这笔钱不能用来直接收购艺术品，而是要委托艺术家创作。但是备选的作品极为有限，大多数是人体雕塑。几个月后，在大学广场项目中，他终于找到了解决方案。从那以后，贝聿铭一直偏爱和现代建筑更为契合的大型抽象雕塑。

麻省理工学院

MASSACHUSETTS INSTITUTE OF TECHNOLOGY

塞西尔和艾达地球科学系绿色中心（Cecil and Ida Green Center for Earth Sciences，1959—1964 年）
卡米尔·爱德华·德雷夫斯化学大楼（Camille Edouard Dreyfus Chemistry Building，1964—1970 年）
拉尔夫·朗道化工大楼（Ralph Landau Chemical Engineering Building，1972—1976 年）

美国，马萨诸塞州，剑桥市

1958 年，麻省理工学院为了满足扩张的需要，启动了一系列建筑项目，使现有的校园更为人性化，并且要求新建筑必须与旧建筑协调统一。建筑学院院长皮耶特罗·贝鲁斯基（Pietro Belluschi）提出一个建议，将顶级建筑师们分配到不同的校区进行独立工作，"让每位大师都不受约束地轻装上阵，尽管放手去干"[1]。贝聿铭被分派到学校主要建筑群东边的一个区域。"一块乱七八糟的烂泥地！"这是他当学生的时候从宿舍五层的窗户中往外看的印象。[2]

为了明确功能，并且更高效地利用这块位于学术中心的土地，贝聿铭说服麻省理工学院打破了全都是低矮的建筑相互连接的传统，为新兴的大气学院和冶金学院建造一座 21 层高的塔楼，还把实验室设在顶层，高于城市污染区。独立的塔楼通过地下隧道连接到学校的步行交通网。贝聿铭还指出了未来其他建筑的位置，"这座塔楼将像一个公共广场上的旗杆一样"，与它的邻居们和谐统一，构成一个整体。我们的目标"不是要建造出伟大的单个建筑，而是要创造一个作为背景的建筑群，围挡和组织出需要的空间"[3]。他主要关注的不是实体，而是它们四周和它们之间的空隙。

在高层建筑中使用混凝土的方案还处在试验阶段，尽管麻省理工学院对此尚存疑虑，但是其科学传统使它接受了在基普斯湾项目中刚刚付诸实践的新技术。这种朴实的新材料也能够与学校

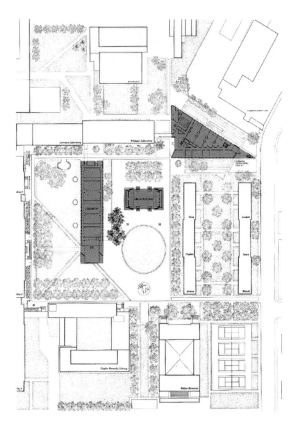

总平面图

原有建筑的颜色和质地相匹配，而不需要昂贵的石灰岩。这次是麻省理工学院向它的学生学习，但同时也为贝聿铭提供了一次再教育的机会：麻省理工学院付给了贝聿铭在韦伯奈普公司之外的第一笔佣金，这也是他独立签订的第一份合同。这不是挂靠在泽肯多夫公司的项目，贝聿铭真正建立了传统意义上的客户关系，以自己的名义向客户承诺在限定预算内按时完工。

地球科学系绿色中心和
考尔德的雕塑

德雷夫斯化学大楼

朗道化工大楼，正立面

泽肯多夫允许贝聿铭独立承接他的母校的项目，随着公司工作压力的增加，大方案确定后，贝聿铭将具体设计移交给阿拉多·寇苏达，他和贝聿铭一样，对混凝土和大跨度结构很感兴趣。寇苏达将塔楼设计成一摞堆叠的桥梁，两端固定，并通过椭圆形窗户分散应力。让贝聿铭感到沮丧的是，麻省理工学院"激烈反对椭圆形设计，明显感觉椭圆形无法与周围的其他矩形建筑相呼应，完全不协调"，要求重新设计。[4]贝聿铭本不愿意中途介入，但是他感到了预算的压力，于是自愿重新设计这座塔楼而不另外收取费用。他弃用了成本高昂的大跨度结构，引入了中间支撑，还加了一个10英尺（约3米）的横梁，这有助于将建筑物的负荷传递到地面。由于网格混凝土外墙是承重的，因此这栋建筑的内部不需要柱子。这样，塔楼的二层完全不需要隔断，成为高大的麦克德尔莫特报告厅（McDermott Auditorium），第三层用作图书馆。上面各层具有极大的灵活性，可以满足办公室、实验室和教室不断变化的需求。现在窗户变成了直角，不仅适合9英尺（约2.7米）的模具，也照应了麻省

理工学院校园中心的历史建筑的平和风格。

这座塔楼是麻省理工学院最高的建筑，也是剑桥市最高的建筑物，于1964年投入使用。贝聿铭成功地完成了这项工作，遗憾的是，由于他当时经验不足，整个建筑还留有一些不尽如人意的瑕疵。最让人尴尬的是，风大的时候门会打不开。补救措施是在入口处加了一个门廊，外面安放了一个40英尺（约12米）高的亚历山大·考尔德（Alexander Calder）的雕塑《巨帆》（Great Sail），这个风道在视觉上变成了雕塑的画框，为严肃的建筑添加了生动的色彩。[5]

贝聿铭感叹自己没有好好珍惜第一个独立承接的建筑项目的机会。"这个项目进行时，我的精力全都放在泽肯多夫的项目中，"他解释说，"即使我有时间，由于一直深陷在低成本住房的设计中，我的思想也很僵化，很难发挥自由的想象力。我是后来慢慢放松的，才开始思考把建筑当作一门艺术来做……如果我有更多的经验、更多的时间，这个项目本来可以一炮打响的。"[6]

虽然地球科学大楼没有实现贝聿铭的全部希望，但它仍然是一个重要的战略跳板，这个完美

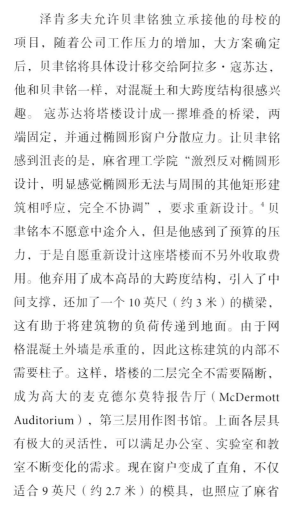

伊士曼广场鸟瞰图

证书使他立刻得到了国家大气研究中心的委托。[7] 麻省理工学院也委托他继续建造另外三幢建筑。

第一栋是德雷夫斯化学大楼，在地球科学大楼建完后直接开工。它是一座长长的、低矮的楼。正好与旁边作为焦点的"旗杆"式大楼形成对比，错落有致，产生雕塑感，并在楼两侧隔出了庭院。它通过悬挑式门廊在一端留出绵延的步道，在另一端与其他建筑物相连，这样的设计使校园的交通连贯又方便。

1972 年，贝聿铭建造了他在麻省理工学院的第三栋楼——朗道化工大楼。这栋楼有着三角形的平面布局，类似的布局让人们喜欢拿它与同时期建设的国家美术馆东馆相比较，两座建筑都是因地制宜。朗道化工大楼正好位于两个校区交会处仅剩的狭长的楔形区域。尽管殊途同归，但是麻省理工学院的建筑并不像国家美术馆的设计那样是一种空间游戏，这里关心的是这座建筑和其他建筑的连接方式。在尖尖的船头一侧做了一个两层的开放式门廊，这里是通向校园的新入口；另一端的四层廊桥插入麻省理工学院的交通网，人们行走其中，不畏寒暑。

贝聿铭后来又设计了威斯纳大楼（Wiesner Building），这是麻省理工学院东部新校区的门户建筑。

东西方中心

EAST-WEST CENTER
美国，夏威夷州，马努阿，夏威夷大学　1960—1963 年

总平面图

1959 年 4 月，在夏威夷州成立后不到一个月，参议院多数党领袖林登·贝恩斯·约翰逊（Lyndon Baines Johnson）呼吁在夏威夷建立一个国际教育中心，作为东方和西方对话的场所。[1]八天后，夏威夷大学提交的草案成为东西方中心的框架。随着许多欠发达的亚洲国家陷入前途未卜的境地，东西方中心会成为冷战状态下外交政策的一个新工具，通过文化交流增进了解，而不是靠武力来维护安全。

夏威夷大学提供了 21 英亩（约 8.5 公顷）的土地。随着 1959 年定期客机航线的开通，夏威夷和美国本土的距离被拉近了。夏威夷大学希望自己能从一个在遥远的太平洋边陲苦苦挣扎、靠

政府资助的对象，转变为一个真正的高等教育基地。当地建筑师克里夫·杨（Cliff Young）受命去寻找一位建筑大师合作，于是他联系了贝聿铭，他们在大学里就认识，是同一个华人联谊会的成员。

贝聿铭做了一个全面的总体规划，最后参与了其中三幢建筑的具体建设——一个行政大楼、一个剧院和一个宿舍。与他在华盛顿西南区的项目有些相似之处，这个建筑群与整个校园能够融为一体，同时又从其他建筑中脱颖而出，自成体系。在狂热的战后建筑热潮中，超过一半的大学建筑都是各种风格的混搭，就像一个"大杂烩"，东西方中心引入了在视觉上和功能上都相互关

约翰·菲茨杰拉德·肯尼迪剧院，主立面和球形路灯

肯尼迪剧院，斜视图

照、相互协调的建筑理念。[2]

　　建筑群非常宏伟，两侧的门户建筑连接着中心广场，它们有统一的屋顶、同样的色调，展示着高超的技术实力。它们共享一种建筑语汇，同时又因为不同的功能体现着设计师的不同感性风貌。贝聿铭解释说："在那些日子里，我必须把工作派出去，这才可能成立后来的贝聿铭合伙事务所。幸运的是，我有一些可以信赖的优秀人才。"[3]

　　杰斐逊厅的闪光地面和一圈拱廊使这个大型行政中心变得有人情味，大厅借景远山，清爽宜人。办公室、图书馆和会议室由四根216英尺（约66米）的大梁撑起来，悬在半空，拱廊餐厅通向下面的日式花园。[4]

　　如果想去剧院，观众先要走过一段露天区域，再穿过狭窄的"前厅"，从两端的楼梯上到二层，那里是观众席的入口。真正的大堂是一个露台，敞亮的露台正对着大门紧闭的剧院。风景一览无余，凉爽的微风从一根根88英尺（约27米）长的横梁下拂过。在内部，剧院用温暖的柚木装饰，设计重点是具有最大的灵活性，配备精密的舞台技术，以适应来自东方和西方各种各样的表演。[5]

　　附近是一栋13层的男生宿舍，10人一个房间（同一国家最多2名学生），一共有48间带阳台的房间。同剧院和行政大楼一样，宿舍充分利用了热带景观，充满热带风情的成熟的猴荚树、雨树和茂密的灌木丛把园子都铺满了。贝聿铭说："项目既大又重要，但预算非常有限（共计420

全景

万美元）。"⁶为了保证成本最低的同时还能兼顾质量，三栋建筑都用的是预制板而不是现场浇筑的混凝土，然后再涂上防护层，以防止频繁的暴风雨的冲刷。

在近半个世纪的时间里，这几幢建筑几乎毫发无损，状况良好。只是随着车辆激增，交通繁忙，这里已不复往日的宁静。

从肯尼迪剧院的柱廊望向宿舍

大学广场

UNIVERSITY PLAZA

美国，纽约州，纽约市，纽约大学　1960—1966 年

大学广场是贝聿铭离开韦伯奈普公司后的第一个项目，也是一个过渡项目，是从十年的城市规划工作向具体建筑项目的转型，此后，贝聿铭得以进行更具艺术感的尝试。大学广场被《财富》杂志评为"新时代十大巅峰建筑"之一，提炼了在基普斯湾项目上的开创性成就。正是这个杂志在两年前把基普斯湾大厦评为"十大未来建筑"之一。[1]

这块地有 5.5 英亩（约 2.2 公顷），最初是华盛顿广场村（Washington Square Village）的一部分，根据《联邦住宅法一号法案》，这里被重新规划为三栋"超级公寓"，每栋公寓都有近 600 英尺（约 183 米）长。但在建完第二栋楼后，开发商将余下的项目转卖给了纽约大学。市政府批准了这笔交易，但是根据该州的《米歇尔-拉玛法案》（Mitchell-Lama Act）的要求，必须保留三分之一的房产单元作为廉租房。

早期的设想是建一栋或两栋中等高度的楼，周围再建一些普通房屋，和相邻的格林威治村（Greenwich Village）的房屋尺寸、风格保持一致。为了满足所需公寓的数量，周边建筑的高度必须增高，那样就会很突兀地高于相邻的褐色石头建筑群，并且不得不正对着城市交通的著名堵点——休斯敦大街。最终决定建造三栋又高又细的塔楼，可以容纳 534 套公寓，两栋属于纽约大学，一栋用于满足《米歇尔-拉玛法案》的要求，从面向休斯敦大街转为面向中央广场。这些塔楼有相同的设计风格，从远处看是一个整体，但是走到近前，又会发现它们被内部道路清晰分开。伍斯特街到这里终结，变成内部道路。这些楼还有一个区分

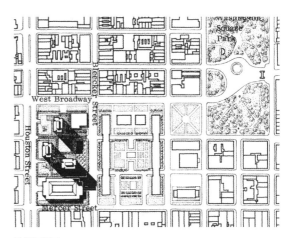

位置规划图

格林威治村的天际线

从西百老汇大街看到的景观

广场上巨大的《西尔维特胸像》

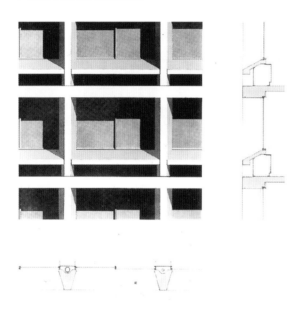

混凝土墙细部：立面图、剖面图和平面图

方法——朝向不同：纽约大学的两座塔楼正面对着广场，而另一座塔楼则有自己的风景。这些方正的大楼为了显得纤细，采用了硬朗的剪力墙，突出的窗格和狭窄的窗户好像将塔楼垂直切成细细的薄片。[2]

　　大学广场项目基本延续了基普斯湾大厦的风格，但又有变化。建筑的混凝土结构用光滑的玻璃纤维模具来浇筑，加高窗台以便放置空调，立柱做成三角形的，这样从正面只看到一条窄窄的边，减少了笨重的感觉，显得更高贵典雅。

　　它还借鉴了社团山项目的技术，毕竟这次委托最先找到贝聿铭的是纽约大学发展办公室主任约翰·奥马拉（John O'Mara），他以前是社团山的业主代表。大学广场和社团山一样，采用风车式布局，使两座塔楼的长边与另一座塔楼的短边相互制衡（空气流通性显然优于不远处超长的板楼群）。这里的房屋不像费城的房子那样具有开放性，楼群对城市完全敞开，纽约的这个塔楼群是一个相对封闭的空间，只有一个出入口通往布莱克大街。这个重要的出入口由毕加索的大作《西尔维特胸像》（Bust of Sylvette，1968 年）来镇守。贝聿铭以前就想在基普斯湾项目上安放这件雕塑，几年前他在巴黎的一家咖啡厅发现了它，在那儿他无意中听到隔壁桌两个挪威人的谈话。贝聿铭做了自我介绍之后，其中的卡尔·奈斯贾尔（Carl Nesjar）告诉他，他与毕加索合作，专门复制他的作品的放大版，并向贝聿铭展示了一张小小的弯曲金属样品的照片。贝聿铭说："它非常简单，非常生动，这完全是立体主义运动的精华。我当时就意识到，巨型雕塑运用在现代建筑里具有不可思议的潜力。"[3]

　　贝聿铭最后终于弄到了 7.5 万美元去买《西

从布莱克大街上看到的景观

尔维特胸像》。他自费前往奥斯陆，请奈斯贾尔制作一个小模型，把它放置在大学广场的模型沙盘中，并将整个模型当作礼物送给了毕加索。毕加索也很高兴在纽约新兴的 SOHO 艺术区中放一件大型作品。为了让"西尔维特"能和路人玩起捉迷藏的游戏，使它若隐若现，雕塑的尺寸让人费尽心机。先用照片比量，又去现场用气球试验位置，最后才确定了它最合适的三层楼的高度。一个 20 英尺（约 6 米）长、36 英尺（约 11 米）

宽的锯齿形墙体用了和塔楼相同的浅黄色混凝土建造，60 美吨（约 54 吨）的雕塑直接放在草地上，形成了建筑、雕塑、自然和空间的统一体。现代建筑师们老是把总体环境挂在嘴上，但很少真正实现过。这组建筑做到了，取得了丰硕的成果。靠着贝聿铭个人苦心孤诣的努力，才使这组建筑在只有 1 130 万美元预算的情况下，远远超过了低成本建筑所能达到的水平。

Ground Transportation, Baggage Claim

Transporte Terreste, Reclamo de Equipajes

国家航空航站楼

NATIONAL AIRLINES TERMINAL
美国，纽约州，纽约市，肯尼迪国际机场 1960—1970 年

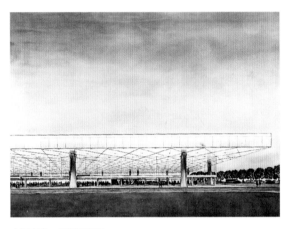

中标方案，外部渲染图

中标方案，内部渲染图

1960 年 8 月，贝聿铭赢得了纽约和新泽西港务局组织的招标。它当时一共邀请了纽约五位杰出的建筑师，请他们对位于艾德怀尔德机场（Idlewild Airport，即现在的肯尼迪机场）几家航空公司共享的国内航站楼提交设计方案。每个航站楼的设计方案都标新立异，贝聿铭的也很独特，但它并没有刻意与相邻的航站楼争奇斗艳，旁边正在建设的是埃罗·沙里宁（Eero Saarinen）的环球航空公司航站楼，那是表现主义风格。贝聿铭设计的航站楼想要给人传达出宁静的感受。一个 600 英尺（约 183 米）长的玻璃亭子打通了室内和室外的界限，产生了一望无际的感觉，更显安静。玻璃墙外面竖立着一座座像雕塑作品一样的混凝土支柱，10 英尺（约 3 米）高的水平屋顶悬架在上面，这种设计来自贝聿铭经常坐飞机到处旅行的经验，希望在宁静的建筑中呈现清晰的道路。这种设计受到密斯的大跨度结构的影响，同时也显示了贝聿铭自己的审美，喜欢古典形式的雕塑感，具有高超的技术手段，

并且用独具特色的处理方法来疏导大规模的人员流动。

做了半个世纪贝聿铭的管理合伙人的伊森·莱昂纳多（Eason Leonard）回忆起他们当年是怎样在有限的 22 英亩（约 8.9 公顷）场地上解决复杂的动线问题。在所有人苦恼了两个星期之后，贝聿铭拿出了解决方案，他设计了一个简单的环形路线图，连航站楼的后半部分也纳入到循环路线，这里以前都是用来运行李的。[1] 他的方案不像别的航站楼那样，把出发和到达区域分到两层楼去，还得加上坡道，那样就切断了正立面的整体性。贝聿铭做的是，出发的乘客沿着大楼正面伸出的道路前行，在挑出很远的大屋顶的阴影下进入航站楼，来到正中央独立的办票柜台，乘坐自动扶梯上到设有零售店、餐饮店和休息室的夹层，并跨过廊桥到达登机口。到达的乘客成群结队、散乱无序地从其他航站楼来到这里取行李，他们会觉得豁然开朗；之后，沿着边上靠近停机坪的独立通道离开。内部流畅的动线设计，

悬空玻璃墙系统，从内部向停机坪看的景观

出发大厅，内部

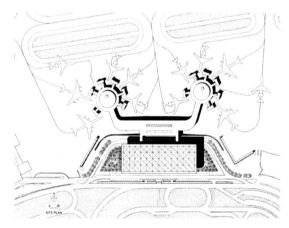

平面图，包含增建的星形登机楼和到达大厅

会使旅行者们喜欢上这个交通门户。这个设计也缓解了 20 世纪 60 年代机场设计中最让人头疼的交通拥堵问题。

　　这个方案的简单性救了它，因为随着航空旅行方式的不断演变，设计要求也完全变了。在中

标后不久，由于港务局预期的多家航空公司共同租用一个航站楼的计划没能实现，航站楼建设停滞不前。随后，国家航空公司接管并委托贝聿铭修改设计，缩小建筑规模，以适应有限的需求。航空公司不断下滑的财务状况又造成了项目被进一步延期。直到客机开始普及，10 年中客流量急剧增加，航空业又戏剧性地复苏，航站楼才恢复建设。但新的需求变成了要对这 10 万平方英尺（约 9 300 平方米）进行扩建。于是，道路被拓宽，两个星形登机楼取代了原本设计的两条狭长的登机通道，以便飞机停靠和不同航班同时登机。在两个星形登机楼之间，为到港乘客建造了一个新的混凝土和玻璃材质的亭子，对原来的玻璃大厅也进行了改造，专供离港客人使用。就在新航站楼揭幕前不久，国家航空公司再次要求修改，以适应巨大的 747 新型喷气式飞机。这个航站楼

出发大厅，外部

于 1981 年被环球航空公司接管用于国内航班，到 2002 年又由捷蓝航空公司（Jet Blue）改建。尽管近半个世纪来它一直在改建，但基本设计仍然在很大程度上保持了原样，因为巨大的开放空间相对来说更容易进行内部重组。

这个建筑精简以后只剩下必要的部分，前后仅用六根混凝土立柱支撑，两边各有两根。其 700 万磅（约 3 180 吨）的屋顶稳稳坐落在 21 英寸（约 53 厘米）的钢球连接件上，简洁地掩盖了所有的排水、通风和内部电气管道。从一开始，就设计好了巨大的无框玻璃幕墙。[2] 根据贝聿铭的说法，当环球航空公司进行防风改造的时候，加上去的窗框"看上去很结实，可以撑住建筑物"，但是

本来"玻璃自身就是支撑物，不用担心撑不住"[3]。

尽管由于经费所限，最后还是使用了传统的钢桁架，但天花板保留了中空框架最初设计的十字交叉图案。这在建筑上极为特别，把纯粹的结构戏剧化地表现出来。这种图案在视觉上发挥了重要作用，把各种元素整合起来，形成统一的整体。室内和室外照明精心设计，达到平衡。所有的连接点都全盘考虑，无论是在天花板上、墙壁上还是水磨石路面上，都力求让它们融入到整体中。这样的工作方式是贝聿铭的特色（据说，贝聿铭会因为一个节点设计不好就解雇员工），这样做虽然最后人们不会注意到单个的节点，但是整体感觉非常和谐。

国家大气研究中心

NATIONAL CENTER FOR ATMOSPHERIC RESEARCH

美国, 科罗拉多州, 博尔德市　1961—1967 年

就在独立创业 10 个月后, 贝聿铭迎来了在他早期职业生涯中最大的机会, 也是最困难的挑战, 这就是设计建造国家大气研究中心。这样的建筑类型、客户不断变化的需求、环境、场地甚至施工程序都要求已经 44 岁的他"自我洗脑", 必须推翻以往的经验, 全部重新开始。[1]

随着科学家们倡导重新定位雷达技术和其他军事科技, 国家科学院在全美发布了一项冷战时期的倡议。于是, 14 所学校组成了大气研究大学联盟, 推选沃尔特·奥尔·罗伯茨博士来主持, 他是天体物理学的先驱, 也是一位有远见的管理者。罗伯茨接受了这个职位, 准备在科罗拉多州的博尔德建立一个由他领导的新的研究实验室。

一个 600 英尺 (约 183 米) 高的台地被选中为建筑基址, 它位于落基山脉的熨斗山 (Flatirons) 中, 罗伯茨从起居室窗口欣赏了很多年, 最终这块台地由科罗拉多州立法机关购买。在选择建筑师时, 从阿尔瓦·阿尔托 (Alvar Aalto) 到山崎实等 50 名建筑师都被纳入了考虑范围, 最后由大气研究大学联盟成员大学中 8 所建筑学院的院长做出决议。皮耶特罗·贝鲁斯基担任委员会发言人, 推荐了贝聿铭。那时候, 贝聿铭正在麻省理工学院建造地球科学大楼。对候选人的面试长达一天, 然后是分别乘飞机和徒步实地考察。作为一位城市建筑师, 主要负责贫民窟改造的贝聿铭显得缺少相关经验。也有人质疑, 贝聿铭手头掌握着 6 800 万美元的项目, 他有多少时间和精力投入到国家大气研究中心这个小房子上呢? 贝聿铭向罗伯茨保证, 他会非常"自私"地主要关注这个项目, 因为这对他而言是一个难得的机会,

航拍图

能够暂时逃离"都市项目的尔虞我诈"。最后, 他面对委员会慷慨陈词:"每一项工作我都会倾尽心力, 这样才能在更广阔的领域证明自己。"[2]

国家大气研究中心项目是一个巨大的考验, 完全不同于他以前设计的简单高效的建筑。更大的挑战是, 罗伯茨要求把通常会很喧闹的团队合作型实验室和需要独立、稳定、安静的理论研究室放到一起。由于不确定国家大气研究中心未来的发展方向, 科学领域的交叉互通至关重要, 所以这个建筑也需要最大程度的灵活性。这个机构还要成为新的国家级研究机构形象的象征, 应该有尊严又不狂妄, 应该是谦逊、低调的, 而不能过于张扬。

在这样一个宏伟的景点上诠释一个理想主义的计划, 这对于渴望突破的建筑师来说简直是绝妙的机会, 贝聿铭发现自己深陷其中, 不能自拔了。他解释说, 那不仅仅是单纯的风景, 那是无

从山脚下仰视台地上的实验室

位于落基山脉中的国家大气研究中心全景

法驾驭的规模。"那里没有边界，没有尺度可以依循。它完全不同于城市建筑，在城市里没有什么东西是独立存在的，每栋建筑都与其他建筑、街道、广场以及它们之间的空间相关。"[3] 他翻山越岭，夜晚在山上支帐篷，以感受这里的阳光、风向和没有尽头的空间。

贝聿铭参观了位于科罗拉多州斯普林斯（Springs）的美国空军学院，SOM 建筑设计事务所刚刚在那里建成一座金属和玻璃材质的小教堂，与它所在的山体形成鲜明的对比。尽管贝聿铭偏爱现代主义，但这并不是他想要的效果。国家大气研究中心必须融入大自然，而不能脱离环境孤芳自赏。另一个因素也妨碍了现代化设计，这块台地海拔很高，没水没电，也没有其他配套设施。[4]

路漫漫其修远兮，贝聿铭想了好多主意，但是很快都放弃了。[5] 直到和妻子开车从圣菲（Sante Fe）到博尔德的路上，贝聿铭才找到解决办法。他在梅萨维德（Mesa Verde）看到了 13 世纪时阿纳萨齐（Anasazi）印第安人的悬崖居所。贝聿铭认为，由于使用本地石材建造，这些房子看起来就像从地里长出来的一样。但是由于国家大气研究中心的预算紧张，建筑中不能大规模使用石材。贝聿铭把当地采石场的沙子和砾石加到混凝土中浇筑，然后用石锤敲打，使混凝土表面呈现当地

石材的暗粉色。这就像重塑了一座山，云母的光泽使这座建筑生机勃勃。[6] 他们设计了一种新的辅助工具，与 98 英尺（约 30 米）高的建筑物完美对齐，方便工人们使用五点气动凿子来修饰混凝土层层浇筑形成的多层蛋糕的效果。这座建筑在体量感上也能和环境统一，就好像建筑物是从山里凿出来的一样。贝聿铭告诉规划委员会，在 5 000 年后，国家大气研究中心将会与背后的群山融为一体，无法分辨。

9 英尺（约 2.7 米）厚的承重墙使得大气研究中心内部的布局灵活随意，能够跟上不断发展的科学需要（一个内部笑话说"国家大气研究中心"的缩写就是——不断改变结构布局的中心）。对外而言，厚厚的墙可以抵御极端的天气，有时候这里的风速会达到 140 英里 / 时（约 225 千米 / 时）。窗户的面积只占 10%，为了抵挡强烈的高原阳光，玻璃都用深色的，设有围挡，并深藏在独立的窗洞中，从外面看不出几层。通过隐藏明显的人造痕迹，这座建筑融化为一个没有边界的整体，无声无息地融入了周围无边的自然。就像梅萨维德印第安人的大型悬崖居所那样，只用了简单的几何形体，立方体和圆柱体有力地屹立在群山之间，反而呈现出其他更精致或更复杂的建筑所没有的气势。

以前贝聿铭只需要和泽肯多夫讨论需求，现

从台地看后立面

立面图，包括未建成的处于台地低处的塔楼群

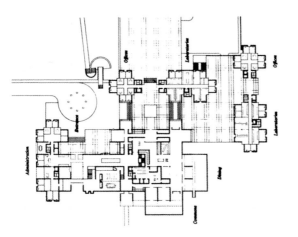
一层平面图

在他需要考虑更多复杂的想法，倾听不同人的声音，满足科学家们特殊的需要和兴趣。幸好这些想法可以由罗伯茨博士来统一，他对贝聿铭产生了巨大影响。从他开始，贝聿铭遇到了很多大客户，他们都将与他建立长久的友谊。罗伯茨是"一个非常杰出的人，和泽肯多夫一样具有远见卓识，但又是完全不同的人"[7]，贝聿铭后来回忆道。在一个项目上长期合作对贝聿铭来说是一个新鲜的经历，不像以前在韦伯奈普公司他一个人同时参与许多短平快的项目。尽管困难重重、预算紧张，

但国家大气研究中心使贝聿铭一生都坚信，客户是与项目本身同样重要的因素。

罗伯茨不想要五角大楼那样的设计，那里有没完没了的走廊，他希望这个环境能够充满活力。科学家们可以在那里自由自在甚至漫无边际地独自思考或组队工作，而且还要鼓励甚至是强制他们相互交流。贝聿铭没有让一座低矮的建筑物占满28英亩（约11.3公顷）的台地，毕竟是一位都市建筑师，他在荒野中建造了一座城市。他建了几座细高的五层塔楼，将近一半的设施都深埋在地下。建筑内部分成区块，顶层是与世隔绝的"鸦巢"，科学家可以在壮观的景色中静思。这些塔楼之间有桥梁连接，公共设施设在中心部分，与更私密的研究区域分开。曲曲折折的道路让人们在水平和垂直方向上都能畅通无阻，这是罗伯茨博士坚持的。由于道路复杂，以至于头一次来的访客必须由向导带领才不致迷路。一条条交叉的路线把所有目的地都连接起来，这些路线上安排有宽阔的通道、用来聊天的小凹室，以及使人流连忘返的壮丽景色。这些通道方便了科学家们随时碰头交流思想。其实这种设计一开始是为了保证最大程度地通风，尽管国家科学基金会最后还是坚持使用空调。

为了使建筑看上去不那么笨重，这座19.3万平方英尺（约1.8万平方米）的建筑位于台地的

室外入口楼梯

最远端，车道隐藏在岩石和松树后面。工程师们曾建议建一条沿着山路蜿蜒曲折的不引人注意的道路，但是贝聿铭觉得道路需要做得浓墨重彩。他和景观设计师丹·基利（Dan Kiley）一起走遍了台地，一步一步地画出一条跨越山岭的曲线。这清楚地表明了他的理念，认为建筑和它脚下的土地是一个密不可分的整体。和雅典卫城一样，长达 1 英里（约 1.6 千米）的盘山道也是建筑的重要组成部分，房子只在画面尽头出现。[8] 虽然没有刻意地模仿，但人们还是容易联想到贝聿铭早年生活过的苏州园林，那里有曲折的小径吸引人去寻幽探胜，巧妙安排的窗户把无限的自然景

窗洞和楼梯井

观装入静静的画框。

　　这片荒野毫无悬念地一直延伸，延伸到建筑物的墙壁里去，那里是人创造出来的风景，是一片几何图形化的理性的风景，无比坚定，用秩序感制造出两个世界的平衡。如果第三个塔楼群按原计划从台地背面的斜坡上"走"下来，雕塑形式会更加明显。贝聿铭慨叹，有一天预算又被削减了。"这些塔楼应该紧紧攀附在岩架上，这样从视觉和结构上建筑才真正根植于台地，而不是仅仅被置于顶部。这座南塔要是能够建成，整个建筑就会大不一样了。"[9]

　　国家大气研究中心项目使贝聿铭第一次能够在建筑世界里进行艺术探索。如果说在某些地方，特别是在近距离观看还有不尽如人意之处，那么这个项目无疑是贝聿铭式的建筑语言和设计方法的萌芽。在此之后，他将建造自己的第一座公共建筑——埃弗森博物馆，展现更为自如和自信的设计。

埃弗森博物馆

EVERSON MUSEUM
美国，纽约州，雪城　1961—1968 年

埃弗森博物馆既是贝聿铭之前所做的一切工程的总结，本身又有重大的突破，他解释说："就是在这里，我找到了形式，懂得了空间。"[1]这个博物馆以本身就是一件艺术品著称，它被称为"用雕塑承载雕塑，用艺术展示艺术"。这是贝聿铭为以后许许多多博物馆的成功所播撒的种子，也是日后为建设华盛顿国家美术馆东馆而做的彩排。[2]在此后的 40 年间，贝聿铭又完成了许多项目，但这座小楼仍然是他的最爱。

这座博物馆是一项雄心勃勃的计划中的一部分，该计划要为雪城建一个富有生机的新行政中心。由于没有其他人来竞争这个小型的低成本项目，委员会去请了相对而言不那么有名的贝聿铭，他当时正在建造雪城大学的纽豪斯通信中心（Newhouse Communications Center）。除了学生时代做过的上海博物馆的毕业设计之外，他没有相关的经验。[3]

挑战不仅在于建造博物馆的资金有限，而且这个博物馆将要建在一个拆迁区中的一小块瓦砾堆上，周围没头没脑地要保存一个陈旧的县礼堂和一个市政蒸汽厂。"我对城市改造并不陌生。"贝聿铭说，"我为泽肯多夫做了很多这种项目，在全国范围内清理贫民窟。但那些项目总是重建很多座建筑物。在这里，我不得不在城市沙漠中间插进一座小楼……更严重的是，它缺少一个统一的基金会支持或一个强有力的委托人，这两者对于一个好的博物馆项目至关重要。不过也正因为如此，埃弗森博物馆能给我的是自由。"[4]

贝聿铭意识到这座小楼必须气场强大才能鹤立鸡群，也许还要独立存在很多年，因此，他说

贝聿铭即兴立面草图，2003 年

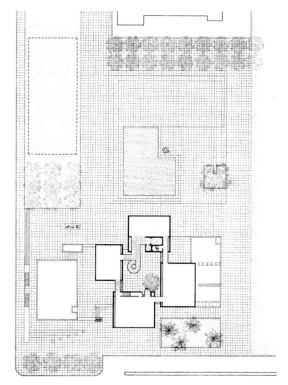

总平面图

服董事会在紧临博物馆后面的市政车库的屋顶上建造一个广场和倒影池，这会"吃掉一些空间"，留出开放区域，未来的建筑物可以在这里扩展。[5]

博物馆主要承接临时巡回展览，平时只展示

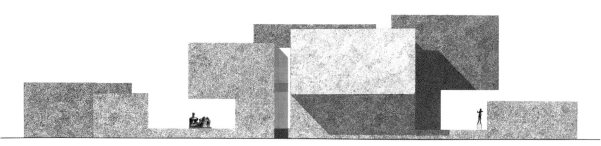

立面渲染图

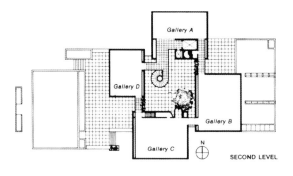

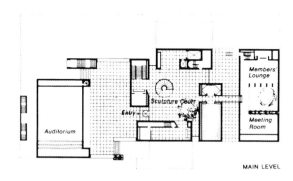

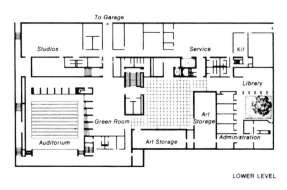

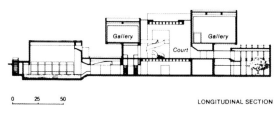

楼层平面图（二层、一层、地下一层）和剖面图

一些小型陶瓷。在未来的需求不确定的情况下，博物馆主流的处理方式是，建造巨大的没有隔墙的房间，空间可以灵活布置。贝聿铭却大胆地背离了主流样式，他设计了一个两层的巨大的挑高大厅，周围又分成四大块，每块里面一个展厅，每个展厅的风格、大小、高度都不一样，这样无论未来展品是大是小，都可以轻松适应。团队成员威廉·亨德森（William Henderson）回忆起贝聿铭当年呈现这个 L 形建筑的草图的情况，这个建筑被分割成不同的区块，可以给不同的捐赠者提供适宜的捐助机会。最初的设计中，房子的悬空部分朝向内部，为了得到更高的利用率，悬空部分改为朝外了。"做完这个决定之后，后续工作进行得非常顺利。大约只花了一个月，我们就基本上设计好了这座建筑。"[6]

埃弗森博物馆属于贝聿铭那个时期最热衷的"帽衫式建筑"（hooded buildings），但它不需要受委托方要求的约束，形式更加纯粹，可以把大体量简单几何图形的样式发挥到极致。"我从国家大气研究中心项目里借鉴了很多东西，"贝聿铭说，"但大气研究中心还是让人想起卡恩。我们在这里超越了他。埃弗森博物馆对我个人来说更具有突破性。我很早就意识到了立体主义与建筑之间的密切关系，因此我自然而然地有兴趣借着这个机会去探索形式。"[7]

由于博物馆需要连续的墙面展示，而且任何展览都不用从外面看，贝聿铭利用坚固的墙壁的内在张力创造了四个巨大的悬空展厅。这是一个结合了工程、建筑和艺术的绝妙设计。这些独立

从花园广场看到的景观

的展厅之间只用窄窄的玻璃条连接，这种透明连接比起完全连接大大增加了戏剧性，展厅就好像飞在空中。贝聿铭解释说："建筑在以前非常难以超越学院派的传统，他们认为建筑必须是空间中的实体。其实很多案例都能证明，实体中的空隙往往更为重要，留白才是塑造空间的关键。"[8]

博物馆坐落于一个台座上，一侧是行政翼楼，它有自己的小庭院，享受着庭院中的自然光照射；另一侧有一个设有320个座位的大礼堂，这些部分都是半地下的，可以减少留在地面上的体积。这里还设有接待处、厨房和会议室兼休息室，礼堂外设有演员休息室、图书馆、教室、储藏室、实验室和工作区。换句话说，它具备了大型现代博物馆该有的所有设施，只是小了很多。通过将功能性部分转移到地下，贝聿铭可以将地面上的大面积建筑自由地塑造成他想要的样子，他经常这样做，最好的例子就是卢浮宫。

临街入口，包括亨利·摩尔的雕塑

贝聿铭曾希望每一个潜望镜式的建筑都能整体浇筑成形，后来被证明不可能。混凝土只能一层一层地浇筑。于是他就采用了在国家大气研究中心项目上的做法，表面成形后，用凿石锤锤打，以隐藏接缝，使外观更完整，同时还能露出添加

雕塑大厅里的旋转楼梯

在混凝土里的闪闪发光的红色花岗岩，这种颜色使博物馆与城市里常见的深红色砂岩和红砖建筑更为相配。因为混凝土墙打制以后出现的纹理非常明显，他们在样本墙上仔细研究凿石锤使用的方向，贝聿铭一直都不满意，直到他看到了斜线。"最后外墙墙面决定凿出斜线的肌理，"贝聿铭微笑着说，"就因为好玩，为什么不用呢？"[9]倾斜的沟槽在视觉上有助于支撑建筑物，就像用目光也能把建筑吊起来，让它不显得太过沉重。而混凝土墙面的边框保持光滑，这样每个面的边缘都很清晰，还能绕过转角处的斜线不好对齐的困难。

建筑内部也用凿石锤进行了处理，兼顾了内与外、虚与实。要是没有混凝土天花板，紧凑的50平方英尺（约4.6平方米）的雕塑大厅就是一个天井。（这是后来华盛顿国家美术馆东馆的预演。）华夫饼状的楼板悬在头顶上方，四边镶着窄窄的玻璃条，光线从那里倾泻而下，射到雕塑大厅，也分隔开了四个展厅区域，就仿佛是四座独立的建筑呈风车状环绕着一个带顶棚的公共广场。无论是否有意为之，这种安排都类似于中国传统的四合院，几个独立的居住单元环绕着中央庭院，庭院是家庭活动的核心。

各个展厅通过环绕中庭的开放式连桥相互连接。路径变化丰富，富有神秘感，令人惊喜连连。参观者每次离开一个展厅都会看到中庭，它本身就是一个展览空间，然后进进出出，看过、走过一个又一个不同的空间，忽分忽合。"空间彼此都是开放的，无论是横向还是纵向。"贝聿铭说，"它改变了各个展览区域之间的节奏感，让您的眼睛得到休息。疲劳可不仅限于脚上，那是一种心情。"[10]

整个展厅的高潮在中间刚劲有力的混凝土楼梯上，它盘旋而上，沿着它拾级而上，光线和视野都会发生变化。按照博物馆的第一任馆长马克斯·沙利文（Max Sullivan）的说法，它是"博物馆里最棒的雕塑"[11]。它也是博物馆完工交付时唯一的一件大型展品。后来，贝聿铭利用他在艺

从上层连桥上看雕塑大厅

术界良好的人际关系网，帮埃弗森博物馆收集了一批经典作品，包括放在入口的亨利·摩尔的雕塑。他还委托莫里斯·路易斯（Morris Louis）和阿尔·赫尔德（Al Held），向他们订制了作品，每件作品都有专属的展示墙和特别的视角。

　　许多年后，贝聿铭回忆说："埃弗森博物馆给了我从未有过的自由，如果博物馆能有像样的收藏品，我就更高兴了。我得到了我想要的东西。你看，在博物馆项目上可以做一些在学校、宿舍或公共住房项目中没法做的事情。你必须等待合适的项目。我以前做不到，因为没有机会。现在有机会了。我终于能开始走自己的路了。"[12]

联邦航空管理局航空管制塔台

FEDERAL AVIATION ADMINISTRATION AIR TRAFFIC CONTROL TOWERS
美国，不同地区　1962—1965 年

肯尼迪政府决心提高联邦建筑质量的第一项举措，就是建造统一的联邦航空管理局航空管制塔台。于是，刚刚上任为联邦航空管理局局长的纳吉布·哈拉比（Najeeb Halaby），在总统和第一夫人的授意下，邀请包括戈登·邦沙夫特、埃罗·沙里宁、亨利·德雷夫斯（Henry Dreyfus）、威廉·沃尔顿（William Walton）在内的众多建筑师提交设计方案。与这些大师的面谈仿佛是一场思想竞赛，最后，在 1962 年年初，贝聿铭赢得了胜利。这场胜利使贝聿铭与肯尼迪夫妇建立了联系，这种联系将使他一跃成为建筑界的风云人物。

1961 年以前，航空管制塔台都是由当地社区或机场运营商单独设计和建造的，通常就是顶在航站楼上面。联邦航空管理局决定对整个系统进行统一改造，建造独立的最先进的塔台，无论机场大小，无论有无雷达，这些塔台将成为各大机场中航空安全的统一标志。对于一位在整个职业生涯中一直都为特定环境设计建筑的建筑师而言，这是一项全新的挑战。

这些塔台被设计为三个通用部件的组合——中控室、塔身和基础建筑，可根据不同的需要自由组合和搭配。由于塔台可能被安放在各种不同的地点，贝聿铭选择了没有方向感的五边形。[1]中控室工作人员按照对视野的不同需求被分在不同的区域。只有少数必须能看到飞机和跑道全貌的工作人员被安排在顶部的五边形中控室里，五边形的结构使得窗户之间不会因为相互平行而反光，产生干扰。玻璃是倾斜的，减少了眩光，接

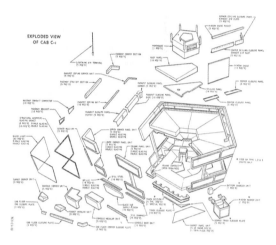

中控室，组装手册中的分解图

中控室吊装到位试验

管制塔台原型，得克萨斯州埃尔帕索

剖面模型

中心楼梯井

口处使用透明环氧树脂，不会阻挡视线，创新的除雾和窗户清洗系统提高了能见度。在中控室内，大小不同的设备组合在标准化的控制台中，今后这些控制台无论放在哪里，对于空中交通管制员来说都会是熟悉的，容易上手。中控室的所有元件、仪表组和机械系统都按照两种尺寸提前做好，并作为一整套零件装运，只要按照说明书一步一步操作就可以简单地完成现场组装。[2]

雷达专家和其他技术人员只需要看着他们的仪表板，他们不用像以前那样挤在狭窄的塔身的小隔间内，而是搬到了深埋于地下的隔音室。隔音室可以随意扩展，以适应任何的地形，范围在3 500~17 000平方英尺（约325~1 580平方米）。部分塔基的入口背向跑道，而面向跑道的一侧成为了风景元素，一个平缓的斜坡或平面，能够保证视线畅通无阻，不会妨碍飞机起降。

塔柱里没有安排任何功能性空间，它在顶部向中控室张开，在底部略微倾斜以增加横向稳定性，在中部则优雅地逐渐变细，仅能容纳电梯、楼梯和各种缆线。塔台需要能够适应从60英尺（约18米）到120英尺（约37米）之间五种不同的高度，在芝加哥奥黑尔机场（O'Hare）甚至需要达到150英尺（约46米）的高度，必须仔细考虑塔身合适的曲率。贝聿铭在布鲁克林租了一个制造帆船的仓库，在一览无余的库房地板上绘制了全尺寸的塔身轮廓。切割好的木制模板打包发送给承包商，现场浇筑混凝土塔身。[3]为了方便小型机场的建设，贝聿铭还设计了一种预制的矮一些的桶状金属模板。

40多年以后，贝聿铭在日本建造了一座简洁的雕塑般的钟塔，叫作"天使的喜悦"，与这批航空塔台谦抑的风格和高超的技术有异曲同工之妙。"你看到的一切都是出于纯粹的功能需要。"贝聿铭解释道。所有的机械和电气设备都被埋到

标准的中控室内部

地下，"就像下水道一样。人们只看到关键的部分。因为简单而显得特别有力量"[4]。正如《建筑论坛》(*Architectural Forum*)观察到的那样，"这是难得一见的功能主义和艺术的结合"[5]。

在最初设想的 70 座管制塔台中，有 16 座全部或部分地由贝聿铭团队在 60 年代督建完成。纳吉布·哈拉比于 1965 年离开了联邦航空管理局，他的继任者在美国总审计长的压力下同意建造更便宜的管制塔台，他们认为原设计华而不实，成本太高，"过于强调审美因素"[6]。

克里奥·罗杰斯县立纪念图书馆

CLEO ROGERS MEMORIAL COUNTY LIBRARY
美国，印第安纳州，哥伦布市　1963—1971 年

主立面

印第安纳州哥伦布市被称为"草原上的雅典"，有许多著名建筑师设计的房子，甚至远远超过许多大都会。这大概是因为世界上最大的柴油机制造商康明斯发动机公司（Cummins Engine Company）就设在这里。董事长 J. 欧文·米勒（J. Irwin Miller）认识到只有充满活力的环境和顶尖的学校才能把优秀人才吸引到他们公司。 1954 年，他通过康明斯基金会为新学校（以及后来的文化建筑）捐款盖楼，但是要求只能聘请顾问团认可的建筑师来设计建造。

米勒鼓励多样化，尽量避免公司城的沉重烙印，也希望能带来连锁反应，使当地居民习惯于高质量的设计而自己聘请顶级建筑师来盖房子。这两个愿望都在 1963 年实现了，当时巴塞洛缪县（Bartholomew County）图书馆协会准备由政府和私人共同出资建一座新图书馆，他们在皮耶特罗·贝鲁斯基的帮助下，面试了八位建筑师，最后选择了当时相对而言没什么名气的贝聿铭。

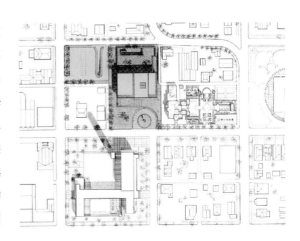

总平面图

克里奥·罗杰斯县立纪念图书馆将城市规划的概念带到了一个原本没有规划的城市。米勒对多样性的追求催生了一连串建筑上的明珠，不过它们互不相干，而且相距很远。贝聿铭在这个玉米地环绕的小城市中同样遇到了他多年来一直在大都会里尝试解决的城市分散化问题。他为哥伦布市带来的不仅仅是一个图书馆，而是一个公共

广场中亨利·摩尔的 20 英尺（约 6 米）高的雕塑《大拱门》

内部装饰，图中可见带有"空气层"的格子天花板

内部装饰，沙里宁的第一基督教堂好像被装上了画框

空间——一个真正的市中心，成千上万的人来这里参加艺术展览和音乐会，儿童来探索学习，让城市居民真正享受社区生活。米勒回忆说："在那以前，我们在解决问题的时候，只考虑单个建筑（缺乏整体思想）。"[1]

图书馆选址在埃利尔·沙里宁（Eliel Saarinen）1942年建造的第一基督教堂（First Christian Church）对面，这个教堂最先把现代建筑引入了这个传统小镇。西边紧临的是欧文之家（Irwin House），建于1874年。为了保住小镇的根，贝聿铭建议，将教堂、老宅和图书馆借助一个新建的广场融为一体。关键是截断现有的街道，并使图书馆退后到场地边缘，以创建一个步行专用区——一个超级街区。图书馆馆长诚恳地对贝聿铭说："也许不是每个人都了解我们要做什么，但每个人都有这种感觉，我们做的是对的。"[2]这个计划是整个城市复兴的核心部分，其中还包

括市政厅和规划中的市政礼堂。

图书馆是以克里奥·罗杰斯小姐的名字命名的，她在图书馆当了37年图书管理员，是巴塞洛缪县时间最长的。这里将成为新的社区中心。低调的本地红砖结构好像是从广场上自然生长出来的，东边缩进一些以配合欧文之家的层层屋檐，西边伸展着长长的窗户，好像给沙里宁的教堂镶上了画框。图书馆一共有两层，一部分延伸到地下，后半部呈开放式，可以享受天光和庭院。在内部，自由流动的空间包含许多小角落，可以"藏身"。贝聿铭团队开发出一种混凝土"空气层"（air floor）来代替传统的吊顶，管线设备都隐藏在里面，这使得建筑内部看上去更为整齐。[3]

无论是图书馆、教堂还是老宅都不足以成为城市广场的"大教堂"，于是，贝聿铭提出放一个巨大的雕塑来定位空间，把建筑聚集到一起，"像一个指挥家率领着三个独奏音乐家"[4]。他

图书馆和欧文之家

去马奇哈达姆（Much Hadham）工作室拜访了亨利·摩尔。在那里，他回忆起在纽约现代艺术博物馆中摩尔的雕塑带给他的喜悦，那时候他看到自己的小女儿在摩尔的一件拱形作品下跑来跑去地玩耍。他想要为哥伦布市寻觅一件足够大的雕塑，让情侣们在散步时可以手牵手穿过。但是他和摩尔一致认为，千万不能大到能跑汽车。雕塑作品《大拱门》（*Large Arch*）是米勒先生和夫人送给哥伦布市居民的礼物，也是贝聿铭的馈赠。米勒夫妇捐赠了 7.5 万美元，其他的都是贝聿铭做的。他自费前往摩尔在英格兰的工作室，策划和安装了雕塑。从更大的范围来看，贝聿铭使这个项目变得非常大气、非常都市化，一个小小的县立图书馆拥有了一个开阔的公共空间和一件伟大的艺术品。[5]

美国人寿保险公司（威尔明顿塔）

ALICO（WILMINGTON TOWER）
美国，特拉华州，威尔明顿市　1963—1971 年

1963 年，美国人寿保险公司决定在特拉华州威尔明顿市建立一个新总部，该公司于 1921 年诞生在那里。美国人寿保险公司的母公司美国国际集团（AIG）的创始人 C.V. 斯塔尔（C.V. Starr）请贝聿铭担任这个项目的建筑师。斯塔尔是贝家的老朋友，贝聿铭的父亲 1932—1942 年曾担任美国人寿保险公司的高管。

据贝聿铭回忆，这个街角的位置是"百分之百的黄金地段"，正好占据市中心的商业街，在那里还挤着一座建于 1737 年的地标性建筑——砖石教堂，还有一座三层的意大利褐砂石建筑，现在里面是高级的会员制的威尔明顿俱乐部。[1] 为了满足美国人寿保险公司的要求——希望这座楼能够体现公司强大的形象，贝聿铭没有选择建造低矮的建筑，而是设计了一座细高的 21 层塔楼，用高耸的感觉对应教堂的尖顶。塔楼可丁可卯地嵌入这个角落，背面横插一栋四层的长条形建筑，为大厦创造了一个带顶棚的入口，而且在美国人寿保险公司和它的邻居之间形成了缓冲地带。这个方案和贝聿铭在丹佛市中心的复兴计划中设计的里高中心非常相似，在这两个案例中，他都空出了中间地段没有建楼，为拥挤的城市留出了舒适区。"在城市里，独立的建筑并不重要，"他解释道，"重要的是它们怎样适合其所在的位置……这就是为什么建筑物只覆盖了 70% 的地面。这就是为什么我们设计了一个商场将大楼与俱乐部分开。这就是为什么建筑物是狭长的，而不是铺天盖地的。最重要的是适合这个环境。"[2]

尽管说得轻描淡写，其实这座优雅的小塔楼非常具有革命性。这是贝聿铭设计建造的第一座

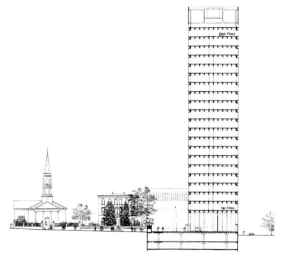

西侧剖面图（原文如此，实际应为东侧。——译注）

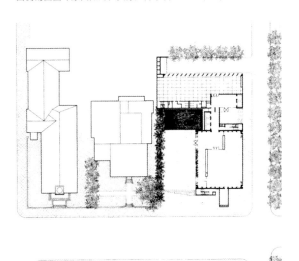

街区平面图

混凝土办公楼，它达到极致的精确和凝练显示了贝聿铭对混凝土材料的可塑性的持续关注，墙壁上印有模具的清爽的木纹肌理，这是只有液体浇注才能产生的特殊效果。这幢楼还悄悄地实现了大跨度结构，这是贝聿铭 1959 年在檀香山为未建

从市场街向南侧看

入口广场

成的泛太平洋大厦（Pan Pacific Tower）所做的开创性设计，当时还得了奖。这幢大楼和麻省理工学院以及后来的新加坡华侨银行中心一样，虽然整体面积不大，但是把服务区域分成两部分，分设在建筑物的两端，可以最大程度地利用中间的办公区。如此这般，就真正实现了以前从没有采用过的方式，72英尺（约22米）长的横梁跨跃整个建筑物的长度，除了两头的柱子，不需要在内部或外部进行任何垂直支撑。[3]与传统的塔楼不同，没有柱子的办公室空间非常灵活，可以随心所欲地安排。这座楼还有另一项创新，夸张的长窗户完全没有边框，一通到底，这可能是玻璃窗的对接结构的第一次应用。

贝聿铭在泛太平洋大厦模型的基础上完成了这幢楼的总体规划和设计，然后把项目移交给了阿拉多·寇苏达，贝聿铭的大多数合作伙伴都对混凝土和大跨度结构感兴趣，特别是寇苏达。"我在项目的开头阶段参与得非常多，"贝聿铭解释道，"项目一开始需要大量的销售技巧。您需要了解客户，了解他的需求。整个计划都是我做的，但是当它只剩下建筑的事时，我就需要别人的帮助了，因为这需要花很多时间。"[4]

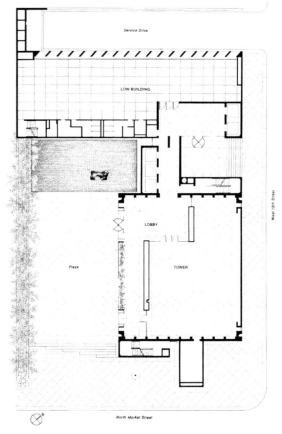

总平面图

从南侧看到的全景

约翰·菲茨杰拉德·肯尼迪图书馆

JOHN FITZGERALD KENNEDY LIBRARY
美国，马萨诸塞州，多尔切斯特　1964—1979 年

1963 年 10 月，约翰·F. 肯尼迪在他的母校哈佛大学为总统图书馆预留了一块 2 英亩（约 0.8 公顷）的土地，计划建一个集档案馆、博物馆、教育中心和办公室的功能于一体的建筑，以继续他的职业生涯。然而一个月后，肯尼迪总统突然遇刺，于是这个计划彻底改变了性质。整个国家沉浸在悲痛中，他们倾注全力支持这个项目，使项目迅速展开。在之前的五个总统图书馆里，没有哪一个是设在大都市中心的，没有哪一个试图收集总统整个任职期间的记录，并且这个任职期间还经历了电视时代，更没有哪个图书馆是用来纪念最近被杀害的领导人的。[1]

肯尼迪夫人邀请一些著名的建筑师和设计师来参加一个为期两天的会议，以制定建筑方案，并且提出怎样选择最好的建筑师。[2] 第一天他们进行实地考察和小组讨论，之后一天是在哈佛大学罗宾逊厅（Robinson Hall）举行招待会，恰巧一个星期后贝聿铭联合事务所也要在那里办展览。在第二天早上动身前往海恩尼斯港（Hyannis port）的肯尼迪庄园（Kennedy compound）前，与会者通过无记名投票各自提名一位建筑师。贝聿铭是六位入围者之一。[3]

几个星期后，肯尼迪夫人造访了贝聿铭低调的办公室，这还是从泽肯多夫那里租来的，为了配合气氛刚刚刷成白色。贝聿铭展示了部分独立工作成果，介绍了具有战略意义的华盛顿西南区重建计划。但会面的主要部分是私人谈话。肯尼迪夫人的顾问威廉·沃尔顿回忆当时的情况时说，选择贝聿铭是"基于他以往的工作，选他一定不会出错，但这也是一次赌博……他不是时髦的建

《纽约时报》，1964 年 12 月 14 日

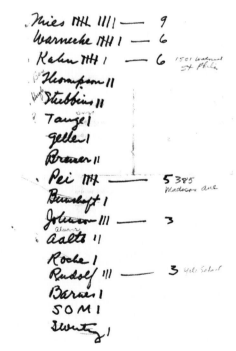

建筑师推荐名单和投票统计

筑师，不是最有名的，也不属于哪个著名的大公司，他是一个走自己的路的人。我不知道他会做什么，但这肯定会是一座令人兴奋的建筑"[4]。

从多尔切斯特湾看到的景色

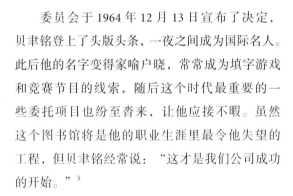

第一版概念图展示，1966 年

第一次向公众展示，1973 年 2 月

委员会于 1964 年 12 月 13 日宣布了决定，贝聿铭登上了头版头条，一夜之间成为国际名人。此后他的名字变得家喻户晓，常常成为填字游戏和竞赛节目的线索，随后这个时代最重要的一些委托项目也纷至沓来，让他应接不暇。虽然这个图书馆将是他的职业生涯里最令他失望的工程，但贝聿铭经常说："这才是我们公司成功的开始。"[5]

最初选择的地点并不理想，不仅阻碍交通，旁边还有一个难看的电厂，而且那个地方太小了，容不下突然扩大的计划。贝聿铭建议把地点改为哈佛大学和查尔斯河（Charles River）对面属于马萨诸塞州交通管理局的开阔的有轨电车停车场。肯尼迪本人也曾对那个地点表示过兴趣，他的母亲于 1965 年向州参议院提出申请，最终由联邦财团打包买下了这块 12 英亩（约 4.9 公顷）的土地。机会又扩大了，新计划不仅包括图书馆、博物馆和纪念馆，还包括行政学校、政治学院、宿舍和社区资源，它们合在一起，成为了规模更大的应用性的纪念碑。

肯尼迪夫人在 1966 年批准了初步的设计方案，但是由于很难重新安置马萨诸塞州交通管理局，工期被推迟了。与此同时，随着越南战争的形势越来越紧迫，学生运动、种族骚乱、政治对抗不断上演，剑桥市的居民们也担心本来就匮乏的土地越来越多地被扩张的大学所蚕食，肯尼迪的魅力渐渐褪色。很明显，哈佛大学想保住自己的既得利益，毕竟这块宝地它已经盯了很久了。现在的问题集中在讨论如此短命的政府能有多少值得保留的档案。社区活动积极分子们也反对这个项目，他们认为这个项目建成后会引来大批游客，这会毁了哈佛地区的平静。打击来自各个方面，这个项目在 1968 年由于罗伯特·肯尼迪（Robert Kennedy）遭到暗杀和肯尼迪夫人的再婚而愈加偏离轨道。贝聿铭被迫在没有客户委托的状态下独自工作。

1973 年，图书馆的设计方案第一次被公开展示，这个半截的金字塔形的设计遭到了毫不留情的批评，导致一开始设计的各自独立的几栋建筑被进一步分割和缩小，最终把可能会吸引大量游客的博物馆挤出了校园。[6]项目的拆分破坏了通过不同功能的房子建一座具有使用性的纪念建筑

被分开的各部分，1974 年 5 月

学院和图书馆（博物馆被挤出了校园），1975 年 10 月

群的基本理念。

　　根据新颁布的环境保护法的要求，他们对许多备选场地进行了调查并准备了初步设计方案。大部分工作落到了泰德·木硕（Ted Musho）身上，贝聿铭说："他具有不屈不挠的精神，不会被任何问题压垮。我已经没有精力了。这么多年来，我付出了这么多，最后得到的都是失望，我再也拿不出什么东西了。整个项目对我来说就是个悲剧。它本来可以造得多么好啊。"[7] 更糟糕的是，在肯尼迪遇刺后轻易得到的 2 300 万美元的预算持续缩水，再加上急遽的通货膨胀，在 10 年之后，余下的工程款已经所剩无几。

　　肯尼迪家族的人现在变得急于求成，只要尽快开工，建成什么样子都行。到 1975 年的时候，他们实在不堪忍受，于是放弃了哈佛大学的场地，转而选择在波士顿郊外多尔切斯特的马萨诸塞大学建纪念馆。那里是当年肯尼迪作为众议院议员首次在公众面前亮相的地方。贝聿铭得知另一位建筑师已经悄悄地为这里准备好了设计方案，于是坚决反对这个地点，理由是在这片填海得到的土地上盖房子没法克服潮汐带来的淤泥和恶臭。

他一改往常的委婉辞令，简单直接地宣称这将是"一个可怕的错误"[8]。图书馆委员会在退潮后进行了实地考察，同意了这个说法。

　　战鼓已经敲响，贝聿铭召集公司里资深的员工，积极推进项目，从设计到完工只用了短短三年时间。最后他将图书馆搬到位于哥伦比亚角（Columbia Point）以外更远的一个地方，那里以前是垃圾填埋场，不会受涨潮的影响。这个地方设有抵御腐烂物体产生沼气的防护设施，建筑因此抬高了 15 英尺（约 4.6 米）以让开排污管道。在这片新的高地上做了一个分层设计，博物馆在地下，图书馆和纪念馆在地上。这个建筑与世隔绝，周围几乎没有其他建筑作为参照物，与马萨诸塞大学笨重的砖石结构建筑和邻近的住宅项目也完全分开，远离剑桥市，远离哈佛大学，远离政治，远离一切纷扰，只有碧水蓝天。始终有一个难题困扰着贝聿铭，这是一项终极挑战：如何以现代而永恒的方式纪念这位年轻的总统，而不采用像林肯纪念堂那样一成不变的模式化的历史建筑形式，那种形式就像用一个新古典主义的礼堂为一尊巨大的雕像加冕，而且关键是总统的遗

哥伦比亚角，向波士顿城区方向看

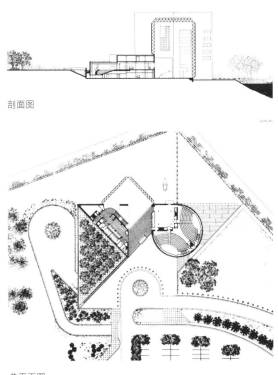

剖面图

总平面图

媚也坚决不要雕像。

　　这座建筑分为三个主要部分：一栋10层高的塔楼，包括图书馆、档案馆和行政管理部门；一栋2层高的裙楼，下层是博物馆，上层有两个可以容纳300人的剧院；还有一个独立的110英

尺（约34米）高的纪念馆。博物馆的参观者首先看短片来了解肯尼迪的生活，然后下到切尔马耶夫（Chermayeff）和盖斯马（Geismar）设计的展厅，那里展示肯尼迪家族和管理委员会的大事记和照片。从这个昏暗的环境中出来，他们会突然来到阳光明媚的阳台上，那里只有一面美国国旗在飘扬，映衬着天空和大海，宁静又肃穆。"虚空才是本质，"贝聿铭解释说，"看过展厅的人不会想再看什么或听什么，他们只想要沉默。他们的思考就是最好的纪念。"[9]在项目启动15年后，即1979年，人们把一段话镌刻在图书馆的墙上。这段话摘自肯尼迪的总统就职演说，它一直萦绕在图书馆的艰难推进过程中，非常适合这座建筑："所有这些都不能一蹴而就，不可能在最初的100天内完成，不可能在1 000天内完成，也不可能在本届政府的任期内完成，也许在这个星球上，终其一生也完不成。但是，让我们开始吧。"

对页：纪念馆，向上看

加拿大帝国商业银行

CANADIAN IMPERIAL BANK OF COMMERCE（CIBC）
加拿大，多伦多市，商业广场　1965—1973 年

"我不喜欢黑色的建筑。"加拿大帝国商业银行总裁尼尔·J. 麦金农（Neil J. McKinnon）说。他于 1965 年委托贝聿铭在多伦多金融中心建造新的帝国商业银行总部。[1] 麦金农针对的是街对面正在建设中的多伦多-道明中心（Toronto-Dominion Centre，1963—1969 年），是由密斯·凡·德·罗设计的。那是三座黑色钢结构建筑，其中包括一座 54 层高的塔楼，把帝国商业银行当时的总部衬得像个侏儒。贝聿铭和其他现代主义建筑师一样，不可避免地受到密斯无处不在的影响，现在突然发现，自己将要承接一个与大师设计的著名的地标式摩天大楼毗邻的项目。[2] 他决定以四栋建筑组成的建筑群来应对，占地面积为 290 万平方英尺（约 27 万平方米），包括一座标志性的 784 英尺（约 239 米）高的不锈钢钢架塔楼，让加拿大帝国商业银行重新占据天际线，展现市中心的城市设计此前未曾有过的精致优雅。

加拿大帝国商业银行还想要保留现有的建筑，这可是个挑战，贝聿铭再次成功地协调了新、旧建筑。[3] 经过贝聿铭的努力，这个超级街区的占地面积增加到 4 英亩（约 1.6 公顷），他将新塔楼后撤 72 英尺（约 22 米），让开著名的国王街（King Street），从而保护了旧建筑的突出地位。他对这栋建于 20 世纪 30 年代的旧建筑的内部进行了翻新，还开了一个正对着新塔楼的侧门。[4] 旧建筑的后墙做了改造，成为了商业广场（Commerce Court）的第二个主立面。保留的空地为加拿大帝国商业银行提供了公共场所，它将不同的建筑物统一起来，对街区形成保护，并自

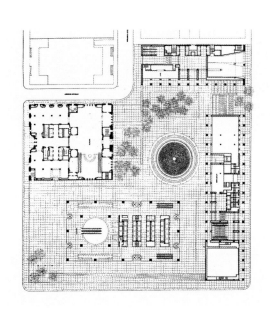

总平面图

然地融入城市。

两座新楼——一栋 5 层，另一栋 14 层——为了与原来的总部大楼相匹配，表面都采用石灰石。它们分别沿着广场的南面和东面建造，这样即使在冬天也可以晒到太阳。与附近摩天大楼狂风呼啸的广场不同，帝国商业银行的四座建筑围绕庭院呈风车状分布，这样在任何一个方向上都有方便的通道，同时又在高楼林立的市中心出人意料地辟出一块受欢迎的 1 英亩（约 0.4 公顷）的休闲区域。由于拥有一个直径 64 英尺（约 20 米）的喷泉，街上的噪声被吸收了，周边营建了阶梯状的座位、露天咖啡馆；再加上繁花似锦，绿树成荫，商业广场迅速成为了一个大受欢迎的聚会地点。地下五层，广场直接连接着城市地铁，那里还有顶棚很高的公共大厅，招牌林立，店铺聚集，成为一个全天候的购物中心，将多伦多市的

从室外看大跨度银行大厅

庭院

核心区编织成一个繁华的商业网络。

为了与街对面密斯设计的独立式银行大厅相抗衡，同时又能使这里开放供公众使用，贝聿铭将银行大厅置于塔楼内，设计成一个三层的公共大厅。他把电梯推到后面，在前面营造出一个长宽各112英尺（约34米）、高33英尺（约10米）的空间，通过长达52英尺（约16米）的自动扶梯连接银行特殊业务部，并且还可以向地下五层无限扩展。在形态上，自动扶梯呼应了庭院里喷水池所营造的效果。室内空间通过加拿大有史以来最大的玻璃窗完全向户外开放。这可能是当时

世界上最大的窗户——高8英尺4英寸（约2.6米），宽25英尺6英寸（约7.8米），每个接口都经过精心设计，只为获得最高的透明度。

这样天高地阔的感觉来自塔楼的大跨度结构，56英尺（约17米）长的梁和13英尺（约4米）高的柱子都被1/8英寸（约0.3厘米）厚的不锈钢板包覆，以前所未有的尺度铺设，每个拱肩重3 000磅（约1 361千克）。贝聿铭的团队与建筑商一起，研发新的施工方法，严丝合缝地安装了拱肩，既允许金属拱肩在热胀冷缩时可以自由移动，同时又保持了整个表面光滑平整的视觉效果。[5]

"不锈钢是一种有趣的材料，"贝聿铭说，"但是它太像厨房的水池了。因此，我们进行了试验，发现通过用滚筒压花在表面形成小点点，就会变得非常漂亮。"[6]塔楼的幕墙简单到极致，用的是当时还很新奇的灰色反光玻璃，这是不可或缺的气候控制系统的一部分，而且它富有非凡的表现力，成为了安大略省变化无常的天空下闪闪发光的镜子。[7]

得梅因艺术中心增建项目

DES MOINES ART CENTER ADDITION
美国，艾奥瓦州，得梅因　1965—1968 年

面向花园的立面

得梅因艺术中心在中西部的博物馆中以它的建筑和丰富的收藏而独树一帜。原来的克兰布鲁克风格（Cranbrook-style）的建筑由埃利尔·沙里宁于1948年建造，先由贝聿铭扩建，后来由理查德·迈耶（Richard Meier）扩建，三位建筑师分别相隔二十年，用不同的方法和材料对于他们各自所属的时代做了有力的诠释。[1]

1965 年艺术中心的董事会联系了埃罗·沙里宁[2]，想请他为其父亲的建筑扩建新的翼楼，结果发现他太忙了，接不了这个项目。董事会主席大卫·克鲁伊迪尼（David Kruidenier）当即打电话给贝聿铭。克鲁伊迪尼后来回忆说，贝聿铭"当

场抽出一张绘图纸，只用了 10 分钟或者 15 分钟就画出了平面规划图和正面效果图，和最后落地的方案特别接近，这种惊人的创造力让我连大气都不敢出"[3]。这个 2.1 万平方英尺（约 1 951 平方米）的项目是贝聿铭承接的最小的建筑之一，第二年正式破土动工。

对于一个习惯于设计标志性的独立建筑的建筑师而言，为现有的地标建筑进行扩建的项目是一个新的挑战。贝聿铭抓住了这个机会，他说，原来的建筑是一个重要的早期现代主义建筑，新建筑不仅要适应旧的，还要有所提高，"新的和旧的放在一起，应该像一段美好的婚姻，而不是

下层雕塑厅

上层雕塑厅

钥匙孔状的窗户和通向下层展厅的楼梯

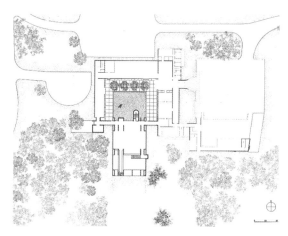

总平面图

互相将就"[4]。他对这个项目特别感兴趣，意识到这项工作"不仅具有挑战性，而且非常必要，原来（博物馆的设计）是有问题的"。原来的画廊平面呈 U 字形，游客参观时不得不走回头路。沙里宁设计建造的房子三面环绕一个庭院，贝聿铭从开口的那一端插入一个长方形盒子状的建筑，形成一个循环的回路。新建筑里包括两个大型展厅（用于雕塑展览），侧面加建了一个小型画廊，还有一个有 240 个座位的礼堂。他还重新设计了庭院，改掉了原有的 3 英尺（约 0.9 米）深的池子，那里已经荒芜破败，长满了荒草，换成了 6 英寸（约

15 厘米）深的"建筑水幕"（倒影池），用能反光的花岗岩铺底。中心放置现成的卡尔·米勒斯（Carl Milles）的雕塑，后面衬着一排新栽的树木。只凭这些有限的改造，贝聿铭就创造了一个非常多样化和戏剧性的空间。

董事会有一个要求是要尊重原来的建筑，原来沙里宁设计建造的房子是用 4 英寸（约 10 厘米）的金色兰农（Lannon）石材装饰外墙。贝聿铭延续了这种风格，但是更忠实于结构。他继承了在国家大气研究中心最初采用的做法，用凿石锤敲打混凝土墙面，以展现出添加的本地材料的质地和颜色，这次，粗糙的表面呈现出的是蜜糖的棕色。这种墙面的触感极具吸引力，在过去的 40 年里，无数的游客都忍不住伸出手去摸摸这灯芯绒般的墙壁。

贝聿铭保持了原有的低矮屋顶，因此从主入口看过去，只有折叠式天窗的尖顶暗示了雕塑馆的存在。在另一边，他充分利用了倾斜的地形，把较低的区域设计成底层展厅，而且与花园相连接。巨大的玻璃窗躲在 13 英尺（约 4 米）深的窗洞里，这些窗洞阻挡了阳光直射，洒向内部的都是柔和的光线。这种雕塑般的遮光设计超越了

面向庭院的立面

勒·柯布西耶的"遮阳板",遮阳板是墙以外的独立元素,而在这里混凝土遮光板本身就是墙体。

从原来的建筑可以直接进入上层雕塑馆,这一层差不多与倒影池在同样的高度。一个螺旋式的楼梯在水光和抛光的大理石地面之间投射着倒影。1 760平方英尺(约164平方米)的房间乍一看似乎是一个简单的大开间,但每转一个弯都会显示出一个隐藏的凹陷处、一束光柱或其他意想不到的景象,引人进一步探索。最令人惊讶的是,走着走着,这层地板突然没了,它"掉落"到底层大厅,房间突然变成两倍高。一座桥跨越螺旋楼梯和花园窗户,就像一个静物画的画框,每走一步这种感觉都会加强。底层展厅连通礼堂和花园,人们在展厅参观完展览,可以沿着纪念碑似的楼梯回到上层展厅。整个参观经历因变化无穷的自然光线而变得更为丰富,但是没有哪里的感受像在巨大的蝴蝶形屋顶下那样富有戏剧性。[5] 屋顶张开的两翼好像在和老馆应答,窗外绿树成荫,屋里树影婆娑。

雕塑馆落成开放时,迎来了该艺术中心历史上最多的观众,这座建筑本身也被誉为一个雕塑。一位贵宾表示:"今晚的揭幕式,就算展厅里不放任何展品也同样令人印象深刻。"[6]

1969年,贝聿铭设计的得梅因艺术中心增建部分和埃弗森博物馆双双获得了美国建筑师协会颁发的国家荣誉奖。这是美国建筑师协会第一次在同一年为同一位建筑师设计的两座美术馆颁奖——这是贝聿铭以前没有探索过的建筑类型。

达拉斯市政厅

DALLAS CITY HALL
美国，得克萨斯州，达拉斯市　1966—1977 年

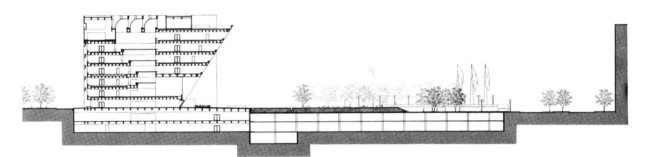

从大楼到停车场的剖面图

　　达拉斯市政厅是贝聿铭先前所做过的一切的总结，但更宏伟、更刚劲、更具英雄主义，正符合一个骄傲的年轻城市的气质。1964 年，得克萨斯仪器公司（Texas Instruments）的前首席执行官埃里克·琼森（Erik Jonsson）被任命为达拉斯市代理市长。他在处理政府工作的时候应用了在企业界通常采用的全盘管理模式。1966 年，他拿出了为达拉斯制定的长达两卷的远大目标，这是一个前所未有的具有前瞻性的城市综合发展计划书。通过这个蓝图，他要开启发展的新篇章，把达拉斯从约翰·F.肯尼迪遇刺的阴影中解救出来。他要建设新的高速公路、医疗中心、艺术博物馆、公共图书馆、会议中心、音乐厅（20 年后由贝聿铭设计）、达拉斯-沃斯堡机场（Dallas-Fort Worth Airport）和新的市政厅。正是在老市政厅里，杰克·鲁比（Jack Ruby）枪杀了行刺肯尼迪的凶手李·哈维·奥斯瓦尔德（Lee Harvey Oswald）而惊呆了电视机前的全国观众。这个雄心勃勃的计划的宗旨是要"为世界上最好的城市建造最好的建筑"[1]。

　　八位建筑师参加了面试，其中包括 SOM 事务所、菲利普·约翰逊和贝聿铭。[2] 市长琼森曾经在 1964 年麻省理工学院的地球科学大楼揭幕式上见过贝聿铭，当时他就开玩笑说："也许有一天你会为我们达拉斯做些什么。"[3] 在面试的时候，他问贝聿铭将怎样开展市政厅的设计，得到的答复是，现在回答这个问题还为时过早，先得花几个星期研究那个场地的特点，研究它和城市里其他建筑的关系。紧接着贝聿铭给市议会提交了一份环境研究报告，这种聪明的做法使他赢得了委托，这可能是得克萨斯州以外的建筑师第一次拿下这个地区的政府项目。"我用泽肯多夫的眼光环顾四周，看到了问题。"贝聿铭说。这块 7 英亩（约 2.8 公顷）的土地位于城市边缘的破败区域，用来盖房子是够了，但是不够建花园或者满足将来的扩张需要。这个位置倒是可以直接看到市中心，但是也朝向街对面破败不堪的商店和停车场。

　　贝聿铭不顾市议会的震惊，提出应该把相邻的街区也买下来，改建成市政厅的花园，营造一个更好的环境。如果不是市长琼森建议建一个地下停车场，贝聿铭很可能就丢了这个工作。贝聿铭"几乎就像传教士一样"，忙着向一群又一群人解释这项举措将如何有利于市政厅，而且把眼

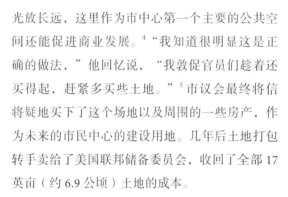

后部附带增建设施的总体规划模型

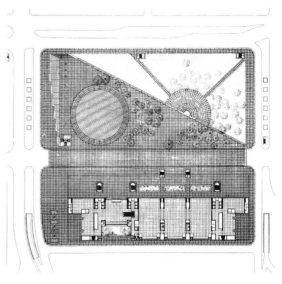

总平面图

光放长远，这里作为市中心第一个主要的公共空间还能促进商业发展。[4] "我知道很明显这是正确的做法，"他回忆说，"我敦促官员们趁着还买得起，赶紧多买些土地。"[5] 市议会最终将信将疑地买下了这个场地以及周围的一些房产，作为未来的市民中心的建设用地。几年后土地打包转手卖给了美国联邦储备委员会，收回了全部 17 英亩（约 6.9 公顷）土地的成本。

一个全面的计划规定了每个楼层的不同空间，在低层安排客流量大的部门，方便民众，而占用面积较大的工程部门和文书部门则安排到高层。贝聿铭打算在满足功能需求的同时，让建筑变得令人兴奋和富有表现力。如果说这个设计借鉴了勒·柯布西耶 1965 年的菲尔米尼教堂（Firminy）或者 1963 年的昌迪加尔城（Chandigarh），不如说它是在直接参考达拉斯的历史。就像在早期得克萨斯州荒凉的边境小镇里，只要县政府一成立，周围就渐渐聚拢起人口，成为一座城市，那都是开疆拓土的大手笔，拥有巨大的凝聚力。

这座 113 英尺（约 34 米）高的建筑向外倾斜达 34 度，每层都比下面一层突出 9 英尺 4 英寸（约 2.8 米），如此一来，这座大楼就从底部的进深 130 英尺（约 40 米）增长到顶部的 192 英尺（约 59 米）。倾斜的大楼象征着对人民的欢迎，好像有一个巨大的"门厅"，而客观来看，它也确实能遮挡得克萨斯炽烈的阳光。贝聿铭建议买下的那块坡地建成了一个广场，那里有亨利·摩尔的雕塑，有喷泉，还有枝叶繁茂的橡树林。与贝聿铭一同工作的景观设计师丹·基利说："很少有建筑师像贝聿铭那样明白建筑和土地互为表里。它们其实是一件事。"[6] 而贝聿铭说："这栋建筑不仅仅连接着广场和公园，它还连接着市中心，关系到整个城市的天际线。"一幅简单的草图描绘了向着整个达拉斯市倾斜的市政厅，清晰地反映了建筑之间的呼应关系。私人开发的房子通常又高又细，垂直发展，而政府的办公大楼通常低矮平缓，在水平方向铺展，是"铺地大楼"而不是摩天大楼，反而显得海阔天空。在其内部，斜坡设计加上中央大厅的天窗，即便是 2 英亩（约 0.8 公顷）大的巨型顶层也充满了自然光线。

市政厅是贝聿铭设计的第一栋具有专业功能的建筑。入口、市议会会议厅和市长办公室占据主立面上单独的区域。这栋建筑视觉上由三个 19 英尺（约 5.8 米）宽的楼梯塔柱支撑，实际上它们是独立结构，不承重。三个 64 英尺（约 20 米）长的窗户将主要的公共大厅与大约 20 万平方英尺（约 1.86 万平方米）的办公区分开来，让纳税

从大厅内部看市中心景象

有着独特入口的主立面和广场上亨利·摩尔的雕塑

人尽享市中心的壮丽景色。在100英尺（约30米）高的桶形穹顶大厅周围有loft式的办公室，北面的房间是上下对齐的，而南面的房间则层层缩进，带有宽敞的开放式走廊。人们在各层忙忙碌碌地走动也是一道风景，与倾斜的立面共同奏响和声，而方格天花板（就是所谓的"空气层"）把这一切强有力地统一了起来。

市政厅的内部和外部都是精雕细琢的混凝土

每层缩进 9 英尺 4 英寸（约 2.8 米）的市政厅和广场

浇筑技术的精彩展示，贝聿铭的公司在这方面享有盛誉。与国家大气研究中心不同，那个建筑是一系列小型建筑的集合，而市政厅是一个巨大的整体，几乎有两个足球场那么长，比贝聿铭设计建造的任何建筑都要大，并且没有用凿石锤或其他手段处理浇筑不完善的地方的预算。[8]

"在这个项目以前，"贝聿铭说，"我没有机会尝试有个性的建筑。"[9]这是他在设计中第一次有意识地研究城市的特征，这个项目是由一群亲民又强势的商界才俊主导的，他们强大、独立，最重要的是，他们也很骄傲。他们想要的是一个具有冲击力的地标性建筑。[10]

在 20 世纪 60 年代得克萨斯州的建筑热潮中，高楼大厦并没有错，至少在醒目方面没有失败，但是随着通货膨胀，它成为了一个大问题，混凝土短缺、工人罢工使建筑成本成倍增长。这座建筑不得不缩小尺寸并重新招标，但内部设计没有改变。最初计划为更大的建筑做的 5 000 万美元

的预算全部投了进来，但是由于成本上涨太快，还是没法完成工程。直到市行政官乔治·施拉德（George Schrader）设计了一个巧妙的债券体系资助工程之前，这个项目一直处于烂尾状态。多年来流行着一系列政治漫画，讽刺市政厅高昂的成本和工期的拖延。这件事的影响无意间也扩散到达拉斯以外的地方。这是贝聿铭第一次承受这样的恶名，但不是最后一次。

也许这座最终打了折扣的建筑没有贝聿铭后期的作品那么精致，尽管如此，市政厅仍然是市民精神、公共建筑和城市设计的胜利，它重新赋予了达拉斯展望未来的乐观主义精神。在此之后，20 世纪 80 年代贝聿铭又为这座城市设计了一座交响乐中心，他的搭档亨利·考伯设计了三幢办公大楼。他们为达拉斯引入了优质建筑的理念，并且一直保持着。在这个快速发展的城市，贝聿铭发挥了 20 多年的影响力，由他主持的建筑工程几乎从未间断过。

对页：带阳台的大厅，摄于二层，250 英尺（约76.2 米）长，100 英尺（约30.5 米）高

贝德福德-史蒂文森超级街区

BEDFORD-STUYVESANT SUPERBLOCK
美国，纽约市，布鲁克林区　1966—1969 年

　　1966 年，参议员罗伯特·肯尼迪考察了布鲁克林的贝德福德-史蒂文森区，并进行了高调宣传。那里约有45万人居住在653个街区里——大约相当于明尼阿波利斯市的大小——是美国第二大黑人聚居区（第一在芝加哥南部）。这个举动被看作又一个政客利用贝德福德-史蒂文森区的苦难为个人谋利，罗伯特·肯尼迪被激将，决心采取行动。10个月之后，他拿出了一项在美国城市改造中最大胆、最雄心勃勃的社区复兴计划。[1] 主要关注点是创造就业机会，还有提供更好的住房、教育和商业发展机会。建筑虽然不是优先事项，但是它能为即将发生的深远变化提供保证。那时候贝聿铭正在波士顿建造约翰·F.肯尼迪图书馆，罗伯特·肯尼迪找到他，请他提建议，要求是在不需要居民搬迁的情况下以最低的成本立即进行实地改造。

　　贝聿铭走访了贝德福德-史蒂文森区，发现"这个社区没有焦点，没有重心。这是一个没有凝聚力也没有边界的小镇，只是一些无边无际的街道划出来的网格地带，不知道从哪里来，也不知道到哪里去"。多年的重建工程经验使他能够看到别人看不到的地方，一些街道堆满报废的汽车，又没有交通标志，它们完全废弃了。"每三条街道中就有两条包含着可以更好地利用的城市地产资源，"他大声说道，"这是多么意外的收获！"[2]

　　一个星期后，贝聿铭拿出方案，建议创建17个超级街区，每个超级街区由两三个相邻的街区组成，用不到的街道将被改建成公园、游

贝德福德-史蒂文森区，典型的城市街区

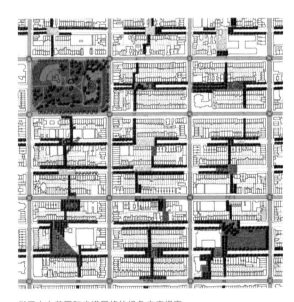

街区中心花园和步道网络的绿色走廊提案

乐场，或者用于其他社区活动。废弃的建筑物可以拆掉，留出空间做成景观，再用小径把各个花园连接起来，形成休闲网络。贝德福德-史蒂文森区的房屋占有率高达20%（相比之下，哈莱姆［Harlem］只有2%）。如果社区可以用邻里活动使人们重新聚集到一个个节点上，

圣马可大街公园

普洛斯派克地区

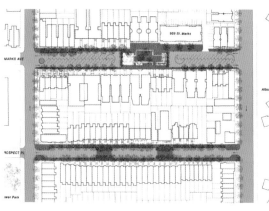

总平面图

贝聿铭认为，这些做法能显著提高当地居民的自豪感，房地产也会增值，银行会愿意向这个地区投放贷款——所有这些都有助于改变贝德福德-史蒂文森区。

在奥尔巴尼（Albany）和金斯顿大道（Kingston）之间进行了第一个试点项目，其中普洛斯派克地区（Prospect Place）和旁边的

圣马可大街（St. Marks Avenue）的状况是这个地区的典型代表，贝聿铭把那称为"天竺葵和花边窗帘掩映下的犯罪事件"[3]。这个项目由阿斯特基金会（Astor Foundation）提供 70 万美元支持，建筑师则提供无偿服务。

普洛斯派克地区是一个成熟的中产阶级社区，住在褐砂石建筑里的居民同时也是房主。居民们组成了一个业主委员会，提出了相当具体的要求，坚持要保证门口和街道的安静。让贝聿铭失望的是，设计好的中心花园不是他们想要的东西，他们担心有人在这个街区飙车。最后那里栽了树木，装了路灯，还安置了护柱。人行道也做了改进，安装了长凳。街道两头收窄，安装了减速带。

相比之下，圣马可大街的居民都是贫穷的流动人口。那里犯罪率很高，还有毒品交易，没有儿童游乐场所，也没有任何人想参与建一

改善后的居民区

个。贝聿铭的团队与景观设计师保罗·弗里德曼（Paul Friedman）合作，他们封闭了街道，留出了中心游乐场，加了一个喷泉、清浅的水池和休闲的座位，还有移动图书馆和垂直停车场。新的住房也在建设中。

改造的重点放在社区的凝聚力上，因为除了社区硬件的改善之外，主要目标是展示团结就是力量。实际施工过程中又发生了资金短缺问题，施工方不得不使用当地技术不熟练的工人，合作方也是鱼龙混杂，必须在众多私营和公共机构中周旋，包括警察局、消防队、交通队、公园和环境卫生部门（其中环卫部门强烈反对封闭街道）。

在超级街区完工几年后，一项后续研究表明，社会的稳定性增加，犯罪率降低，设施得到当地居民的持续维护。"从各个角度来看，经济、社会、道德水平、政治、生活等各方面"[4]都产生了积极的影响，同时也让人们相信了不能只依靠孤立的建筑去解决大范围的社会问

典型现状

题。但是开发更多的超级街区的希望随着罗伯特·肯尼迪在 1968 年遇刺而破灭了，试点示范项目成为了绝唱。

贝德福德-史蒂文森超级街区是贝聿铭参与其他重要项目的前奏，它引出了后来为罗伯特·肯尼迪在阿灵顿公墓（Arlington Cemetery）设计墓园的项目，也许还引出了卢浮宫项目。[5]

赫伯特·F.约翰逊艺术馆

HERBERT F. JOHNSON MUSEUM OF ART
美国，纽约州，伊萨卡市，康奈尔大学　1968—1973 年

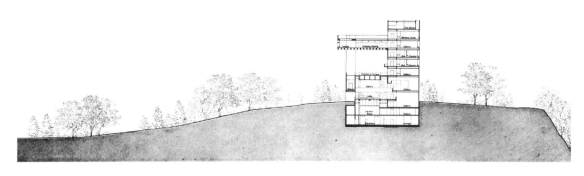

剖面图

1968 年，康奈尔大学委托贝聿铭设计他迄今为止第三个也是最复杂的博物馆。校友赫伯特·F.约翰逊位于威斯康星州拉辛（Racine）的私宅和公司总部办公室都是由弗兰克·劳埃德·赖特设计的。这次，他告诉康奈尔大学的董事会，想要换一位大师来设计这座博物馆。[1] 最后这座建筑就像一个三维拼图，同时满足了对透明度和封闭性的各种相互矛盾的要求，适应了各种各样的用途。

赫伯特·F.约翰逊艺术馆是一个教学博物馆，配备了大约 18 个学习画廊，学生们可以在这里直接面对艺术品原件进行学习。它包括工作区、档案室、艺术品仓库、学生休息室、策展办公室和行政办公室。一个演讲厅可以兼作画廊，户外雕塑展区设在一个高台上，这是出于安全性的考虑，专为应对校园骚乱而设计的，还可以兼作观景台。这个建筑设有临时展馆和永久展馆，这里有重要的版画收藏、珍贵的亚洲艺术遗产，康奈尔大学的董事会会议室也设在这里。它是校园文化中心，也是伊萨卡以及纽约州北部整个芬格湖（Finger Lakes）地区的文化焦点。[2]

这座细高的塔楼有九层，中间还有一个洞，坐落于一个近乎神圣的地方。1865 年，正是在这

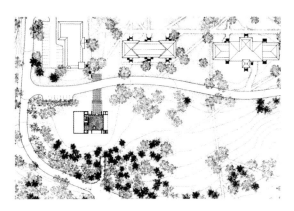

总平面图

里，埃兹拉·康奈尔（Ezra Cornell）决定建一所伟大的大学。"这非常具有挑战性，"贝聿铭说，"不仅因为它在大学历史上的重要地位，挑战还来自许多具体的问题。每个人的要求都不一样。背靠峡谷，是万丈深渊，而前方连接校园。从远处眺望这里，房子肯定需要有一定的规模。"相邻的人文学院广场是康奈尔大学最古老的建筑群，和这里风格迥异，也需要关照。"当你从一个封闭的四合院往外看时，肯定不想看到不属于这里的东西；我们要当一个好邻居。"[3]

这个设计是从一个大魔方推演出来的，其中插入了大小不同的区块，对应建筑物的不同功能。[4]

一层大堂

模型很快就被定为中间留出一个空洞的样子，这样在垂直高度上不会阻挡从人文学院往外看的视野，精心调配的浅黄色混凝土与老房子的石灰岩外墙也很般配。赫伯特·F. 约翰逊艺术馆是康奈尔大学建造的第一座混凝土现浇建筑。无论内饰还是外墙，都用 3 英寸（约 7.6 厘米）宽的道格拉斯杉木板做模具浇筑，垂直方向上的接缝被巧妙地隐藏了，而水平接缝就留在那里，好像刻度尺一样标记出建筑的规模。每一层都是连续浇筑，这样整个建筑看起来具有雕塑般的整体感。

大约 6 万平方英尺（约 5 574 平方米）的赫伯特·F. 约翰逊艺术馆与埃弗森博物馆大小相当，画廊间的衔接方式也很相似，从一层上到另一层总是让人惊喜，没有任何两种移动方式是相同的。参观者会对从敞亮到幽闭的突然变化感到惊讶，他们也会从画廊突然来到室外，在楼梯和

开放式的阳台上可以尽享中央庭院的美丽景色。建筑物的巨大窗户没有边框，由于选址巧妙，外部的小径在视觉上好像穿过大堂，模糊了室外和室内的界限。各处景观不同，狭窄的窗槽框出惊鸿一瞥，悬空的学生休息室又尽情展现了全景风貌。上层的董事会办公室也拥有同样广阔的风景，一位董事会成员惊呼："在这样的房间里，必然是思接千古，视通万里。"[5]

尽管取得了巨大成功，在这么小的建筑上实现了这么多的功能，但它仍然让贝聿铭体会到了建筑和雕塑之间无法逾越的门槛。贝聿铭承认："在这里有些东西实现不了。我试图创作的是一件雕塑艺术品，但没有成功。当你要建的建筑需要把那么多功能混在一起的时候，就很难尽情发挥了。埃弗森博物馆的功能非常单一，才能纯粹当成艺术品来做。"[6]

与历史建筑衔接

这位建筑师可以说是他自己最苛刻的批评家，而其他人，包括赞助人赫伯特·F.约翰逊都称赞这座建筑是"一件真正伟大的艺术作品"[7]。《华盛顿邮报》的赞美更甚："这是一座完美的博物馆……它安排好了每一个展厅的打开方式，因为楼层高低不同，观众总是能很轻易地预览到他将要看到的内容……在博物馆里，你不会审美疲劳，因为画廊空间的高低大小各不相同。总是有地方休息，你总能找到一个地方看看窗外或者其他一些小小的可以作为幕间休息的景色。"[8]

远眺落溪峡谷和北部立面

国家美术馆东馆

NATIONAL GALLERY OF ART, EAST BUILDING
美国，华盛顿特区　1968—1978 年

主立面和广场

国家美术馆东馆的建设奠定了贝聿铭居于行业前沿的地位，也迅速使这个新博物馆成为热门的文化中心（证据就是，开馆头两个月就有超过100万人前来参观）。这是一个完美的委托，贝聿铭过去所做的一切都像是为此而做的准备。所有的重要条件都已到位：一个特别好的地段，一个预算庞大的开明客户，一个相对宽松的时间表，以及贝聿铭最近正好想要在建筑工程上施展的艺术抱负。再加上他的公司已经趋于成熟，拥有技术优势和一大批致力于这项事业的优秀人才。从

一开始，每位参与者都明白，东馆必须是人类最高建筑水平的体现，不能有任何瑕疵。[1]

保罗·梅隆和他的姐姐艾尔莎·梅隆·布鲁斯（Ailsa Mellon Bruce）捐资 9 500 万美元作为建筑经费，其余部分由安德鲁·W. 梅隆基金会（Andrew W. Mellon Foundation）捐助。"我一生中参与了各种各样的艺术项目，"梅隆写道，"其中只有一件堪称伟大的艺术品，那就是国家美术馆东馆。对我来说，这就好像是一个宏伟的现代雕塑，四面都可以观赏，其巨大的墙壁具有奇妙

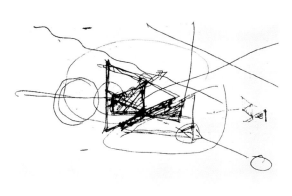

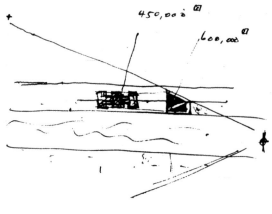

贝聿铭，概念草图，1968 年秋

贝聿铭，即兴规划图草稿，1978 年

的比例，设计建造精准，在许多角度都给人以惊喜。是我最终决定选择贝聿铭作为建筑师，我将永远为这个明智的选择而感到自豪。"[2]

这个 8.8 英亩（约 3.6 公顷）的场地可以说是全美国最敏感的地点，它在国会山脚下，位于宾夕法尼亚大道和国家广场交会处，在皮埃尔·朗方所做的历史悠久的城市规划之下形成一片梯形空地。保罗的父亲安德鲁·梅隆极有远见，他在 1937 年建造最初的国家美术馆时就特意预留了这块地以便于日后扩建。多年来，人们提出了各式各样的改造方案，但是，正如国家美术馆馆长 J. 卡特·布朗（J. Carter Brown）开玩笑说的那样，那些设计看起来总是像学院派风格的国家美术馆老馆又下了一个小崽。因为建筑师们总是受限于这个场地别扭的形状，只好设计一个与原有建筑在同一个轴线上的小号的长方形建筑。[3]

除了作为附属建筑必须与现有的老馆相协调之外，扩建的部分还必须与它众多的新古典主义风格的邻居相协调。哪怕原有建筑有缺陷，也必须配合。国家广场上的房子要比宾夕法尼亚大道上的楼房矮得多，它们各自对齐所在街道上的檐口线，然而两条街高低截然不同，国家美术馆东馆作为一个受到各种羁绊的城市建筑，必须同时搭配两种房檐。在这个纪念碑式的环境中，布朗希望艺术建筑能带有人性的温度，同时还得是一个学术气氛浓郁的地方，"就像古代的帕加马（Pergamon）和亚历山大那样"[4]。正是这种愿

望催生了新博物馆的建设：老博物馆有充足的展览空间，但没有研究区域，没有图书馆，也没有足够的能安排辅助设施的空间。

贝聿铭的解决方案灵感直接来自场地的形状，他的设计在规模上比任何人以前想过的都要大，经典但是绝不复古，完全开创了自己的时代，没有生搬硬套历史风格或者模仿当时流行的后现代主义。他的想法诞生于他从华盛顿回家的飞机上，当时他在草图上画了一条对角线连接两个点，切割出了一个大的等腰三角形（就是后来的美术馆）和一个较小的直角三角形（就是后来的视觉艺术高级研究中心）。经过深思熟虑，贝聿铭就这样轻巧地画了一条斜线，成功地找到捷径，绕过难题，得到一个特别简单的解决方案。三角形地形就成了整个设计的基调。[5]

贝聿铭把入口设在大三角形底边的中点，正对着老博物馆的侧门，那门当时并不使用，现在却是主要入口。新建筑遵循了旧建筑的对称性，延续了它强有力的东西轴线。这两座展馆分隔在街道两边，建造时间相隔 40 年，其间经历了建筑学的革命，导致现代主义风格与以往任何形式都迥然不同，全靠这种轴线一致的关键性设计，才能把它们和谐地联系在一起。[6] 进到内部，学院派的轴线就不见了；动线从中庭转而向南，带动了空间的转换，这是第三个三角形，把另外两个连接起来，东馆被集合为一个整体。

东馆的设计不仅是为了吸引专业人士来参

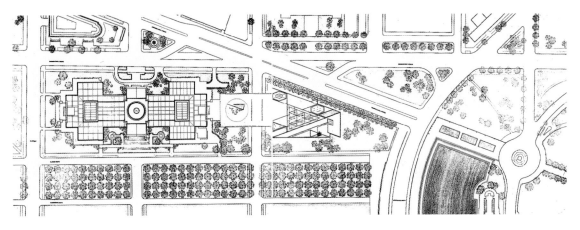

总平面图

宾夕法尼亚大街鸟瞰图，朝国会大厦方向

观，它也要为前来游览国家广场的家庭和年轻人服务。建筑物不仅要抓人眼球，而且要尽量使人们感到舒适，愿意留下来。贝聿铭说："重要的不是人们在博物馆花了多少时间，而是他们是否有美好的体验。好多年前，我带孩子们去博物馆的时候就明白了这一点。孩子们都不大喜欢大都会博物馆，尽管那里有了不起的藏品。但他们特别喜欢去古根海姆博物馆。我永远不会忘记这一点。"[7]虽然董事会的要求里并未提及公共空间，但是贝聿铭创造出 1.6 万平方英尺（约 1 486 平方米）的中庭。它为国家美术馆提供了老博物馆

所缺乏的东西。这里可以作为接待中心，可以举办大型活动和各种仪式，可以为博物馆观众提供等待区，可以当作团体集合地点，还可以让参观者换一种步调游览画廊，在这里略作休息，以备充电再战。还有特别重要的一点，对于一个人流密集的大型公共场所来说，中庭的存在使参观者在环形展线中能找到明确的中心，方便定位（这一点与老博物馆形成鲜明对比，在那里，由于建筑严格对称，连保罗·梅隆都搞不清方向）。[8]华盛顿一向以保守、崇尚维持现状而著称，并不是当代艺术的弄潮儿，东馆的闪亮登场，让华盛

中庭，广场层

顿突然拿出了最前卫、大胆的作品，一鸣惊人。

自从 1964 年贝聿铭参观了德国班贝格（Bamberg）附近巴洛克式的维森海里根教堂（Vierzehnheiligen）和德国维尔茨堡（Würzburg）的朝圣教堂（Käppele）以来，他就对多视角观察以及它提供的更丰富的空间体验非常感兴趣。"我知道只要多提供一个欣赏角度，增加一个焦点（消失点），就可以创造出更多令人兴奋的空间。但是，一般没有这个机会。建一座公寓能有什么发挥空间？"[9] 东馆的不规则场地恰巧需要三角形结构，无形中产生了许多新奇的角度。

贝聿铭请来了精通透视的渲染图大师史蒂文森·奥里斯（Stevenson Oles），把设计团队的方案和想象落实到纸上，确保每个人都能看到最终效果，这样才能正确处理棘手的三角形结构。[10] KPF 建筑设计事务所（Kohn Pedersen & Fox）的

负责人威廉·佩德森（William Pedersen）回忆说："贝聿铭用语言描绘出他想象中的在博物馆中行走的景色，真是太奇妙了。他设想穿过画廊，上一座桥，俯瞰中庭的样子。我意识到他是在以完全不同的方式思考整个建筑。他想到的是一系列图景，随着运动而变化。"[11] 这是贝聿铭在埃弗森博物馆首次探索的一种建筑方法，却是一种他从小就熟悉的建筑手法，在他的故乡苏州老宅中，有曲折的小径，移步易景，丰富了空间，发挥了想象力。"作为体验的重要组成部分，我对建筑的动线特别感兴趣。"贝聿铭说，"我们非常努力地发挥最大程度的可能性，同时又小心谨慎，以确保路线清晰。这么做很重要，如果没有条理，空间的丰富性只会导致混乱。相反，通过控制，我们创造了新的兴趣点。"[12] 在中庭的建设中遇到了一个巨大的挑战，这是个三角形，一头宽，另一头很不舒服地缩窄。贝聿铭在面向国家广场

中庭内部的天窗

一侧开了一个顶天立地的巨大的窗户，将紧张感释放掉。他还引种了20英尺（约6米）高的树木，像博物馆的展品那样小心照看，这样就使藏品、艺术、建筑与自然和谐统一，还打通了室内和室外僵硬的界限。

无论是通过连接老博物馆的地下入口还是从第四大道（Fourth Street）的扁扁的主入口进入新馆，中庭都是豁然开朗的，让人印象深刻，随着角度、方向和透视的变化，亚历山大·考尔德的动态雕塑在人们头顶上慢慢旋转。建筑物里的道路四通八达，人们可以随意上下，自由选择是走连桥、走楼梯还是乘部分嵌入墙壁里的扶梯，享受精心设计的结构。一个项目组成员感叹道："这真是浑然天成，简直是来自上帝的礼物。"[13]

不像通常的项目有着催命的工期，贝聿铭可以不断修改这个设计，直到满意为止。最明显的就是中庭经典的天窗，一开始设计的是格子屋顶，

嵌入墙壁的扶梯

变成天窗以后效果大不相同。贝聿铭后来的合伙人伊森·莱昂纳多回忆说："有一天早上，聿铭兴冲冲地来到办公室，你可以猜到他昨晚肯定又想到了什么新点子。他总是在他的床边放一个画板。我听到项目经理莱昂纳多·雅各布森（Leonard Jacobson）一声尖叫。我们已经为这个格子屋顶奋斗了大约九个月，画完了海量的图纸，对混凝

混凝土格子屋顶的中庭，奥里斯的渲染图，1969 年

镂空屋顶的中庭，1970 年 11 月 6 日

大型空间框架式中庭，1971 年 3 月 4 日

土屋顶的询价、报价也得到了各方认同，而现在贝聿铭把它变成了天窗……花出去的钱是收不回来了，也不可能要求额外的补偿。但是因为贝聿铭看到了光，再也没法回到那个黑暗坚固的混凝土天花板的计划中去了。当然了，最终是天窗成就了这栋建筑。"[14]

以前还没有人见过这样的建筑：一个 500 美吨（约 454 吨）重、80 英尺（约 24 米）高、1/3 英亩（约 0.13 公顷）大小的工程奇迹，全部采用玻璃和钢架精心打造。单个部件用 6 美吨（约 5.4 吨）重的钢节点连接，这些钢节点在一个方向上间隔 45 英尺（约 14 米），在另一个方向上间隔

30 英尺（约 9 米），它们将整个建筑拉伸出巨大的空间。无论怎样看都很壮观，这个巨大的结构依托在滑动轴承上，可以耐受热胀冷缩，同时隐藏照明、加热除雪装置和排水管。天窗采用双层玻璃，里面的那一层加装了紫外线防护层，还配备了新研发的抛光铝（后来这种材料成为了贝聿铭的建筑中最常用到的一种）做的隔栅进行防护，不仅减少了室内的强光和高热，而且还能把光线散射开，否则特意陈列在中庭的艺术品上就会有突兀的阴影。[15] "我真正想要的是一个公共广场，尽可能敞亮，最好在室内也像在室外一样。在某些气候条件下我可能做不到，但在华盛顿，天窗

天窗外部

是必需的。我们的成功在于把天窗的结构做成三维突起的，这样射下来的光线就有了层次。如果这样大跨度的屋顶下不做这种四面体，天窗的檩条尺寸将会巨大。"[16]

展厅区域被挤进博物馆的角落，成为三个菱形的塔楼，锐角的区域被围成六边形，这样的房间更适合观看艺术，钝角的区域放置旋转楼梯和公共设施。每个塔楼都有三层展览空间，包括大厅一共四层，展厅高度10~40英尺（约3~12米）不等，可以陈列任何尺寸的展品，无论是微型的水彩还是巨大的油画。这些房间都具有全功能，可分可合，可以各自为战，分成许多小型展览，

水平或垂直方向上也可以相互连通，用于大型展览，还可以干脆完全打通，承接临时的特别大展。这种设计好像从立体主义作品中借用了一页，画廊可以同时提供多个视角的体验。这样的结构特别应景，因为与老馆不同，老馆那个不能变化的建筑按时间顺序陈列着19世纪以前的艺术品，东馆侧重于临时展览和现代艺术，没有单一的发展线，许多同时代的展览并肩而立。为了迎合布朗对小博物馆的偏好，这些塔楼的面积均限制在1万平方英尺（约929平方米）以内，游客可以在45分钟内轻松看完，那样不会产生"博物馆审美疲劳"。贝聿铭说："你可以从画廊出来，

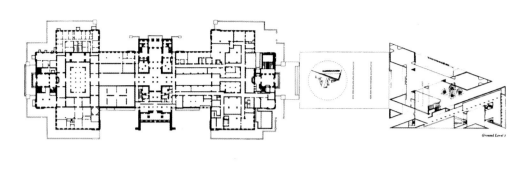

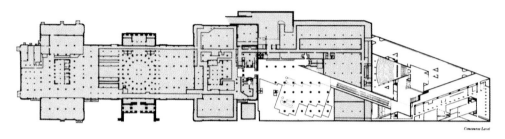

Ground Level 1

Concourse Level

大厅和一层平面图

展出大卫·史密斯的 Voltri 系列雕塑的展厅

看看你现在在哪里，刚才又在哪里，换换脑子，然后又可以精神抖擞地回到画廊里面继续享受更多的艺术。"[17]

大多数人误以为东馆只是一个博物馆，其实那只占了整体面积的三分之一，另外三分之一是研究中心，只占了很小一片地方，但楼层数是别

对页：通向展厅的旋转楼梯

的地方的两倍多。行政办公室和策展办公室围绕在一个72英尺（约22米）高的图书馆阅览室周围，顶层是一个食堂。在这里，学者们和博物馆工作人员可以相互沟通，这些地方的楼下都有单独的入口。入口的问题非常棘手，有两个入口：一个是主要的公共入口，另一个是相对私密的工作人员入口，虽然小，但是不可或缺。最后，他们选择了博物馆的一个更容易处理的、不那么引人注意的立面，在对称立面上，开了不对称的门。最出名的是这座建筑刀锋一样的尖角，多年来，各路崇拜者无意中抚摸拍打留下了痕迹，弄脏了这个尖角，但最后政府愿意保留这些印记，作为群众对东馆的再创作。[18]

保罗·梅隆在这座建筑上指定使用他父亲以前用过的一种粉红色田纳西大理石。[19]采石场重新热闹起来，退休的采石工人又被叫回来帮忙。贝聿铭不得不改选5种颜色渐变的品种（原来是15种颜色），而且换成3英寸（约7.6厘米）的石板，之前使用的9英寸（约23厘米）那种现在成本高得让人望而却步。然而，真正的问题是热胀冷缩，与学院派建筑不同，没有柱子或镶嵌条中间的接缝来消解伸缩，这里只有长长的不间断的墙壁，甚至长达180英尺（约55米）。他

朝向国家广场的外立面

们发明了一种新的系统，应用了双层墙壁结构，大理石嵌板用不锈钢片托着，后面铆在砖墙上，这样每块石头都有浮动的空间，可以独立地热胀冷缩。然后用不承重的、颜色与石头相近的氯丁橡胶垫圈填补它们之间的空隙。[20]

东馆结束了贝聿铭单纯使用混凝土的时代，他开始尝试新的材料，注重建筑表面肌理的精致性。他将大理石粉末添加到混凝土里填充墙壁，人们往往会忽视这一点，简单地把它们误认为是相同的材料。贝聿铭利用混凝土的韧性构建了大跨度的入口、连桥和屋顶。在做模具的时候，全部选用道格拉斯杉木，工人们像做细木家具一样精雕细琢，甚至穿着拖鞋工作，绝对避免任何瑕疵。[21]

虽然扩建部分看上去面积比原来的博物馆小，但实际上这部分更大，达到 15 万平方英尺（约1.4 万平方米）；其中三分之一在第四大道下面，这样就真正把国家美术馆的新馆和老馆结合到了一起。地下连廊分成上下两层，可以做临时展览空间，还包括一个有 90 个座位的演讲厅、422 个座位的礼堂、700 个座位的咖啡厅、纪念品商店、卸货平台、仓库、实验室、工作区，以及所有其他必要的内部服务设施。这么多功能全都挤进这个地下空间，解决了严苛的场地限制。[22]

在新馆与老馆的连接部分，东馆的设计隐隐体现出未来贝聿铭将要为卢浮宫做的改建方案，虽然他本人强调这里的玻璃棱镜与玻璃金字塔并无关联。[23] 在这个地下连廊边建有倾斜的水墙，水幕流泻，在广场自助餐厅的玻璃墙上溅起浪花。建筑物的所有三个主要组成部分——博物馆、研究中心和地下连廊——都有光影流动和视角多变的戏剧性的内核，使这个巨大的建筑变得灵动。贝聿铭这样阐释道："人人都知道光在建筑中的重要性，但这又是一个机会问题。在这座建筑中，我找到了这种感觉，在这里我能够尽情探索丰富的光线，探索结构与空间的奥秘。我超越了固有的模式，并开始尝试别人没做过的东西。"多了一个额外的犄角、一个新的消失点，他接着说道："这就有了新的可能性。让我们有机会超越密斯，不会被全是直角的空间所限制。这并不是说我们

72 英尺（约 22 米）高的研究中心阅览室

主立面，美术馆和研究中心

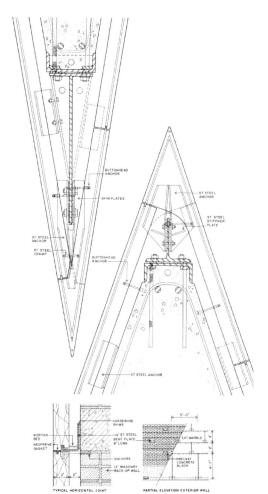

这些建筑师更了不起，而是说我们能够在前人的基础上站得更高、走得更远。我知道，如果将来我能探索曲面建筑，利用那种无限的消失点，我可以创造出更惊人的空间，但是就像以前一样，我不得不等待，等一个合适的机会。"[24] 机会果然来了，几年后他接到了设计达拉斯的莫顿·H.梅尔森（Morton H. Meyerson）交响乐中心的委托。

对页：安东尼·卡罗的作品《突出》（Ledge Piece），1978 年

结构细部

保罗·梅隆艺术中心

PAUL MELLON CENTER FOR THE ARTS
美国，康涅狄格州，沃灵福德，乔特学校　1968—1973 年

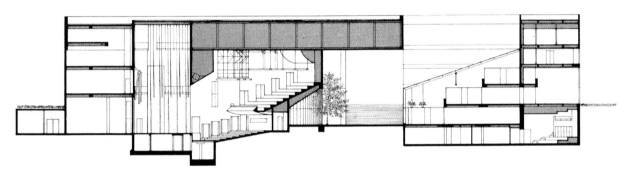

剖面图

该项目开始于早期的男女合校运动，当时正在考虑将乔特学校（The Choate）与罗斯玛丽堂（Rosemary Hall）合并。这两个学校本来是各自独立的，渐渐地融为一体，变得不可分割。梅隆中心恰好位于两校之间，为它们提供了一个共用的门户，还能作为它们成功联合的明证。无论是男孩们去找山顶校区的女孩，还是女孩们去见山下的男孩，都必须穿过这座建筑中心的空地。贝聿铭说，这明显是一个"圈套"，可以把那些对艺术毫无兴趣的人也吸引过来。[1]

1967 年，乔特学校的董事会花了九个月时间，想要寻找一位"了解乔治亚风格（Georgian）并能把这种风格应用到现有校园中的建筑师"。爱德华·米勒牧师（Reverend Edward Miller）质问其他董事会成员："为什么不选这个国家最好的建筑师？"[2] 该委员会于 1967 年 10 月 20 日聘请了贝聿铭，约定一年后动工。此时项目赞助人（保罗·梅隆）已经做了决定，把自己资助的另一个项目——国家美术馆的扩建工程正式交给贝聿铭。

在这个项目上拉尔夫·海瑟尔（Ralph Heisel）

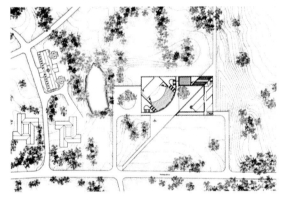

总平面图

与贝聿铭密切合作，他记得当时的一张功能示意图为后来成形的建筑奠定了基础。那是一个中规中矩的长方形，一边切出一个四分之一个圆的形状，成为带有扇形观众席的剧院以容纳 800 名学生。为了减轻这个体块的外观，剧院被放置在一个山坡上，并且删繁就简，只留下必要的部分。剩下的部分再切出一个直角三角形，安置美术和音乐设施。直角三角形的一条边平行于街道，另一条边与场地边缘的草地对齐。两个部分之间空出的地方就是剧院的大厅。

贝聿铭对这张分析图的直接回应是："让我

与上校区的连接处

主立面和通往上校区的连接处

旋转楼梯

们把它分拆成两个建筑吧。"[3] 拆分的目的是考虑到两部分的不同功能:来剧院的人非常多,但只是偶尔一用,艺术角里面包含了很多功能——教室、工作室、展厅、部门办公室、休息室,每天都要使用,但使用人数很少。拆分才能保证营造出适宜的通道。

梅隆中心坐落在乔特学校的边缘地带,几何图形式的浅黄色混凝土建筑创造出独特的风格,不同于校园里的其他任何建筑。这种设计的目的不是融入,而是要脱颖而出,激发学生对建筑物以及落地窗里面正在进行的活动的兴趣。一个不算正式教室的学生活动区被设置在一层,它像块磁石一样,路过的青少年可能会一时兴起而聚拢到这里。"学生们不知不觉就参与了大楼的活动,甚至不需要真的走进去。"校长乐开了花,"唯一不可能做到的,就是无动于衷地离它而去。"[4]

梅隆中心算是一整座建筑物,具有彼此分开的部分,但在视觉感受上融为一体。剧院和艺术区具有截然相反的功能,以至于这个建筑实际上相当于把两幢独立建筑连接在了一起。连接它们的是一个位于地下的实验剧院,在地面上是角落

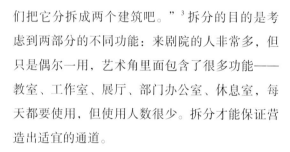

对页:通往下校区的入口

里突出的像码头一样的平台。它承担着从艺术三角区的墙壁到剧院屋顶的过渡。在正面的对称部分,建有带顶棚的楼梯,可以连接到山顶校区。

梅隆中心在国家美术馆东馆之后破土动工,由于它的规模比较小,反而率先完工。这两座建筑没有直接关系,尽管都体现出贝聿铭那个时期正在考虑的离与合、虚与实、光影、动线以及复杂的几何图形拼接问题。乔特学校给人的感受是更为大胆的、有如雕塑一般的手法,看上去拥有更大的自由来探索各种空间的可能性。这座建筑比单一建筑物能引起更大的兴趣,带来更多的惊喜,体现了贝聿铭的理念,即空间与实体建筑物一样重要,甚至更重要。他解释说:"这种方法直接来自西方的艺术传统,这种传统基于实体和虚空之间的关系,可以追溯到毕加索的作品。"[5] 40年后,当贝聿铭在《纽约时报》上看到一幅以前不为人知的毕加索的画作时,他想到了梅隆中心:"毕加索的精神就在梅隆中心!立体主义影响了现代建筑,至少对我的建筑风格的影响非常大。"[6]

华侨银行中心

OVERSEA-CHINESE BANKING CORPORATION CENTRE（OCBC）
新加坡　1970—1976 年

1976 年，东南亚最高的建筑华侨银行中心建成了，坐落在号称"金靴子"的商业区核心位置。贝聿铭是在 1965 年新加坡独立后被邀请的首批海外建筑师之一。他通过一系列总体规划和三个高层建筑项目，沿着新加坡河和大片的开放绿地进行战略性的选址，对这个国家的城市建设产生了重大而深远的影响。这些醒目的高层建筑如同文艺复兴时期罗马的方尖碑一样，成为城市文明的标志。

贝聿铭于 1967 年首次与崇侨银行（Chung Khiaw Bank）总裁李光前接触。李光前曾经在贝聿铭的父亲手下实习，现在想建一个能够成为地标式建筑的崇侨银行总部。"在中国，家族渊源是非常重要的。"[1] 贝聿铭解释说。贝聿铭为他们设计了一座塔楼，但没有建成，因为在开工前崇侨银行遭到恶意收购。好在紧接着它就引出了街对面华侨银行中心的项目，华侨银行是新加坡最大的私人银行。[2] 华侨银行总裁陈振传也是贝家的老朋友，明确表示他想要一个"国家纪念碑"式的建筑来取代当时作为华侨银行总部的六层小楼，新建筑包括可以出租的写字楼和一个壮观的银行大厅，要能"一下抓住任何走进建筑物的人的眼球"[3]。

华侨银行的企业座右铭是"坚如磐石"。传说当陈振传解释他需要一个强有力的建筑来表达这一点的时候，激动地挥舞着两个拳头，这启发了最终的双核设计。[4] 新加坡人在设计中看到了贝聿铭的中文签名。"这只是当地人的想象。"贝聿铭大笑着否认，"重要的是，下面没有那两点啊！"[5] 实际上，这个方案是实用主义的产物，

贝聿铭，华侨银行中心的草图（左）和中文里"贝"字的写法，2007 年

从新加坡河方向看到的景观，1976 年

在这样一个远东的发展中国家里，一块面积有限的场地上，建造办公面积达到 92.9 万平方英尺（约 8.6 万平方米）的塔楼，还要保证质量，这可能是最稳妥的方案。当时新加坡最高的建筑只有 8 层。贝聿铭决定设计一个简单直接、容易施工的结构，使复杂的问题简单化，以便使惴惴不安的承包商不用去直接挑战新加坡第一摩天大楼。他们要建造的是三栋 15 层的大楼，只不过这些楼会一个摞着一个。

建造从两个结构核心筒开始，将混凝土浇注

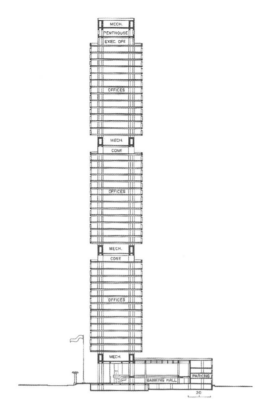

剖面图

华侨银行总平面图，上方可见未建成的崇侨银行

贝聿铭与亨利·摩尔和迈克尔·穆勒讨论雕塑模型

负重。贝聿铭解释说："装上桁架，重力就不会一股脑儿压下去。这就像治水一样，你得在它成为洪水之前疏导分流。"[6]

贝聿铭最初希望用混凝土装饰这座塔楼，结果发现它有太多孔，很难防止被一种当地真菌侵蚀后变色。后来改用花岗岩装饰核心柱的表面，以表达华侨银行坚如磐石的形象。配套的灰白色马赛克保护着悬臂式办公楼层的外墙，这些楼层突出于主体外15英尺（约4.6米），使办公室的进深扩展到95英尺（约29米）。

第四层桁架下方是一层的银行大厅，这是一个巨大的没有柱子的空间，延伸到场地后面的六层车库中。这座塔楼似乎独自站在一个长长的广场上，像雕塑一般伫立，朝向窄巷的一侧狭窄，面对主要十字路口的一侧阔大。这座彪悍的建筑有一个活泼的伴侣，那是一件横跨整个建筑的青铜雕塑，是一个斜倚着的裸体。为此贝聿铭曾经三次造访亨利·摩尔的工作室，最终说服雕塑家将1938年创作的13英寸（约33厘米）模型放大到25英尺（约7.6米）长。贝聿铭挑战了摩尔的雕塑尺寸的极限，摩尔觉得弄成这样"简直就像一块建筑材料"，这个雕塑是摩尔平生最大的作品，也是他的最后一件作品。[7]

到"滑模"（slipform）模具中，模具一点点向上移动，身后留下不断堆高的、已经变硬的混凝土。在第4层、第20层和第35层的地方，独立的核心柱开始延伸，像梯子的横档一样，巨大的钢桁架有效地构成了每座"15层大楼"的地面层。每一座楼还能同时建造，即使底下的楼层还没有建完，也不耽误上面的工程。这些钢架容纳了"每座楼"所有的机械和电气系统，还分担了内核的

来福士城

RAFFLES CITY
新加坡　1969—1986 年

来福士城计划开始于 1969 年，当时新加坡的开国元勋们正着手将这一远东贸易港口转变为国际化的金融中心和商业中心。这是贝聿铭承接的规模最大、运营时间最长的项目，历时 17 年。在此期间，委托方和项目功能都变了，场地也因为围海造田，从原来在新加坡的临水位置变为市中心的位置。

当时贝聿铭在新加坡已经颇有声望，半官方机构新加坡星展银行请他为一处 32 英亩（约 13 公顷）的地块进行城市改造的可行性评估。星展银行后来决定首先专注于开发这个地区一端的商业区，结果这里最后是唯一得到开发的地方，成为一个占地 8.5 英亩（约 3.4 公顷）的综合街区。"我们必须找到一个解决方案，把这个地区打散再重新组织，否则它就是纷乱无序的。"贝聿铭解释道，"一开始，关于建筑功能的想法非常模糊，所以这个计划必须足够灵活，以便服务于日后可能产生的具体用途。"[1] 一个九宫格的方案被提了出来，九宫格上带一些弧度和凹口，使每个格子的面积不同，满足了灵活性的要求。整个建筑群让开街对面历史悠久的来福士酒店（Raffles Hotel），在那个酒店里鲁德亚德·吉卜林（Rudyard Kipling）写出了充满异国情调的小说。这座 733 英尺（约 223 米）高的塔楼像旗杆一样聚合了花园（Padang）、板球场，标识出殖民时代的新加坡具有仪式感的市中心。"这是最重要的角落，"贝聿铭说，"因为它总是留有余地，所以很明显，这就是具有象征意义的建筑应该在的地方。"[2]

作为新加坡交通拥堵问题的解决方案，来福士城被设想为一种全新的一站式社区，人们可以

来福士国际中心，早期总体规划，1970 年

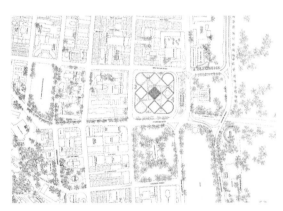

总平面图

在里面消磨一整天或更长的时间，而无须坐车。这是亚洲前所未有的巨大而复杂的工程，包括一座办公楼、一座公寓楼、两座中等高度的酒店大楼、一个会议中心，以及近 100 万平方英尺（约 9.3 万平方米）的商场，附带复杂的公交系统和一个拥有 3 000 个车位的停车场，全部由七层高的中庭连接。全部图纸于 1970 年完成，不巧那时正赶上新加坡陷入经济衰退，星展银行项目被迫搁置。

项目在将近十年之后重新启动，而星展银行

细分的中庭

彻底改变了计划。最大的变动是将标志性的办公楼改成了酒店，公寓大楼改为办公楼。修订方案主要改变了内部设计。由于重新开工的前提是施工方已经做好了一切准备，因此外部整体规划不容改动。[3]

1.5英亩（约0.6公顷）的中庭用光线和颜色激活了超级街区的中心地带。人们游走在纵横交错的自动扶梯、天桥和弯曲的开放式阳台上。类似于古希腊舞台一样的屏风墙将整个大厅小心地划分为不同的空间，又不会完全遮挡视线，能够瞥见更远的空间。"复杂性是维持兴趣的必要条件，"贝聿铭解释道，"特别是在这样一个密集的多用途的复合建筑中。虽然建筑物非常大，但人们在这里仍然感到舒适，因为空间多变。这不仅仅是规模问题，而在于怎样设计人们的行动路线。"[4]

在外观方面，来福士城功能各异的建筑统一装饰为铝板幕墙，这是东南亚最早运用大型铝板

从运动场上看放射形的酒店外立面

幕墙的案例，写字楼上安装有横条状窗户，阳台遮蔽了酒店客房。铝板非常适合新加坡的气候，可以抵抗这里无处不在的表面纹状真菌，它耐用、重量轻，还勾画出了来福士城闪闪发光的天际线，表达了新加坡面向未来的雄心壮志。

"尽管有很多问题，"贝聿铭说，"但我们终于建成了来福士城。而且我认为我们的参与使这个项目大为增色。"[5]

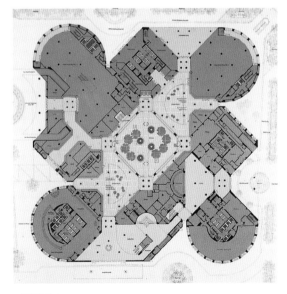

一层平面图

劳拉·斯佩尔曼·洛克菲勒学生宿舍

LAURA SPELMAN ROCKEFELLER HALLS
美国，新泽西州，普林斯顿，普林斯顿大学　1971—1973 年

从榆树大道上看到的宿舍全景

　　1969 年 9 月，普林斯顿大学录取了第一批女学生进入本科学习，这可以说是自 1764 年建校以来最大的挑战。为了满足新的需求，管理委员会开始研究校园内没有明确边界的西南角地区。这块地有 2.2 英亩（约 0.9 公顷），毗邻火车站。总体规划于 1971 年获得批准，但由于种种原因没有实施，主要的问题是资金不到位。[1] 两年后，普林斯顿大学校友劳伦斯·洛克菲勒（Laurance Rockefeller）聘请贝聿铭设计建造男女合校后的斯佩尔曼学生宿舍，这个命名是为了纪念他的祖母，她于 1915 年去世，一生都在为争取女性的平等机会而奋斗。[2]

　　贝聿铭与他的同事哈罗德·弗雷登伯格

（Harold Fredenburgh）密切合作，不光是设计住房，还要让它成为最重要的步道网络枢纽，让这条醒目的斜街成为连通火车站和校园之间的主干道。斜坡上铺以青石，把校外街道与校内步道连接起来。挑战在于如何将 6 万平方英尺（约 5 574 平方米）的建筑群镶嵌到景观中，且不破坏作为普林斯顿最珍贵遗产的大片树林。"我喜欢这个地方，因为这里有很多树，"贝聿铭说，"但从设计的角度来看，这些树其实是一种负担。大学提出的条件之一是'建房子不能破坏树林'。因此，我建议将整个项目拆分为小的单元。一旦确定了每个单元的形式和大小，余下的就是组合的问题了。"[3]

步行廊道和天桥

航拍图

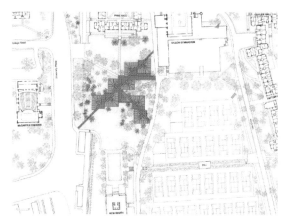
总平面图

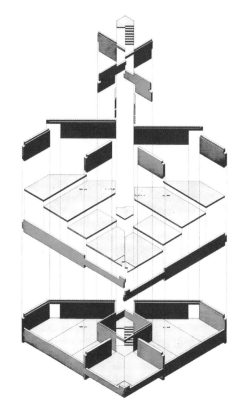
混凝土建筑预制板分解图

　　他们一共设计了八栋独立的房子，楼高都是三层或四层，有两种配置：一小部分是为已婚学生提供的一居室公寓，其他大多数公寓都有四个卧室。所有58套公寓均配有功能齐全的厨房和浴室，客厅有大落地窗，转角处是户外阳台。这些房子是典型的贝聿铭式建筑，所有房间都围绕着一个明亮的充满活力的天井，天井上面装着天窗，既是入口，也是楼梯间。

　　这些公寓通过天桥相连，天桥都铺着镂空的地板，地板上的花纹孔洞投射出美丽的光影图案。这种结构是国家美术馆的管状遮阳板的前身，可以看出受到了中东（当时贝聿铭正在那里工作）风格的影响，就像那里大巴扎（市集）中间狭窄的街道上遮着的竹帘子。而这些闪烁其间的小径，把庭院一个接一个连接起来，这正是普林斯顿大学固有的传统。三角形阳台改变了公寓的几何形

状，而且层层抬升，使公寓自然连接到主校区。阳台边缘设有座位，供人流连于此，有时候还会摆上桌子，为路人带来意想不到的景观。对于许多每天路过斯佩尔曼宿舍的人来说，忽隐忽现的空间序列，有节奏地向左或向右展开不同的空隙和视角，而脚下的道路笔直，直通远方。这是一种激动人心的经历，路上充满了惊喜，以至于人们走完全程都注意不到自己已经横穿了相当于半个橄榄球场那么远的距离。

　　斯佩尔曼宿舍以安静稳重的气氛和居住的舒适感满足了公共和私人的需求。普林斯顿大部分建筑都是整齐划一的石灰石材制哥特式建筑，这些浅黄色公寓正好做了补充，低调地融入校园，只靠精湛的技术吸引人们的注意。贝聿铭的团队主要以优质设计而闻名，同时也拥有精湛的技术，特别善于拼装。在这个项目上，建筑师与

全景

工厂密切合作，预先制造了 979 块混凝土墙板和地板，有些长达 57 英尺（约 17.4 米），重达 19 美吨（约 17.2 吨）。[4] 由于这些精致的组件内外都不需要进一步处理，整个建筑群只用了 13 个月（传统建筑的一半时间）就拼装完成，及时提供了宿舍，满足了扩招的需求。

施工现场，安装屋顶预制板

波士顿美术馆，西翼及翻修

MUSEUM OF FINE ARTS, WEST WING AND RENOVATION
美国，马萨诸塞州，波士顿　1977—1981 年（翻修　1977—1986 年）

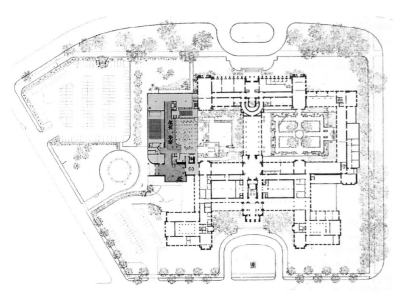

总平面图

大堂自动扶梯厅

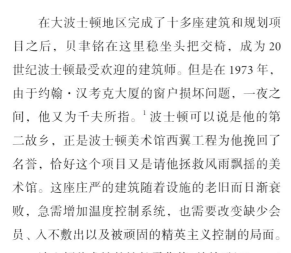

商业走廊中带铝管遮阳板的筒形拱顶

在大波士顿地区完成了十多座建筑和规划项目之后，贝聿铭在这里稳坐头把交椅，成为 20 世纪波士顿最受欢迎的建筑师。但是在 1973 年，由于约翰·汉考克大厦的窗户损坏问题，一夜之间，他又为千夫所指。[1] 波士顿可以说是他的第二故乡，正是波士顿美术馆西翼工程为他挽回了名誉，恰好这个项目又是请他拯救风雨飘摇的美术馆。这座庄严的建筑随着设施的老旧而日渐衰败，急需增加温度控制系统，也需要改变缺少会员、入不敷出以及被顽固的精英主义控制的局面。

波士顿美术馆的馆长霍华德·约翰逊（Howard Johnson）在纽约的一次会议上特意坐到贝聿铭旁边，以便讨论波士顿美术馆的诸多问题。[2] 第二天一大早，贝聿铭就飞往波士顿，之后很快就做出了一个方案。"他提出了全新的参观路线，并且改变了我们接待观众的方式。"约翰逊解释

说，"贝聿铭的天才在于他的洞察力，他说博物馆必须是一个有趣的地方才值得一去，除了艺术，一家人能在那里找到令人兴奋的东西，年轻人能找一个有趣的地方度过一个晚上……结果不言自明，他让我们的美术馆获得了新生。"[3]

国家美术馆的东馆那时候已经接近完成了，和东馆一样，波士顿美术馆西翼是一个学院派建筑的增建部分，但是这座美术馆可以说一直没有完工。更糟糕的是，从前缺乏规划的扩建使波士顿美术馆成为断断续续的迷宫，特别是西面简直没法看，卡车卸货平台和刷着灰泥的白色翼楼（White Wing，20 世纪 60 年代增建的办公室）截断了公共通道。"博物馆随着需求的增加，需要扩建，"贝聿铭对董事会说，"但它应该像大树的年轮那样一圈一圈地扩展，这样才能始终保持完整。"[4] 和得梅因艺术中心的方案一样，他设计

上层自动扶梯厅

商业走廊中的咖啡厅和书店

了能够循环的道路，这样博物馆的观众就不用再走回头路。他打通了墙壁，掏空白色翼楼低处的楼层，然后将新建筑物包裹起来，"就像把牙冠套在牙齿上一样"。一条巨大的曲线切过现有的地板，为博物馆辟出一个带天窗的下沉式商业走廊。这是博物馆的点睛之笔，225 英尺（约 69 米）长的筒形玻璃拱顶覆盖着西翼大厅，阳光透过铝管防晒隔栅温柔地照亮整个大厅，这些铝管隔栅成了贝聿铭的标志。自动扶梯和电梯设在这一端，而另一端的楼梯疏导着公共区域人群的流动。

在学生时代，贝聿铭经常光顾波士顿美术馆的亚洲艺术展厅——一成不变的展厅空空荡荡，比麻省理工学院的图书馆还要安静。当他在 20 世纪 70 年代再次走访的时候，景象居然和第一次一样。"它没有生机，死气沉沉，热得不舒服，灯光昏暗，真是艺术的悲哀。这栋建筑造得并不好。"鉴于管理委员会请他帮助"重新考虑"内部装饰，贝聿铭对这个项目的功能布局特别积极地参与，他说："就像给美术馆开药方治病，建

带有网格天窗的展厅

筑师常常扮演医生的角色。"[5]

　　治疗方案为双管齐下，一个侧重于老建筑的内部翻新和改造温度控制系统，另一个则是增加所有它缺乏的现代化设施。7.5万平方英尺（近7 000平方米）的西翼拥有了400个座位的报告厅、纪念品商店、员工食堂、饭馆、自助餐厅和咖啡馆，都掩映在室内的小树林中。除此之外，这里还修建了宏伟的大堂和信息中心、办公室、教育部门以及各种辅助空间，还有会议室、雕塑展览平台、几个小展示区，一个4 000平方英尺（约372平方米）的当代艺术画廊，以及9 000平方英尺（约836平方米）的特展厅，用于重要的临时展览。这里安装有天窗，天窗下面每15平方英尺（约1.4平方米）就有一个挡板，形成网格状，配合可以自由装卸的临时墙板，美术馆大厅便可以分隔成各种尺寸的展厅，适合各种规模的展览。在这里还运用了比国家美术馆东馆先进的技术，这些挡板将自然光和隐藏的人工照明结合在一起，日后这种技术将在卢浮宫项目上得到进一步发展。

西翼和原有的学院派风格建筑

　　在建筑方面，美术馆西翼的改造相对较小。贝聿铭为它增设了入口和停车场，它就像一个小型的独立博物馆，举办各类艺术沙龙的时间表排得满满当当。通过将现代化、社会化的功能集中在新建筑中，美术馆老馆可以更专注于藏品。[6]

IBM 办公大楼

IBM OFFICE BUILDING
美国，纽约州，伯切斯市（Purchase） 1977—1984 年

南侧全景

在韦斯特切斯特县 (Westchester County) 的这个项目的奠基仪式上，贝聿铭郑重承诺他们的项目会做一个"好邻居"，他的发言既是代表建筑师做出承诺，也代表当地居民表达了心声，因为他的家就在离这里不远的卡托纳。他非常理解当地居民的担忧，这个县在曼哈顿以北 45 英里（约72 千米）处，曾经是安宁的郊外富人区[1]，在 20世纪 70 年代，随着大公司的进驻，人们担心这里可能会被过度开发。

1977 年，雀巢公司委托贝聿铭设计一个 50万平方英尺（约 4.6 万平方米）的总部，要容纳1 100 名员工（也可能增加到 1 500 名），还要设计一个中央厨房，用于测试他们的各种产品：咖

总平面图

啡、茶和巧克力。由于社区居民对此非常敏感，雀巢公司提出一个设想，把公司建得像一个庭院深深的豪宅，躲在树林深处，再请园丁收拾花园。

西楼的中庭　　　　　　　　　　　　　　　主要的中庭大堂

剖面图

贝聿铭设计了一个帕拉第奥式（Palladian）别墅建筑，中央建筑旁边有两个附属建筑，像两个张开的翅膀，伸向花园中。

工程于 1979 年开始，不久后雀巢公司的业务陷入低迷，到了 1982 年，雀巢将这座快要完工的建筑卖给了 IBM 公司。为了迎接新主人，设计方案做了改变，特别是测试用的中央厨房现在完全没有必要了。巧合的是，基本的三部分设计正好适合 IBM 的内部组织架构，其中一些商业部门相对独立，有自己的总部，同时又汇报给集团总部。贝聿铭称赞 IBM "为设计带来了新生"，其实也使他的公司获得了新生。[2] 10 年前，贝聿铭错失了为 IBM 在纽约建造摩天大楼的机会，后来由于约翰·汉考克大厦的玻璃事故，他更是被所有大公司抛弃。现在他终于重新得到了 IBM 的接纳，这家公司称得上是现代建筑最伟大的企业赞助人。[3] "我们需要一个新办公室，正好这栋建筑的价格还特别优惠。" IBM 房地产和建筑部门负责人亚瑟·赫奇（Arthur Hedge）解释道，"与贝聿铭和他的团队合作的结果让人非常满意——

他们的工程质量特别可靠——以至于我都想请他们再做点别的项目，没想到后来还真的实现了。"[4]

这组建筑占地面积一共 46.8 英亩（约 19 公顷），其实房屋部分只用了不到 20% 的土地，整片土地被精心打理，由贫瘠的田地变成了连绵的草坪。它距离街道 1/4 英里（约 402 米），坐落在一个天然高坡上，那里有大片珍稀的山毛榉和巨大的层层叠叠的银杏树。贝聿铭在山坡后面建了一个三层的停车库，沿着场地的北缘开了一条新路，以缓解这里的交通，并且与高速公路相连。

整个项目的中央建筑是一个边缘呈锯齿状的平行四边形，这种形状既可以消解这个庞大的建筑物的笨重感，又可以增加角落里相对独立的房间。低矮的外墙用石灰岩装饰，这明显借鉴了竣工不久的国家美术馆东馆的技术。这里还有一个像博物馆大厅一样的中庭，50 英尺（约 15 米）高的接待大厅安装了玻璃房顶，把大自然引入公司里面，室内和室外无缝衔接。

两个侧翼办公楼呈扇形，同样拥有美丽的中庭，但设计得不像中央大厅那么肃穆，办公室藏

面向花园的立面

在后面，带有屋脊状的天窗。内部的"主要道路"长度将近 1/3 英里（约 536 米），其中加上了清水混凝土屏风墙，这样在尺度上更为人性化，还增加了空间的多样性。就像每个大厅第三边的锯齿状办公室一样，这些凭空竖立的墙有助于调整朝向，可以使潜伏在建筑最深处的部分也能接触到窗外的大自然。建筑物最外边一圈是秘书台和总裁办公室，它们与室外只隔着一道顶天立地的大玻璃窗。玻璃窗的反射率极高，窗外的风景和窗户上倒映出的风景连在一起，亦真亦幻，几乎产生了一种超现实的维度，使人觉得风景绵绵无尽。每个翼楼的角落里都设置了电梯间，中间是电梯，电梯外面环绕着螺旋的坡道，一圈一圈地上升，整个形状好像一个大鼓。每往上走一步，宏大的风景就多展开一分，甚至纽约的天际线最终也会进入这幅宏大的画面。这个坡道正好印证了人们常说的：欲穷千里目，更上一层楼。贝聿铭说："越往上走，风景越好，这种设计可以让你忘记爬楼的辛苦。我总是很注意设计人们在建筑里行走的方式，就像在剧院一样。这是设计中的一个棘手问题，是一个非常复杂的系统，并非每个建筑师都愿意正视这个问题。我喜欢把它们作为引导空间体验的重要手段。"[5]

得克萨斯商业银行

TEXAS COMMERCE TOWER
美国，得克萨斯州，休斯敦市，联合能源广场（United Energy Plaza） 1978—1982 年

休斯敦是得克萨斯州最大的城市。得克萨斯商业银行是这里的第二大银行。在 20 世纪 70 年代中期，银行找来休斯敦的开发商杰拉德·海因斯（Gerald Hines），探讨为不断扩大的新总部购买办公楼的问题，结果决定与他合资建造一座全新的占地 200 万平方英尺（约 18.6 万平方米）的塔楼。贝聿铭从八位著名建筑师中脱颖而出，由他主持建设得克萨斯商业银行，而且竟然是全票通过，银行总裁本·勒夫（Ben Love）解释说："他在面对我们之前，就已经对这个地区和附近的所有建筑都做了非常彻底的研究。那时候项目还完全没有启动呢。"[1]

休斯敦当时的发展浪潮令人眼花缭乱，在不到三年的时间里，中央商务区的摩天大楼鳞次栉比，靠不同的材料和奇特的形状争奇斗艳。[2] 贝聿铭以一座 1 030 英尺（约 314 米）高的大楼来回应挑战，不算纽约和芝加哥的摩天大楼，这要算是当时的第一高楼了。他与合作伙伴哈罗德·弗雷登伯格密切合作，完成了既经典又独特的设计。与周边的大厦大不相同，这座 75 层高的建筑披着浅灰色的抛光花岗岩外衣。花岗岩厚达 2 英寸（约 5 厘米），牢牢地嵌合在管状复合结构（混凝土钢结构）上。这是一项了不起的新技术，这种新发明的固定方式创造了工程奇迹。[3]

向西朝着广场的那个角被沿着45°切掉一块，使原本四边形的大厦多出第五条边，那里就是大楼的正立面。整个建筑从上到下，全部横跨着 85 英尺（约 26 米）宽的没有被立柱截断的玻璃和不锈钢横梁，在其底部是一个五层高的大厅，呼应旁边的开放式拱廊的表演艺术中心。贝聿铭解

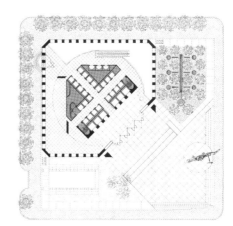

总平面图

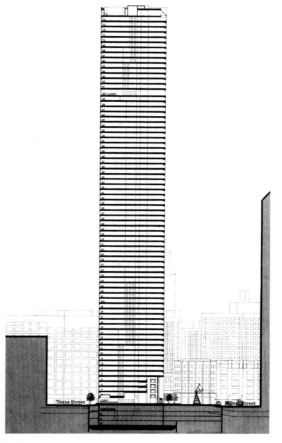

剖面图

从西北方看到的市中心景象

大厅

贝聿铭与米罗讨论雕塑模型，1980 年 11 月 23 日

55 英尺（约 16.8 米）高的雕塑和塔楼

释说："这样的形式和形状主要是考虑到（这座塔楼）在众多摩天大楼组成的天际线中会呈现什么样子，而在它坐落的地方，我们有意识地要为休斯敦建造一个中心广场。"[4]

塔楼只占了整个方块街区的 1/3，留出的空地有 1 英亩（约 0.4 公顷），用粉色和灰色花岗岩铺成广场，旁边还有绿地。这个空地的焦点是彩绘的不锈钢加上青铜材质的雕塑《人与鸟》（Personnage et Oiseaux，1970 年），贝聿铭在一本关于胡安·米罗（Joan Miró）的书中看到过。他与勒夫和海因斯一起飞到西班牙，在画家位于马略卡岛帕尔马（Palma de Mallorca）的工作室找到米罗，说服他将原来的作品放大到 55 英尺（约 16.8 米）。"因为它是抽象的，"贝聿铭说，"我

知道它可以放大到任何尺寸。我想要一些巨大的、花花绿绿的、而且能玩起来的东西。"这是一个交通枢纽，许多人会经过这个广场到地下的购物中心去，在这里放置雕塑作品，街头就会变得生动起来。[5]

由于气候相近，贝聿铭经常联想到希腊，那里的广场上总是生机勃勃。他发起了一场城市活力运动，大力发展公交系统，倡导人们在市中心不单单是工作，也要在这里生活、娱乐。他积极地推动政府与私人合作，共同创建公园、广场和集会场所，可以供人们聚会欢庆，还能"让人们走出写字楼，享受明媚的阳光"。和在其他地方一样，贝聿铭在休斯敦的建筑事业才刚刚开始，方兴未艾。[6]

对页：雕塑落成典礼，1982 年 4 月

威斯纳大楼，艺术与媒体技术中心

WIESNER BUILDING, CENTER FOR ARTS & MEDIA TECHNOLOGY
美国，马萨诸塞州，剑桥市，麻省理工学院　1978—1984 年

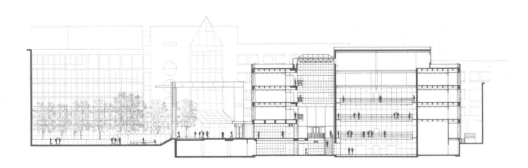

穿过黑盒子剧场的剖面图

威斯纳大楼是贝聿铭在麻省理工学院建造的四座建筑物中最小的，但最具挑战性。无论从象征意义的角度还是从实际上的地理位置来看，它都是新建的东校区的门面建筑，这里同时又是雄心勃勃的新技术的一块试验田，麻省理工学院的传统就在于此——始终走在技术的最前沿。九个和艺术相关的课程被从纯理科院系中抽离出来，整合到一起，再结合传统的和先锋的两种媒体理论，打造出一个将要引领潮流的世界级高科技艺术中心，未来的发展不可限量。为了配合这种跨学科的理想，从项目一开始，还在整个建筑的初期设计阶段，建筑师和艺术家们就密切合作。[1]目标是创造一个融合艺术气息与建筑技术的整体环境，这必须是一种丝丝入扣的全面的结合。贝聿铭解释说："我以前在许多项目里都尝试融入艺术感，但是结果并不让人非常满意，因为这个结合的过程总是来得太晚，都是当建筑完工以后或就要完工时才开始考虑艺术的事。于是艺术只是一个可有可无的附属品，是像胸针或项链一样的身外之物。这个项目终于给了我们机会，可以从头到尾共同探索形式、空间和光影。"[2]

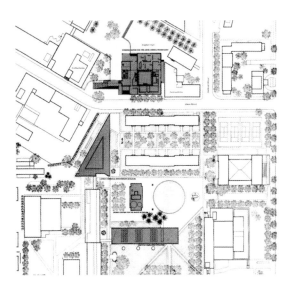

总平面图，四幢贝聿铭设计建造的建筑

为了能够适应复杂的用途，这座建筑就像一个大大的壳下面罩着各种各样灵活多变的内部结构，一层有三个展览馆，地下室是一个有 196 个座位的礼堂，楼上三层是办公室和实验室。建筑内部的主要部分是两个垂直的空间：一个神秘的黑盒子是剧院，中间的羊肠小道把它划分为四层，这是一座建在室内的建筑物；和它相邻的是公共的中央大厅，面积只有它的一半，但是四通八达，

中央大厅

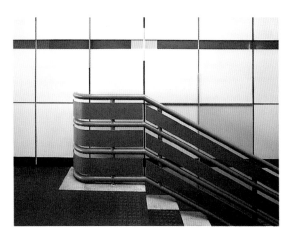

斯科特·伯顿的楼梯扶手和肯尼斯·诺兰的彩色墙面

充满阳光。

　　媒体中心所选的位置正处在东校区的门户，举足轻重。同时这个位置也极为尴尬，不好处理，它正好位于新、老校区接壤的分界线上，周围的五栋建筑，无论是规模、材质还是风格都截然不同。建筑师不得不考虑新建筑怎样和它们融合的

问题。最难对付的居然是贝聿铭自己在1976年建的朗道化工大楼，这栋大楼尖锐的三角形切面像利刃一样直插过来。贝聿铭笑道："如果这座建筑不是我们自己建的，我们肯定会诅咒那位建筑师！"[3]最后威斯纳大楼干脆被设计成独特的风格，卓尔不群，成为两个校区连接处的关键节点。白色的铝制嵌板，昭示了内部活动的高科技含量。巨大的混凝土拱门横跨在人行道上，那是两个校区之间的分割线，聚合了周围的建筑物，并以其自身的雕塑感传达出这是把艺术与建筑结合起来的完美实验。

　　三位合作共事的艺术家专注于建筑环境的不同方面。环境设计家理查德·弗雷斯纳（Richard Fleischner）负责处理建筑周围的不规则空地，他精心设计了场地的照明和随着梯度变化而变化的景观，还特别注重覆盖地面的每一个细节。地砖突出了循环往复的格子图案，这样路面就呼应了

通向东校区的门户

建筑物表面的格子镶板。入口处立起抛光的花岗岩护柱，可以阻挡车流，同时也是雕塑和座椅。在建筑内部的挑高大厅中，雕塑家斯科特·伯顿（Scott Burton）致力于探索栏杆、长椅的曲线产生的层次感，这反过来促使贝聿铭在大厅里加了三个扇形的阳台突出在外，创造出对应的曲线。画家肯尼斯·诺兰（Kenneth Noland）则深入研究怎样用光线和色彩来装饰墙面——色彩是贝聿铭的现代主义调色板中并不常见的元素。临街的立面上的彩色方块被一条蓝色的带子一分为二，这条蓝色的带子绕着房子转了一圈，然后又穿入房子内部，就像绚丽的电流穿过了墙板之间横平竖直的接缝（其中一些墙板被诺兰换成了米色的铝板，创造了一种苏格兰花格呢的效果）。贝聿铭建议诺兰随机地插入一些立体的镶嵌条，让这些色彩从墙上鼓起来，好像用颜色来雕刻一样。

这是一次艺术与技术全面合作的尝试——重要的是过程，而不是结果——最后的作品是什么样子是不确定的，也不能简单定论。它要求艺术家放弃通常在个人工作室里充分拥有的自主权，以保证规模更大、花钱更多、时间更紧，然而工期更长的建筑工程安排，受到建筑规范和实用功能的约束。创作过程更有条理、更公开，并且依赖于团队协作而不是艺术家们习惯的单打独斗。对于建筑师而言，这种实验要求当他们面对与自己思想不同、眼界不同的人的时候，必须压制自己的控制欲，求同存异。对于所有参与者而言，虽然每个人都渴望得到认同，但是整体项目的成功必然会模糊个体的贡献。[4]

香山饭店

FRAGRANT HILL HOTEL
中国，北京　1979—1982 年

面向花园的立面

香山饭店和位于静宜园的古代寺庙（其实是碧云寺的金刚宝座塔，不属静宜园——译注）

　　香山饭店是一座楼层不高、技术简单的乡村建筑，既没有专注于结构，也不是规则的几何形状，不同于贝聿铭以前创作的任何作品。他离开中国时 17 岁，这使他能够在现代主义建筑中注入与生俱来的东方情感，40 年后归来，他带着全套的西方训练和实践经验，来探寻属于他自己的中国建筑的本质。沉浸在大自然、文化传统、活生生的历史和梦想中，香山饭店让贝聿铭找到了回家的感觉。

　　1974 年，贝聿铭第一次随着美国建筑师协会回到阔别多年的北京。那以后不久中国迎来了改革开放，经济飞速发展。贝聿铭提醒政府决策者们，盖高楼的时候一定要谨慎行事，哪怕是在宫墙以外，高楼大厦也会破坏故宫的景观，那里原本有着万里长空。四年后，贝聿铭荣幸地被邀请到人民大会堂赴宴，在宴会上他表达了类似的担忧。[1] 作为一位著名的海外华人，他可以自由地发表意见。不久，政府颁发命令，禁止在故宫周围一定范围内建造高层建筑，贝聿铭说："这是我对中国最大的贡献，比别的事都重要。"[2]

　　尽管贝聿铭拒绝了在故宫附近建造高层酒店的邀请，但政府还是想要一座贝聿铭设计建造的

瓷砖和灰泥墙的细节

建筑，因此拿出三块地让他选，其中包括特批的一块香山上的景色绝佳的土地，位于城外 25 英里（约 40 千米）处，以前是清代皇家别墅，现在变成了公园，那里有丰富的历史和文化古迹。[3]

贝聿铭看到在苏联几十年的影响下，国际风格完全占领了中国，而且还带来了反弹，引发了一种扭曲的民族主义，以至于给很多西式建筑扣上了一个大屋顶。"荒谬！"他说，"简直就像一个西装革履的人戴着一顶大斗笠！中国建筑走进了死胡同。整个建筑界完全充斥着两种方法：对历史建筑的机械模仿以及生搬硬套西方的技术和风格。哪条路也走不通……我想看看普通人的生活中还有没有中国传统的成分。如果传统还没有丢，也许中国建筑师可以用他们自己的语言而不是照搬外国的。中国是一个历史悠久、文化底蕴深厚的国家。它的现代建筑应该可以从自己的历史中自然地发展出来。"[4]

贝聿铭研究了传统的四合院，一大家子围成一圈居住，中间有一个共享的院子。渐渐地，思绪回到了他的学生时代。"你可能知道，"他在从哈佛寄给朋友的信中写道，"已经有一段时

贝聿铭在老家苏州讨论本地建筑方法

间了，我一直在思考一个问题，在建筑中怎样表达本土性或者说民族性。令我惊讶的是，沃尔特·格罗皮乌斯同意我的观点，而且说当然应该这样……我的问题是怎样找到一个真正属于中国的建筑表达，而不是照抄具体的中国传统的建筑细节和元素。"[5] 信封上写着"贝聿铭不可能实现的梦想——1946"。在香山饭店，贝聿铭试图实现这个梦想，这可以说是中华人民共和国成立以来头一次，建筑追求的不仅仅是实用主义，而是文化表达。

为了寻找一种能够适应不同建筑类型的通用语言，贝聿铭和他的团队全面研究了现代主义运动的各种先锋手法。[6] 他们拒绝采用受到北京以及整个北方地区青睐的红砖，反而选取了南方惯用的白色粉墙，那是故乡苏州的底色，贝聿铭家族在苏州生活了 800 年。他复兴了一个有着千年历史的传统技术，就像明代人一样用砖窑烧制灰砖，还特意聘请了一位 75 岁的工匠来指导技术帮忙生产。香山饭店的地砖采用传统技术，把大的面积分成一小块一小块的，这样避免了大面积建材因为热胀冷缩而开裂的问题，还能自由地拼接成各种图案——在这里，花纹穿过表面以打破原有设计的单调乏味。

贝聿铭从前的建筑大多强调雕塑感，香山饭店则不同，那更像一幅画，室内和室外徐徐展开，花园又身处公园中，如同中国的山水画长卷。"中国园林就像一个迷宫，"他解释道，"你永远不会直接地、清楚地看到尽头，永远看不到全貌。你走进去，有什么东西吸引了你的注意力，就会

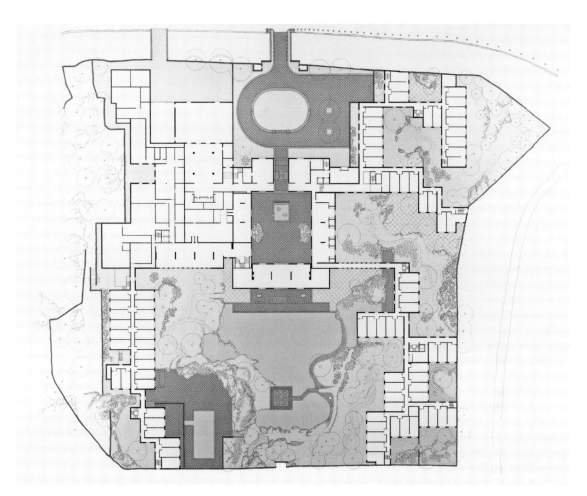

总平面图

停下来。那可能是一棵树、一块石头，或者是一线天光。你可以走在小径上，也可以穿过小桥，道路曲曲折折，这样总能看到不一样的风景……这是一个变换空间尺度的问题，增加许多个焦点（消失点），就带来了惊喜——还有探索的乐趣。"[7]

为了保证围墙内花园的面积，贝聿铭没有像传统的中国建筑那样把入口设在南面。综合考虑了经典的中国式的对称和空间秩序，这里的布局张弛有度（如同故宫）。酒店客房从中央大厅辐射出去，作为客房的翼楼并不对称，保护了这里原有的许多古树，包括两棵800年的银杏。除了主要的公共花园，饭店还围合起一系列比较小的、比较私密的区域——一共有11个花园，每个花园都不一样，但总体来看景观是统一的。整面墙上雕出形状各异的窗洞，使窗外的风景变得戏剧化，窗户成为天然风景的画框。格子墙后面是客房，大型的梅花窗（实际为四瓣花形的海棠花窗——译注）精心定位，圈出主要的大堂景观，这点与西方酒店非常不同，西方酒店的公共区域都是一览无余的。走廊尽头的格子墙上开出的菱形窗洞和大堂中央巨大的月洞门又增加了犹抱琵琶半遮面的效果。

贝聿铭引来溪流，为主花园增添了水的意趣，创造了一个几乎已经消失了的景观——曲水流觞。[8]这是一种流行于古代中国的水迷宫，现在已经所剩无几。他还遇到了一个大问题，就是找不到合适的石头，因为当地的石头太粗糙、太斑驳，南方的石头又过于精致圆润，达不到这座建筑需要的宏大的规模。在前往北京的飞机上，贝聿铭找到了答案，他看到一本旅游杂志，里面展示了有着超过200万年历史的石林，位于中国云南省。贝聿铭觉得这实在是一种"幸运——就在你正对这种东西梦寐以求的时候，它突然出现了"。贝聿铭得到了这种堪称国宝的受保护的石

从走廊上的窗户看大堂

透过梅花窗（不是梅花窗，应为海棠花窗——译注）看大堂

窗中可见主花园和曲水流觞

头，让它们通过了大约 2 000 英里（近 3 220 千米）的路程被运到北京，并且在缺少必要的装备的情况下，依靠人力，用原木滚动运送上山。⁹

除了中庭的大框架和一些特殊的专业设备，香山饭店完全是由中国工人使用本地的材料和方法建造的。贝聿铭回忆称："这是我遇到过的最困难的事之一，试图在一个我不理解的体制中工作，兴奋和沮丧皆有。我们不能下命令，只能提出建议，中国人从不轻易做决定。主管部门有他们的意见，工人们有工人们的说法，当地建筑师也有看法。他们不仅会问：'为什么要建这么多大白墙？'还有人质问：'凭什么我们在中国建

房子要美国人对我们指指点点？'我们只能尽量解释我们要做的事。"¹⁰

评论界对香山饭店褒贬不一。西方建筑界由于不了解中国传统，误以为这是后现代主义风格，而熟悉贝聿铭的现代主义建筑的中国建筑师和官员们却又很失望，觉得他没有拿出那样的作品。"如果我设计几座闪闪发光的全玻璃塔楼，对中国有什么好处？"他从理论上反驳道。在香山饭店的揭幕式上，一位高级官员对这个设计不屑一顾，因为这看起来太"中国"了——这个评论没有打击到贝聿铭，他解释说："那时候四个现代化刚开始，部分政府官员喜欢看起来像西方的东

朝向花园的立面、倒影池以及从云南运来的岩石假山

西，所以这可不是什么赞美，但我就当他是夸我　博物馆继续同样的努力。

呢。"[11]25 年后，他将带着更大的自信，在苏州

跨页：朝向花园的立面
和修复后的曲水流觞

莫顿·H.梅尔森交响乐中心

MORTON H. MEYERSON SYMPHONY CENTER
美国，得克萨斯州，达拉斯市 1981—1989 年

从达拉斯艺术区的芙罗拉街看建筑外观

在梅尔森交响乐中心项目的少数几位入围的建筑师中，贝聿铭是评委心目中的不二之选。但由于刚刚在 1977 年完成了达拉斯市政厅的建设，他以为政府不会再给他第二个大型的公共建筑项目了，所以没有参选。[1]审议陷入了僵局，主席斯坦利·马库斯（Stanley Marcus）劝贝聿铭重新考虑。"我非常坦诚。"贝聿铭说，"我告诉建筑委员会，我以前从未设计过音乐厅，事实上，我根本就不了解这类建筑，但我想在这一生中一定要设计一座伟大的音乐厅。"[2]莱昂纳多·斯通（Leonard Stone）回忆说："贝聿铭对'伟大'一词的强调引起了人们的注意。毫无疑问，他能做出一个特别美丽的东西。"[3]至于他在这种类

型的建筑上没有经验的问题，马库斯一点也不担心："就是再好的建筑师，有谁建过两个音乐厅呢？如果建筑师建完一座音乐厅，还拼命想建另外一座，那就是个傻瓜！"[4]

贝聿铭在 1981 年接受了这一挑战，那时候声学家拉塞尔·约翰逊（Russell Johnson）已经于几个月前受雇于音乐厅项目，完成了音乐厅声学方面的配置方案。"我们向委员会提交了方案，"约翰逊回忆道，"然后见到了贝聿铭先生……六个星期后，我们又聚到一起，然后贝聿铭宣布：'我们已经研究了这个基本设计，我相信我们可以把它变成一座出色的建筑。'从那时起，这句话一直在我的脑海中回荡。"[5]

主大堂

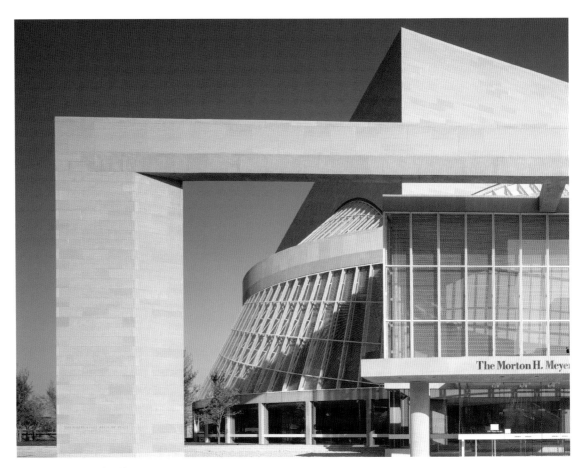

入口处大拱门和锥形曲面外观

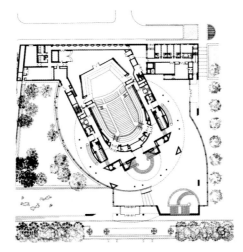

总平面图

贝聿铭在项目中从未与另一位设计顾问分庭抗礼。"我们知道会有一些问题，"委员会成员玛丽·麦克德尔莫特（Mary McDermott）说，"但拉塞尔不能负责审美，同样地，贝聿铭不能负责声学。我们只能授予他们同等的权力，让他们平起平坐。"[6]

贝聿铭参观了好几座世界上最伟大的音乐厅，然后在脑海里构建了梅尔森交响乐中心的轮廓，特别是它的大堂的样子，在度假期间，他画出了这座建筑的草图，非常接近最终的形式。[7]他与纽约的拉尔夫·海瑟尔共同完成了这个方案：把音乐厅非常紧凑地挤进场地的一侧，并且调整了角度，扩大了大堂和后台设施的面积，同时还能呼应市中心和方兴未艾的艺术区。"公共建筑的设计特别需要慎重考虑，"贝聿铭解释说，"建筑师不仅要考虑功能，还要考虑这座建筑物代表了什么以及它与环境的关系。"[8]

为了缓解巨大的音乐厅因为没有窗户而在视觉上造成的压抑感，从方方正正的矩形大厅中向外突出了一个石灰石和玻璃的结构，活泼得像在跳舞，这种结构比国家美术馆项目又进了一步，增加了更多的角度、更多的消失点。"并不是说梅尔森交响乐中心比国家美术馆东馆更高明，"贝聿铭评论道，"但无疑梅尔森交响乐中心的空

宏伟的楼梯

间结构更为复杂。 在达拉斯做的这个曲度使得空间更加流畅和感性。 你要是光站着看是不能理解它的妙处的，必须走动起来，随着空间的渐次展开，一定会被吸引进去……这是神奇之旅，会带来意想不到的惊喜。"[9]精于透视的渲染师史蒂文森·奥里斯蒂助贝聿铭一步一步地画出了空间展开的图景，这是贝聿铭首次使用计算机辅助设计。

观众席被一个宽敞的包厢式看台环绕，看台的弧线突出进入大堂，扩大了公共空间；三个20英尺（约6米）高的椭圆形"透镜"使得大厅里充满阳光。一个更大的弧形拱顶包住了整个大厅的西侧，塑造了这栋建筑标志性的圆锥形结构：一个半透明的玻璃顶一开始是垂直的，然后呈扇形展开，最后和墙面相交，整个系统由一个个复杂的巨大弓形桁架支撑，看上去就像一件巨大的弦乐器。[10]

曲线一直延展到灯具、栏杆、步道和墙壁上，

锥形曲面内部

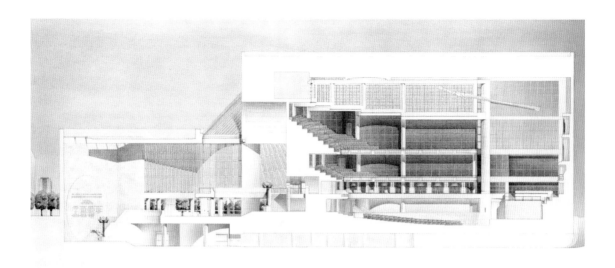

纵向剖面图

甚至包括一个通向车库的大圆洞。[11] 上角另一个主要入口是一个几乎独立于音乐厅之外的 60 英尺 ×90 英尺（约 18 米 × 27 米）的拱门，它使建筑呈放射性的几何形状正好对齐了艺术区的中央大街。这座大拱门从街上看就像一座纪念碑，同时又像个镜框，框起了内部渐入佳境的仪式感，因为音乐厅大堂是生动而不对称的，但音乐厅内部则渐渐严肃起来，遵照声学的要求，必须做成对称的。从自由到庄重的过渡发生在受学院派风格影响的中央楼梯上，大型钢柱玛瑙灯像雕塑一样，成为整个设计的重要部分。[12]

演奏厅本身是一个传统的"鞋盒"形设计，能够"保证良好的音效，还能把杂音滤掉"[13]。受到技术限制，工程上需要找到新方法，表面安上格子，让庞大的整体变成人性化的尺度，精心组织的不规则的空间能够产生最理想的音效和视线。[14] 这里有深蓝色的像夜空一样的天花板，灵感来自流行于 20 世纪 20 年代的大气剧院（指室内营造出像室外的气氛——译注）。因为声学上的限制，贝聿铭不得不顺从地加装了重达 42 美吨（约 38 吨）的吸音顶棚。"我一次又一次告诉拉塞尔，你们都有很棒的耳朵，但是你们没长眼睛。"他直率地说道，"音乐厅确实依赖好的

音效，但是情绪也很重要，这就得看建筑师的了。"[15] 贝聿铭从巴赫、贝多芬和莫扎特那里寻找灵感，事后发觉自己可能过于保守了。"虽然是去享受 17 世纪和 18 世纪的音乐，但其实也不一定非得在同样的环境里听，不必非得采用和那个时代一样的材料和配色。如果我能更轻松自由地去设计，音乐厅可能会非常不同。但当时我觉得一切都得让位于声学效果。作为一名建筑师，我都不能自由地塑造空间，又何必把时间浪费在室内装潢上呢？"[16]

这种双团队的方法允许在遇到技术问题的时候按照各自独立的时间安排来进行施工。在音乐厅内部的建造上贝聿铭非常依赖查尔斯·杨（Charles Young），而他自己则专注于外围的空间，在那里他可以自由挥洒。[17] 与其他交响乐中心不同，达拉斯的光线大厅全年都是一个很棒的公共聚会场所。"梅尔森交响乐中心不是为少数精英服务的场所，从各种意义上说，它都是一个公共机构。"贝聿铭解释说，"这座建筑不仅仅是为了演奏或聆听音乐，也不仅仅是为了让观众点个卯表示来过了……如果最后发现音乐厅没有服务于最广泛的民众，那么我们煞费苦心建造的所有的公共设施还有什么用呢？"[18]

对页：尤金·麦克德尔
莫特音乐厅内部

中银大厦

BANK OF CHINA
中国，香港　1982—1989 年

1982 年初，中国银行董事长兼董事会主席前往纽约访问贝聿铭的父亲贝祖诒，他曾经在银行担任高管。[1] 银行方面按照传统的习惯表示尊重，请求他的儿子贝聿铭为中国银行香港分行设计一座新大楼，中国银行总部位于北京，香港分行将容纳所有的外汇业务和境外投资业务。[2]

北京方面只负责出资 10 亿港元（1.3 亿美元），并承诺会随着通货膨胀而相应调整，没有更多的干预。贝聿铭解释说："在预算确定之后，我没有回头又向委托方再多要钱。中国当时是一个贫穷的国家，多要任何东西都太奢侈了，所以完全没有讨价还价，我决心尽最大努力让这些钱物尽其用。"[3] 建筑要求很简单：在预算范围内，设计一个壮观的银行大厅和 140 万平方英尺（约 13 万平方米）的办公空间，其中 40% 供中国银行自用，其余的出租。

关于银行的选址，贝聿铭不得不接受这个场地的两个他不喜欢的条件，毕竟中国银行已经斥资在香港密度极高的中心地区买下了这块地。[4] 这块地位于内陆，情况复杂，很难设计，脚下是太平山，地面落差达到 30 英尺（约 9 米），处于商业区的边缘，与街道的网格线斜向交叉，周围还环绕着高架桥。此外，香港当局还要求像这样规模的建筑物必须与市政车库相连接。与此同时，诺曼·福斯特（Norman Foster）正在附近的一个特别好的地点建设造价很高的汇丰银行，就挨着当时的中国银行老楼，而且高出很多。贝聿铭感受到了隐含的竞争，他也明白，随着 1997 年香港从英国回归中国的时间临近，中国银行的新大厦将成为现代中国的象征。

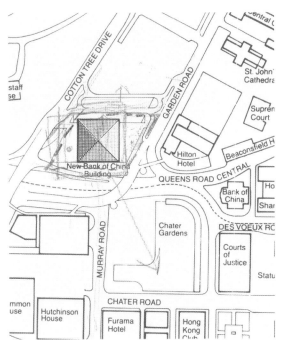

贝聿铭，重新布局的即兴草图，2005 年

贝聿铭的解决方案是与香港当局谈土地置换，用场地中的一个角换另一个角上的土地，使场地变成一个平行四边形，这样在四方的建筑两边就留出了三角形的地带，可以用于建造花园。通过这种神奇的转变，不仅可以重新定位中银大厦，使它与城市街道网络平行，而且它现在转了半圈，离开了市政车库，拥有了更好的视野，一边面向港口，一边面向遮打花园（Chater Gardens），这是市中心为数不多的空地之一。贝聿铭的第二个要求是沿着场地高处的边界新开一条横向道路，使人们能够从街上直接进入中银大厦，银行就有了自己的正式入口。"我的这两个条件——土地置换和开辟新路——都非常重要，"贝聿铭说，"因为如果建筑物的布局不对，

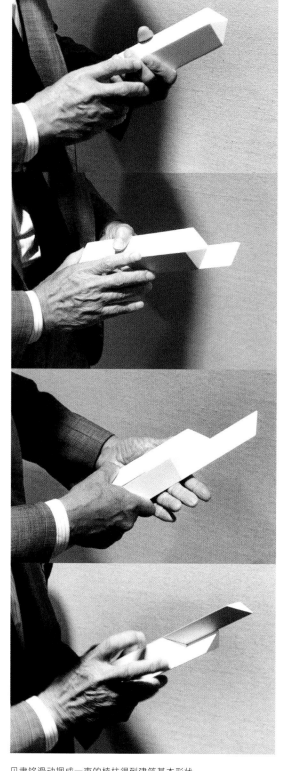

贝聿铭滑动捆成一束的棱柱得到建筑基本形状

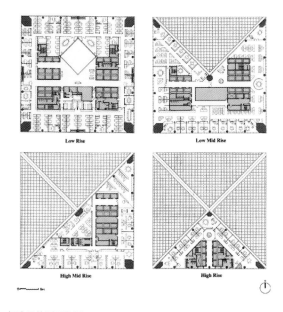

标准层的平面布局

无论它有多漂亮或多么好用，感觉都不好。选址是开始建造一栋好建筑的根本大计。"[5]

尽管这块地存在许多问题，但比起其他市中心的建筑，这里具有独特的优势，它不在飞机航线上，可以建得更高。很明显结构性问题是至关重要的，因为香港经常刮台风，台风的破坏力是纽约或芝加哥的大风的两倍，相当于洛杉矶地震破坏力的四倍。贝聿铭解释说："就像在生活中如果你只有这么点钱，你就得把它花在必需品上。我知道，如果我们能够找到一种经济实用的结构，就能得到一个性价比更好的建筑。事实上，结构决定着设计，甚至在和工程师商讨之前就已经决定了。"[6]

为了研究出中银大厦特殊的四面体堆叠的结构，贝聿铭整个周末都把自己关在卡托纳的别墅里。他拿着四个顶端削尖、剖面是三角形的棱柱反复摆弄，最后把它们并成一束，每个棱柱都向上滑出一点，高低不同，剩下一个最高的棱柱独树一帜，这样建筑的雏形就诞生了。贝聿铭将它们比作竹子，每个中国人都会理解其中的美好寓意，象征着不屈不挠的精神和顽强的新生。

工程师莱斯利·罗伯逊（Leslie Robertson）确认了这个方案拥有的结构刚性，并与贝聿铭密切合作，设计出一种新型的巨型桁架结构，它结合了两个结构体系，一个用于承载塔楼自身的重量，另一个用于抵抗横风。整体上是一个垂直的立体框架，其中横梁交叉支撑，沿对角线穿过建筑物的中心，将所有负荷传递到四个大型角柱上去——每边近33英尺（约10米）。第五个柱子是中央立柱，从25层楼高的地方撑起来，在那

从皇后大道和遮打花园看中银大厦全景，右方远处可见中银大厦老楼

里重量又被一个金字塔形的骨架分到四角的柱子上。所有的重力都被转嫁到角柱上，建筑物的中央就不再需要柱子，充当支撑结构的框架既轻盈又坚固耐用，就像四条腿的凳子。

工程的绝技是中银大厦里这些柱子的结合方式，没有采用焊接，因为连接点众多且非常复杂，

焊接费时费力，而且三向连接非常昂贵。实际上，各种不同结构构件都被混凝土固定起来。"它几乎就像一大坨胶水，不同的组件聚集在一起，但没有彼此连接。"贝聿铭解释道，"将所有的连接点都放置好，然后把混凝土倒下去，等它风干。这就是连接方式……和大多数伟大的想法一样，

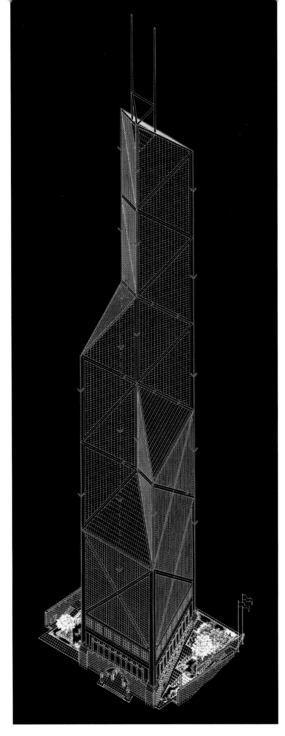

负荷传递图示

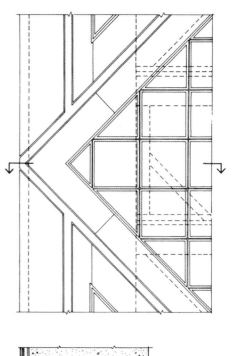

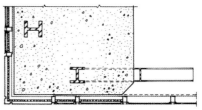

幕墙细部（上图）和角柱剖面图

反而很简单。绝对精彩。"[7] 这个支撑系统非常高效，用作结构的钢材数量只相当于传统结构下同样规模的大楼的 65%。

结构体系清晰地在楼的表面展现出来，铝制面板一览无余地勾画出角柱和斜撑。本来塔楼的水平桁架也被勾勒出来，但客户反映这一大堆叉在中国有负面含义，贝聿铭就取消了让人不快的的水平桁架（方案获得了罗伯逊的认可，这些水

平架子并非承重结构)，从而将塔楼变成了一串钻石。[8] 这样的外表既神秘又给人一种冷峻理性的感觉，塔楼就像一座巨大的雕塑，反光玻璃上映出的风景，随着观者的视角改变和时间的推移而千变万化，即使在阴天也反照出天空的奇妙。

"我是在城市的尺度上考虑这种外观和动感的问题的。"贝聿铭说，"这样的建筑物，不管从哪个角度看，都是移动的时候比站着不动时看起来更美……它拥有其他建筑所没有的活力，这种大刀阔斧的结构处理能够多造出许多立面，像镜子一样照出了周围的一切。"[9]

塔楼仿佛从太平山的自然山体中雕凿出来的一样，坐落在花岗岩基座上，陡峭的山坡得到调整，两侧的现代中式花园带来了宁静的气息，那里有潺潺的流水和凉爽的微风。[10] 石头基座也使客户很满意，树立起了安全和坚强的形象。这个

皇后大道上大厦的东北角；远处可见中银大厦老楼和汇丰银行

基座使得中国银行气派的大堂可以高出周围的道路，设在地面之上三层。大堂高30英尺（约9米），170英尺（约52米）见方，完全没有内部支撑。中庭直通到中银大厦第17层的行政酒廊，直达塔楼的第一个斜坡房顶，增加了壮丽的自然光线，并在视觉上连接了银行的办公室。在写字楼之上

是中国银行的行政餐厅和位于第70层的顶层公寓，在这里建筑师和工程师共同努力，展示出美得让人窒息的维多利亚湾风景，还有由高楼大厦勾勒出的天际线的壮丽景色。

贝聿铭从来都不因循现代建筑各式各样的"主义"，尤其是不赞成那些特别专注于外在形

东侧水景花园

15 层高的银行大堂中庭直通建筑的第一个坡顶

求你保持结构的纯粹，反过来这又成为美学上的追求。"他反复思量现代主义的各种长处，观察到无论是密斯、格罗皮乌斯、勒·柯布西耶，还是其他许多"第一代现代主义大师，普遍对技术不屑一顾。我想不出任何一个他们曾经推动过结构或技术革新，并使其为审美服务的例子。只有把技术和设计结合起来，建筑才能发挥出最大的潜力"[11]。

式的流派，他特别注意让自己的作品与同时代的那些后现代派的摩天大楼拉开距离。"当你处理一个特别高、特别有力度的建筑时，就不需要考虑装饰的问题了。无论从哪一方面来考虑，都要

对页：17 层的行政酒廊

乔特-罗斯玛丽科学中心

CHOATE ROSEMARY HALL SCIENCE CENTER
美国，康涅狄格州，沃灵福德市　1985—1989 年

通向二层入口的长桥

贝聿铭于 1985 年接受委托为乔特-罗斯玛丽学校设计一个新的科学中心，17 年前他曾经在这里为自己的老同学保罗·梅隆设计了一个艺术中心。乔特学校原来的科学大楼就是梅隆于 1938 年捐赠的，现在他又为新的科学中心慷慨解囊。在捐款仪式上，梅隆说建筑就是艺术与科学相结合的典范。"如果每天都能看到伟大的建筑，人们就会在不知不觉中学到艺术和科学……建筑就是这两条大路的交会点。"[1]

这种比喻特别恰当，因为贝聿铭的两座建筑都意味着连接与交流。但是，艺术中心是为乔特学校与罗斯玛丽堂的男女合校提供便利，而科学中心筹建的时候两所学校已经完成了合并。"这种情况非常不同，"贝聿铭解释道，"新的挑战是如何把整个校园统一起来。"[2]

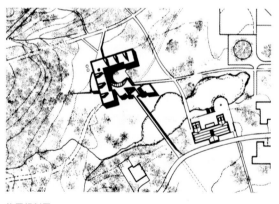

位置规划图

校长查尔斯·戴伊（Charles Dey）选了上校区和下校区中间的一块湿地，这恰巧是学校合并后的核心地带。贝聿铭把这里建成了一个风景区。他拦住了一条奔腾的河流，建了一个倒影池（用于生态研究），一座 160 英尺（约 49 米）长的

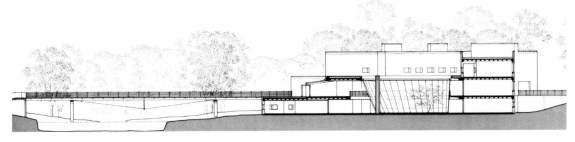

纵向剖面图

东侧全景

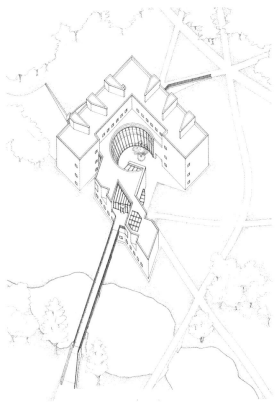

轴测图

桥横跨在池塘上，这条通道使以前难以跨越的两个校区之间畅通无阻。贝聿铭说："那座桥花了我很长时间，费了许多心力。因为这里特别重要，它将学生们聚集在一起，而且是上、下校区的连接处。这是设计的关键。"[3] 这座桥及其栏杆直接穿过建筑物，一直延伸到山坡上，通过一条长100英尺（约30米）的人行道可以连接上校区。朝北和朝南则另有出入口，创造了和校园的多种连通方式。整个建筑用当地的水蚀砖装饰，风格介于教学区的乔治亚风格建筑和新建筑之间。整个建筑被打散成一块一块的区域，使得空间变化多样，每一块的规模差不多相当于一座民宅的大小。

这栋建筑内部按照学科的需求分层：底层是物理学教室，生物学教室在一层，顶层是化学教室，设备塔位于各个实验室之间，方便直接供气和回风。这些部分被组合成一个三层的L形建筑，附带一个略呈斜角相交的两层翼楼。它们共同环

从外部看锥体结构

绕着一个透明的圆锥体（如同倒置的玻璃冰激凌圆筒的一部分），好像从建筑物的中心挖出一块，形成一个户外花园，里面栽种着一棵繁花似锦的玉兰树。这个玻璃圆锥体向后倾斜，让天光洒向建筑里面的环形走廊，也把户外的景色带进屋里，动静结合，打破了室内外的界限。

在对整个建筑的理念和选址问题积极参与、最终确定方案之后，贝聿铭依靠伊恩·巴德（Ian Bader）实施完成了科学中心的建设，他自己把

退休之前的时间表安排得满满的，在世界各地的建筑项目一个接一个地开工。

乔特学校科学中心是当时他手里的五个项目中最不起眼的，但是由于这座建筑是那样平易近人，保罗·梅隆称赞它为"自然的美人"。在这个小巧复杂的建筑里，房子前面架有长桥，像雕塑一样，池中的倒影又像一幅画作。人与自然和谐相处，是贝聿铭建筑的关键元素，也为他退休后的精美建筑播撒下了种子。

创新艺人经纪公司

CREATIVE ARTISTS AGENCY
美国，加利福尼亚州，贝弗利山　1986—1989 年

外景

贝聿铭在那个时期参与的都是像卢浮宫这样的重大项目，所以他接手创新艺人经纪公司总部这样的小工程非常出人意料。也许是大银幕最先吸引了贝聿铭，使他来到美国，所以这个决定颇有些情怀的因素。[1] 虽然最初他曾因为规模太小而拒绝过这个工程，但最终还是接手了，并恰好在他 1990 年退休之前完工。这座 7.5 万平方英尺（近 7 000 平方米）的建筑，开启了他喜欢的小项目时代，因为这样的项目提供了更大的创意空间，他可以身体力行地参与设计。

当时创新艺人经纪公司如日中天，可以说是全美实力最雄厚的文艺人才机构，为了和公司的地位相匹配，总裁迈克尔·奥维茨（Michael Ovitz）决定把公司搬迁到更合适的地点。他想要

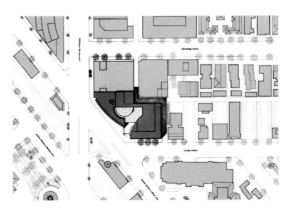

总平面图

一个"永恒的、经典的设计，要展现出优雅和坚固"。"我花了 3 ~ 4 年的时间研究了几乎所有建筑师的作品，"他说，"然后才得出结论，贝聿铭就是那个我唯一想找的人。"[2]

中庭

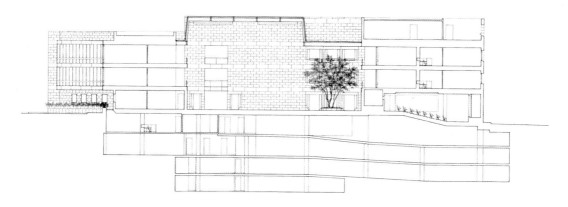

剖面图

中庭屏风墙

　　首要的挑战就是建筑的位置，这里是一个不规则的地块，是通往贝弗利山庄的门户，同时威尔希尔路（Wilshire）和圣莫尼卡大道（Santa Monica boulevards）在这里交会，使这里成为整个洛杉矶最繁忙的十字路口。贝聿铭的对策是建造了一个半圆形的裙楼，二层以上突出来，有悬空的办公室，映照出每天呼啸而过的 50 万辆机动车。在另一端，面对着一条安静的住宅街道，建筑的石头墙直直地竖立着，外立面从上到下采用昂达海滨（Onda Marina）的石灰华装饰，窗户的外框也是同样材质，但选了深棕色。蜂蜜色

的石材不是用标准做法来磨平的，而是按照建筑物表面的曲线切割，以避免阴影或是不平整的接缝，这样建筑物看起来是一个单一的整体。每一块石材的花纹经过仔细拼接，以便石灰华的"花纹"一直连续，从外墙一直绵延到中庭的墙壁和拼花地板上。

　　中央大厅高达 57 英尺（约 17 米），顶上是皇冠一样的天窗，玻璃分割的方式"像一片片橘子瓣"，贝聿铭说，晚上就成了一座璀璨绚丽的灯塔。"在纽约，"他解释道，"街上非常热闹，有很多行人。但是在加利福尼亚州，每个人都开车，见不到人。"为了营造一种热闹的感觉，他将功能性的主要入口变成了一个地下的代客停车的停车场，电梯只能到达地面层，所以每个人，包括员工和名人都必须穿过中央大厅进入大楼，就像贝聿铭所说的，"这是个舞台"[3]。

　　这里有美食厨房（gourmet kitchen）、拥有100 个座位的放映室，还有特别定制的艺术品，包括乔尔·夏皮洛（Joel Shapiro）的一座青铜雕塑，罗伊·利希滕斯坦（Roy Lichtenstein）的 26 英尺（约 7.9 米）长的壁画，模仿了纽约现代美术馆中奥斯卡·施莱默（Oskar Shlemmer）的作品《包豪斯楼梯》（Bauhaus Staircase）。中庭的设计综合了国家美术馆和梅尔森交响乐中心项目的经验，成为了创新艺人经纪公司富丽堂皇的接待大厅。它拥有电影行业惯有的灯光和功能，但又自有成熟高贵的气质，不是好莱坞式的浮华感觉。站在中庭，可以瞥见在蜂窝墙后面、在开放

临街入口

式走廊、在天桥和两端敞开的楼梯上匆匆走过的人们，为这个大厅增添了活力，证明了创新艺人经纪公司十足的干劲。"这真是一个不同凡响的设计，"奥维茨说，"无论是从美学上还是从功能上看，都没有任何缺点，甚至一直到装卸区。这一切都令人难以置信地恰到好处。"[4]

在贝聿铭的作品最流畅、最精美的演绎中，创新艺人经纪公司让人回想起他40年前为泽肯多夫改建的总部大楼。不同的是，创新艺人经纪公司的项目立即得到了认可，虽然人们各有其理解：《纽约时报》称赞创新艺人经纪公司项目"可

能是洛杉矶有史以来最精美的现代建筑"[5]，《洛杉矶时报》问道："贝聿铭的杰作对这里来说太优雅了吗？"[6]创新艺人经纪公司项目是一座成熟的建筑，为好莱坞竞争激烈的经纪人产业确立了新的中心，从更宏观的角度来看，它使洛杉矶拥有了世界顶级的建筑。[7]

迈克尔·奥维茨于1995年辞去了创新艺人经纪公司总裁的职务，公司也搬离了总部大楼，把这里留给他个人作为纪念。当被问及他是否会出售这座建筑时，奥维茨回答道："绝对不会。这是我艺术收藏品的一部分。"[8]

摇滚名人堂博物馆

ROCK AND ROLL HALL OF FAME + MUSEUM
美国，俄亥俄州，克利夫兰市　1987—1995 年

当贝聿铭接受委托设计摇滚名人堂博物馆时，他已经获得了无数像卢浮宫、国家美术馆以及其他众多的文化象牙塔的认可。聘请这样公认的大牌建筑师似乎有悖于摇滚乐一贯的叛逆精神，而且摇滚乐名人堂应该代表着年轻、生猛、美国精神，却请来 68 岁的贝聿铭设计，看上去好像有点奇怪。其实不然。贝聿铭 17 岁以前一直生活在中国，他的建筑生涯中的作品始终是超越文化壁垒，老少咸宜的。此外，他的中国血统使他更加尊重传统，讲究寻根溯源，这正好符合建筑的目标——将摇滚乐殿堂化，塑造成一种值得尊敬的艺术形式。更何况贝聿铭还带来了数十年城市化建设方面的经验，他一直在为振兴伊利湖（Lake Erie）的北岸而努力着。[1] 摇滚名人堂最终建在克利夫兰，这是整个城市、州府和民众积极倡议的结果，在 20 世纪 50 年代，正是克利夫兰的音乐主持人艾伦·弗里德（Alan Freed）在广播里率先喊出了 "摇滚" 这个词。[2]

贝聿铭承认他对摇滚乐一无所知，除了要求孩子们把音量关小一点以外，没有任何摇滚乐的经验。事实上，他是在委员会的强烈要求下才勉强接受这项委托的。大西洋唱片公司（Atlantic Records）负责人艾哈迈德·艾特根（Ahmet Ertegen）和滚石唱片的出版人詹恩·温纳（Jann Wenner）带着贝聿铭参加了体育场里的摇滚音乐会，还途经纳什维尔（Nashville）和孟菲斯（Memphis）去新奥尔良转了一个星期。"这是一次特别的经历，"贝聿铭回忆说，"在看到所有那些可怕的家具和巨大的白色凯迪拉克后，我再也不想看到任何格雷斯兰（Graceland，又称雅

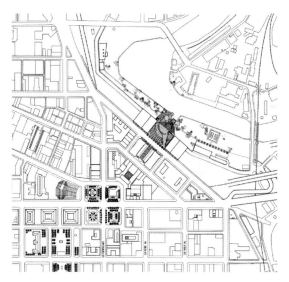

位置规划图

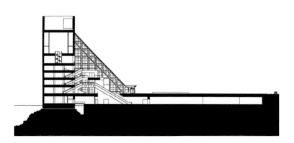

剖面图

园，是猫王的故居——译注）的东西了！但猫王是一个流行符号；小理查德（Little Richard）也是。在那次旅行中我学到了很多关于早期音乐的知识，特别是在新奥尔良。我开始相信摇滚乐大有来历。这鼓励了我，虽然它不是我喜欢的音乐，但我对这种现象很感兴趣。我希望能表达出音乐的力量。"[3]

这座建筑矗立在北岸港口，雕塑般的身形在 162 英尺（约 49 米）高的塔楼上方突然爆发伸展出来，由于水光的映衬，建筑显得特别宏大，白

北岸港口景色

帐篷状大厅和圆厅，从伊利湖上升起

色铝板墙面在水中的倒影荡漾着微光。在大楼的一侧，一个拥有 175 个座位的礼堂悬停在伊利湖上方 65 英尺（约 20 米）处，另一侧是一个斜坡式环形剧场，只靠一根从水中升起的混凝土立柱支撑。不同的元素由一个五层楼高的透明玻璃"帐篷"所统一，使得不对称的整个建筑具有了一定的对称性。这个玻璃大厅让人联想到卢浮宫的玻璃金字塔，实际上它是钢架和玻璃做成的单侧坡顶建筑，向着城市的那一边是倾斜的。1.5 英亩（约 0.6 公顷）的户外广场正是博物馆主要的地下展厅的屋顶。建筑物后面的通道通往湖滨步道和邻近的市民休闲娱乐设施。

"设计一个艺术博物馆对我来说非常容易，"贝聿铭说，"不管是设计哪个时代的博物馆。但在这里，我的优势不值一提，面对着不同的文化，人们有着不同的兴趣点。"来这里的许多人可能从来没有去过博物馆。[4] 参观者一进来就会发现和以往的博物馆大不相同，迎面遇到的不是优雅的亚历山大·考尔德的动态雕塑，而是染着颜色的人造皮毛覆盖的卫星牌（Trabants）汽车，用坚固的钢索悬挂在玻璃顶棚的桁架上，这是来自 U2 乐队巡回演唱会的舞台道具。与卢浮宫金字塔的细长缆索结构不同，这里的钢管构件看上去非常粗大，呈现强烈的工业感，非常适合博物馆所在地区的风格——这里号称美国的"铁锈地带"（指五大湖区衰退的工业城市——译注）——也象征着贝聿铭脑海中的利物浦和甲壳虫乐队。[5]

观众可以自由徜徉在一层的大厅里，通过自动扶梯下到主要的 3 000 平方英尺（近 280 平方米）的展厅去参观就需要买票了。在那里可以探索摇

入口大堂

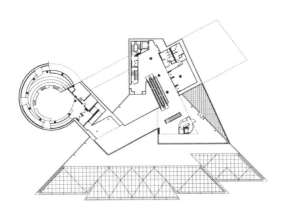

三层平面图（咖啡厅，室外阳台，通往圆形展厅的坡道）

主立面和广场

滚乐的演变，既有静止的展品，也有可以互动的
声光设施，所有这些都被安排在一个有意设计的
黑匣子一样的环境中。纵横交错的自动扶梯引导
着博物馆的观众继续参观，游客自己的颜色和运
动使建筑内部变得生动活泼，当他们从一个展区
转移到另一个展区时，参观路线不断使观众重新
经过玻璃大厅，然后再继续参观。从一层楼换到

另一层楼，整个空间的形状和尺寸都会改变，越
往上越小。"这座建筑拥有许多部分，是有生命
力的。不断变化就是建筑的魅力所在。"贝聿铭
解释说，"各个厅的排序很有趣，吸引着人们四
处走动，穿越空间。这纯粹是在运动中才能产生
的美。"[6]

从咖啡厅和户外露台可以欣赏湖景，远眺城

玻璃棚内部，远眺市中心

市，博物馆本身也是一道壮丽的风景。游客通过
楼梯来到五层，突然就发现自己站在凌空而立的
大厅上，这是贝聿铭设计过的最高的公共空间。
通过爬楼梯而不是坐电梯上楼，游客更能体会到
"欲穷千里目，更上一层楼"的感觉。[7] 到了顶
部，和之前的明媚形成鲜明对比的是昏暗和神秘
的气氛，这种强烈的转变给这个屋子添加了神圣
的光环，人们会安静地沿着规整的路线进入名人
堂——整个建筑精神上和实质上的制高点——一
个 30 英尺（约 9 米）高的深沉的黑匣子，背后打光，

那些被历史铭记的人的签名被蚀刻在玻璃墙上，
熠熠生辉。

　　在博物馆开馆十几年后，贝聿铭承认他对这
个最新的、文化意味最浓的作品心里最没底。"我
对其他所有作品的信心都比对这个建筑多。我当
时尽我所能，发挥那时候能够学到的所有东西。"
这位 90 岁的建筑师说，"我现在年纪更大了，
离摇滚乐越来越远，但我想要是今天再来设计这
个建筑，可能会做得更好。"[8]

1983—2008：贝聿铭与历史的挑战

菲利普·朱迪狄欧

在本书的前言中，引述了贝聿铭讲述的 1946 年的事。那时候，他在哈佛大学师从沃尔特·格罗皮乌斯，在研究生毕业设计中，他做了一个博物馆，那个博物馆和他的大作苏州博物馆有着相似之处，都关注历史和文化。在 20 世纪 80 年代之前，贝聿铭就已经在美国之外的地方完成了不少建筑设计，当他被召唤到大卢浮宫项目上的时候，一个关键性的转变发生了，那时他刚从贝聿铭-考伯-弗里德合伙事务所退休。"建卢浮宫项目的时候我碰到了历史的挑战，"贝聿铭说，"美国没有多少年的历史——即使是国家美术馆项目——整个国家广场地区的历史还不到 200 年。而在卢浮宫，历史可以追溯到很久很久以前。正因为我熟读了卢浮宫的历史，所以我能够和那些反对我、攻击我的人辩论。"[1]卢浮宫项目是由一支经验丰富的团队执行的，依靠贝聿铭在纽约办公室的资源，但是在那之后，他成立了一个非常小的新公司，即贝聿铭建筑事务所（I.M. Pei Architect），除了他自己，只有两个助手——南希·罗宾逊（Nancy Robinson）和雪莉·里普利（Shelley Ripley）。来自贝聿铭-考伯-弗里德合伙事务所和他儿子的公司贝氏建筑设计事务所（Pei Partnership）的建筑师和工作人员根据每栋建筑的不同需求，参与贝聿铭退休后的项目。1989 年以后，贝聿铭只接受那些他自己特别感兴趣的委托，后来他建了一些建筑，位于卢森堡、德国、英国、日本、中国和卡塔尔，这并不是偶然的。他以全新的视角和好奇心寻找并阐释这些地方独特的文化，这些不同之处为设计提供了灵感。但贝聿铭并没有抛弃现代主义，现代主义在他的工作中贯穿始终。相反，他追求的是文化的"本质"，他在那些久负盛名的地点造房子，把那些地方的特色反映到他的设计中。这可能是他最主要的努力和最大的成就。

卢浮宫的拿破仑广场（Cour Napoléon）里面的玻璃金字塔、喷泉与周围的宫殿建筑并不匹配，而与辽阔的天空和法国悠久的历史呼应。卢浮宫位于最初由安德烈·勒·诺特尔（André Le Nôtre）规划的香榭丽舍大街轴线的尽头。勒·诺特尔是几何形体与空间的大师，他在玻璃金字塔落成前将近 300 年前就已经与世长辞。贝聿铭对法国文化的研究远远超过了卢浮宫这座宫殿的历史，他在冥冥之中找到了和勒·诺特尔的共鸣点，以新的设计把法国文化从古到今联系了起来。

"1951 年我得到哈佛奖学金后第一次来欧洲，"贝聿铭说，"这是我生命中最重要的一次旅行。我去了法国、意大利、英国和希腊。那以后我整个人都不一样了。这让我开始了解欧洲文化。欧洲对我来说是最重要的地方，因为它的文化具有多样性。而在亚洲，一个国家和另一个国家之间比较相似。欧洲是历史和文化最为丰富的大陆。"[2]他对文化本质的追求——包括那些他不熟悉的文化，比如在建多哈伊斯兰教艺术博物馆时接触到的伊斯兰教文化——使他发现了现代主义和遥远的古老建筑之间有着深层的联系，并探索出打通古今的方法。在描述他对伊斯兰教建筑的研究时，贝聿铭说："最后我终于接近了真相，我相信在开罗的艾哈迈德·伊本·图伦清真寺（Ahmad Ibn Tulun），我找到了我想要的。一个小小的洗礼池三面被双层拱廊环绕着，后世对建筑只有轻微的改动，整个建筑从八角形变成正方形，又从正方形过渡到圆形，呈现严谨的几何级数，几乎完全是立体主义的表达。"[3]在多哈，现代主义的几何形状在新博物馆里找到了它的用武之地，这也正是从伊斯兰教风格中找到的灵感。

大卢浮宫项目是贝聿铭最重要的建筑作品，因为它重新组合了宫殿的不同部分，使博物馆变得现代化。"对我来说，真正的难点是制订卢浮宫的规划，使它变为一个整体。"贝聿铭指出，"整体规划是最大的成就——比玻璃金字塔更重要。把黎塞留馆（Richelieu Wing）的两个庭院（曾经是法国财政部的露天停车场）做成封闭的是这个项目中最重要的设计。"[4]贝聿铭的庭院方案对于项目获得博物馆的七位高级策展人的首肯是至关重要的，没有他们的支持，整个项目可能都无法进行。将大型雕塑放置在封闭的庭院里非常关键，同时对外开放黎塞留馆的通道，将卢浮宫与城市永久地连接起来。也许是贝聿铭在韦伯奈普公司的城市改造经验使他能够深刻理解规划的含义，使他的设计能够为法国服务——或者更好的解释是，这是他对历史的尊重。让卢浮宫恢复生机是一项壮举，世界上很少有建筑师像贝聿铭那样能做到驾轻就熟。

还是哈佛大学的学生的时候，贝聿铭就敢于对沃尔特·格罗皮乌斯说，建筑和历史是紧密相连的，而这位包豪斯的创始人回答说："好啊。你来证明一下吧。"贝聿铭毕生的作品，特别是退休以后的项目，都是在努力完成这个任务。随着他在多哈和苏州的博物馆的落成，贝聿铭功德圆满，证明了自己的观点。在这个过程中，他重新定义了现代主义，丢掉了格罗皮乌斯的条条框框，并使建筑穿越历史，在过去和现在之间建立了永恒的联系。

大卢浮宫

GRAND LOUVRE
法国，巴黎　一期工程：1983—1989 年，二期工程：1989—1993 年

从卢浮宫中看到的景色，金字塔位于中间最醒目处，香榭丽舍大街在右边，远处可见埃菲尔铁塔

1989 年，贝聿铭说："大卢浮宫在我的建筑生涯中将永远占据第一的位置。"[1] 对于一般人来说，这似乎是一个令人惊讶的说法。从宫殿外面只能看见一小部分贝聿铭的作品，也就是玻璃金字塔和它周围的广场——拿破仑广场。但是，卢浮宫不仅仅是博物馆或从前的王室居所。选定贝聿铭做总设计师的总统弗朗索瓦·密特朗这样评价它的地位："几段历史叠加在一起，赋予卢浮宫力量，使它成为重要的象征符号。这一切都铭刻在宫殿的基石上，从

菲利普·奥古斯特（Philippe Auguste）堡垒[2]到第二帝国（Second Empire）偏厅[3]，这象征着法国的诞生。"[4] 密特朗说他非常喜欢贝聿铭的作品，华盛顿国家美术馆东馆充分展示了他能够把新、旧建筑结合在一起的能力。但是贝聿铭认为这可不是一回事。正如他所说："国家美术馆东、西两侧的建筑只相差 40 年，而卢浮宫的建筑跨越了 8 个世纪。"[5] 因此贝聿铭的大卢浮宫项目重点关注法国的精神。第一次公布金字塔方案，引起了巨大争议，贝聿铭依次

在贝聿铭的金字塔旁的铅制贝尼尼作品——路易十四骑马像，呼应香榭丽舍大街的中轴线

林堡兄弟《贝里公爵的豪华时祷书》里的卢浮宫城堡，1416 年

方形沙龙，1861 年

说服了总统、博物馆管理层，然后是整个国家，他的愿望是可以把卢浮宫好好地带入 20 世纪。事实上，密特朗正在推动的首都工程（Grands Travaux）是一个主要针对法国首都的雄心勃勃的建筑项目，其主旨就是要强调文化在法国的核心地位。从地理位置上看，卢浮宫一头连着让·努维尔（Jean Nouvel）的阿拉伯世界学院（Institut du Monde Arabe），另一头是由约翰·奥托·冯·施普雷克尔森（Johan Otto von Sprekelsen）和保罗·安德鲁（Paul Andreu）设计的拉德芳斯凯旋门。卢浮宫毫无疑问超越了它作为博物馆的功能，是政府政策的关键组成部分，是打开变化中的现代法国的钥匙。如今，和埃菲尔铁塔一样，玻璃金字塔已经成为巴黎的象征。这项成就源于一个大胆而实用的设计，以及对法国文化本质的追求，所以大卢浮宫项目当之无愧地成为贝聿铭作品中的"第一名"。

卢浮宫最早是由菲利普·奥古斯特于 1190 年建造，最初并不是王室住宅，而是一个长方形的军械库，面积为 256 英尺 ×236 英尺（约 78 米 ×72 米），周围环绕着护城河。四角和城墙中部都建有圆形瞭望塔，保护着北面和西面的城墙。在城墙围起来的中心，矗立着大高塔（Grosse Tour），令人印象深刻。塔的直径达到 50 英尺（约 15 米），高 100 英尺（约 30 米）。在 1364 年国王查理五世统治期间，建筑师雷蒙德·杜·唐普勒（Raymond du Temple）将中世纪堡垒改造成了一座华丽的王室住所。安静了一个多世纪以后，卢浮宫再次被国王弗朗索瓦一世改造。[6] 项目改造开始于 1527 年，首先是城墙中间的大高塔被拆除了。1546 年，皮埃尔·莱斯科特（Pierre Lescot）在西侧增建了一个新的翼楼，负责装饰的是雕塑家让·古戎（Jean Gougon）。此后多年，弗朗索瓦一世的继任者们一代接一代不断进行改建，敲敲打打，一直到路易十四统治时期都没有停过。在亨利二世的王后凯瑟琳·德·美第奇（Catherine de Medici）[7] 时代，宫殿无休止的施工让她非常恼火，于是她在 1564 年要求建筑师菲利贝·德·洛梅（Philibert de l'Orme）在卢浮宫西面建了一座新宫殿，称为杜伊勒里宫。

凯瑟琳之后一个世纪，路易十四住进了杜伊勒里宫，那时候凡尔赛宫正在修建。虽然这位国王很快就会离开巴黎，但他还是命令建筑师路易·勒·沃（Louis Le Vau）重新设计杜伊勒里宫的外立面，又命令安德烈·勒·诺特尔设计一个长长的景观花园，那个方向后来成为今天的香榭丽舍大街。1665 年，路易十四要求贝尼尼（Bernini）在原来的大高塔的位置为卡

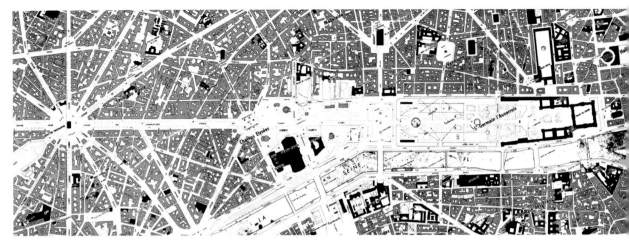

航拍图：卢浮宫与凯旋门之间的方位关系

莱广场（Cour Carrée）设计一个东翼楼，但是这个计划和其他项目在 1668 年政府搬到凡尔赛以后就停止了。

卢浮宫作为艺术展厅的历史始于 17 世纪末，皇家绘画和雕塑学院（Académie Royale de Peinture et de Sculpture）于 1699 年首次在卢浮宫大画廊（Grande Galerie）举办了一个展览。后来，在 1725 年，这座宫殿开始常规性地举办展览或艺术沙龙。1791 年，在革命政府的推动下，卢浮宫正式用于收集存放所有科学和艺术的重要作品。更重要的是，卢浮宫里的中央艺术博物馆（Museum Central des Arts）于 1793 年 8 月 10 日开放，由画家休伯特·罗伯特（Hubert Robert）和让-奥诺雷·弗拉戈纳尔（Jean-Honoré Fragonard）、雕塑家奥古斯丁·帕茹（Augustin Pajou）和建筑师查尔斯·德·威利（Charles de Wailly）管理。虽然平时博物馆主要为艺术家们服务，但每到星期日就免费向公众开放，展出的作品主要来自王室收藏。

在 19 世纪的大部分时间里，卢浮宫一直在变化，拿破仑一世在 1805 年建造了凯旋门以纪念他的胜利，拿破仑三世则于 1852—1857 年间增建了一个把卢浮宫和杜伊勒里宫连接起来的翼楼，由建筑师路易·维斯孔蒂（Louis Visconti）和赫克托·勒弗尔（Hector Lefuel）设计。1871 年，法国财政部入驻黎塞留馆。

这种在博物馆功能之外的其他机构对卢浮宫的侵蚀由来已久，与原来的功能格格不入，比如法国国家彩票机构（French National Lottery）占据着花神塔楼（Pavilion de Flore），一直到 1968 年。让人意想不到的是，在弗朗索瓦·密特朗的计划开始之前很久，卢浮宫的命运就已经被预料到了。很少有人知道，早在 1889 年就有人提议建造一座金字塔形式的 "法国大革命的荣耀" 纪念碑，当时选址在离贝聿铭的玻璃建筑不远的地方。[8] 更令人惊奇的是，1950 年，法国文化部的法国博物馆管理局主任乔治·萨勒（Georges Salles）曾经提议将财政部搬出黎塞留馆，并在卢浮宫的庭院中建设地下空间。他将 1950 年的博物馆比作 "没有后台的剧院"。卢浮宫在几个世纪里都是作为王宫来建造的，尽管规模庞大、空间恢宏，还有着大画廊那样的安排，但它并不算是现代化的博物馆。

在提议建设地下空间之后的第二年，即 1951 年，贝聿铭带着妻子卢爱玲第一次来到巴黎。他们住在圣雅各和奥尔巴尼酒店（St. James & Albany Hotel），距离贝聿铭 "最爱的博物馆" 卢浮宫仅几步之遥。尽管乔治·萨勒早就提出了计划，但在 1981 年 5 月 10 日弗朗索瓦·密特朗成为法国总统之前，卢浮宫的宫殿建筑没有发生任何重大变化。就任四个月后，密特朗于 1981 年 9 月 26 日宣布，整个卢浮宫

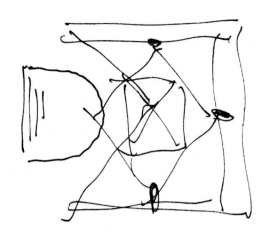

贝聿铭设计金字塔入口的早期草图

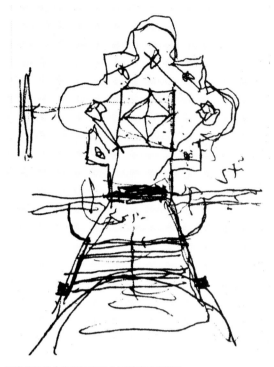

贝聿铭设计金字塔周围公共区域的早期草图

都将被改造成博物馆。1982 年 10 月，密特朗任命埃米尔·比亚西尼来主持研究这个改造项目。比亚西尼曾任法国国家电视网的负责人，也是法国文化部部长安德烈·马尔罗（André Malraux）的幕僚。正是比亚西尼建议选择华盛顿国家美术馆东馆的建筑师贝聿铭承接大卢浮宫改造项目。他还建议不必进行公开招标，因为这位建筑师久负盛名，可能不屑于参与竞争，而且选择他是有"保证"的。比亚西尼写道，贝聿铭的作品深深打动了他，尤其是国家美术馆的东馆，他曾在伦敦、罗马、柏林、斯图加特、慕尼黑和阿姆斯特丹对好多博物馆馆长进行了问卷调查，问这些专业人士，如果要对博物馆进行重大改造，他们会选择哪位建筑师。据比亚西尼说，有些馆长建议理查德·迈耶、伦佐·皮亚诺（Renzo Piano）、诺曼·福斯特和詹姆斯·斯特林（James Stirling），但这些来自不同博物馆的馆长不约而同地选择了贝聿铭。比亚西尼与法国信托储蓄银行（Caisse des Dépôts et des Consignations）的总裁罗伯特·莱昂（Robert Lion）和最早建议密特朗在任期内翻新卢浮宫的路易-加布里埃尔·克拉耶（Louis-Gabriel Clayeux）合作，说服总统同意了他们对贝聿铭的选择。[9] 随后，比亚西尼在他们共同的朋友、画家赵无极的介绍下找到了贝聿铭，1982 年 11 月在巴黎的拉斐尔酒店第一次见到了贝聿铭和他的妻子卢爱玲。

令人惊讶的是，在接受委托之前，贝聿铭要求四五个月的考虑时间，他要先做一些调查研究。他们给了贝聿铭可以踏遍卢浮宫每一寸土地的通行证，尽管是非正式的。在 1982 年到 1983 年的那个冬天，贝聿铭三次探访卢浮宫。贝聿铭这样解释他的要求："我没有马上接受这个项目，虽然我很兴奋。相反，我告诉密特朗，在接受委托之前，我需要四个月的时间来进行调研。用这段时间我可以好好研究卢浮宫的历史，同样，这里也和法国的历史密切相关。第一部分建于 12 世纪，然后，一连串的新统治者来了，增加了一些东西，又拆掉了一些东西。800 年来，卢浮宫一直是法国人的纪念碑——这座建筑见证了他们的历史。我觉得要是直接向他要这个时间可能会被拒绝，谢天谢地，因为他很着急——他在 1981 年当选，任期只有七年，那时候已经是 1983 年了——所以对他来说，他想做成什么事情的话，时间已经非常紧张了。"[10] 贝聿铭通过对建筑物和历史的仔细研究，得出结论，就像乔治·萨勒推断的那样，

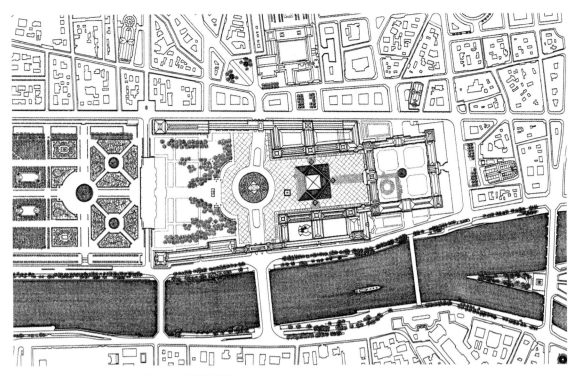

卢浮宫平面图，可以看出它紧临塞纳河和杜伊勒里花园

唯一的解决方案就是改造由拿破仑三世修建的开放式的拿破仑广场，深挖两座翼楼之间的空地，争取地下空间。这样可以创建一个新的中央入口，部分解决了建筑物过于宏大所带来的麻烦，比较长的翼楼沿着塞纳河铺展，另一侧的翼楼靠着里沃利街（rue de Rivoli），二者之间的距离很远。由于总统要求整个卢浮宫都用作博物馆，贝聿铭的规划还包括对黎塞留馆的整改，那里当时还被财政部占着。1982 年举行了一次竞赛，为巴黎贝西地区（Bercy area）建设新的部委大楼选择建筑师，保罗·切梅托夫（Paul Chemetov）胜出，这使财政部搬迁成为可能。这项计划明显遇到了政治阻力，身为反对派的经济部长爱德华·巴拉迪尔（Edouard Balladur）明确拒绝将他的 5 000 名员工从王宫搬出去。但是，当贝聿铭在 1983 年 6 月去见总统时，他还不知道有这些困难，于是接受了比亚西尼向他提出的委托。他解释了挖开拿破仑广场的必要性，尽管那时他尚未提出金字塔的设想。贝聿铭回忆说，总统只对他说了两个字："很好。"

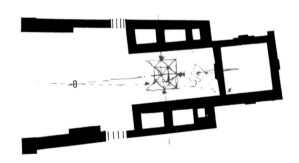

在平面图中，金字塔和它的基座被标为红色

从一开始，大卢浮宫项目就不是一个人单打独斗。没有法国总统的政治意愿，一切都是泡影。但密特朗本人明确表示，如果没有另一个人不知疲倦的努力，这项艰巨的事业不可能顺利推进。"我必须说，那个必不可少的人，没有他就什么也做不成的人，就是埃米尔·比亚西尼。他构思并组织实施了这个项目。他走遍了世界各地，首先献身给了卢浮宫，然后又投入到我们说的首都工程中去。我要向他表达我的感激和谢意。"[11] 总统在新的黎塞留馆揭幕式上总结道。比亚西尼主持了大卢浮宫公共项目筹备委员会，这个机构成立于 1983 年，旨在推进总统的博物馆改造计划，然后又成为

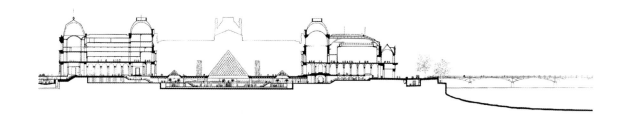

立面图，显示出金字塔和相邻的卢浮宫建筑之间的相对体量

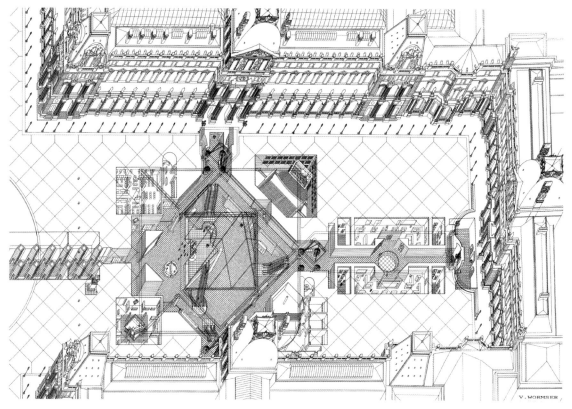

V. WORMSER

轴测图：标明金字塔周围的地下空间

整个首都工程计划的管理机构——他在这个职位上一直坚守到多米尼克·佩罗（Dominique Perrault）的法国国家图书馆（French National Library）前期工作顺利完成，那时候密特朗已经卸任两年了。这座图书馆最终于1997年竣工。法国的政治体制赋予了总统很大的权力和声望，所以密特朗能够实现自己的意图，一手策划并顺利推进这些文化项目。埃米尔·比亚西尼解释了卢浮宫彻的翻新改造是怎样实现的："总统让我负责大卢浮宫项目……他从一开始就亲自参与、密切关注这件事。我对他忠

心耿耿，又很坦率，这种关系促成了真正的合作。这使我能够放手去干，可以独立高效地进行决策，这种自主权通常是可遇而不可求的。"[12]

贝聿铭刚刚接受委托，埃米尔·比亚西尼就明确了他们的合作关系。"这件事从一开始就是一次冒险，肯定会遇到一些偏见、顽固的习惯和不肯变通的传统，但我们必须坚定严格地按照我们的时间表来开展工作。在1988年5月弗朗索瓦·密特朗的首个任期结束之前，这个项目必须进行到不可逆转的程度。我并没有试图向贝聿铭隐瞒可能会遇到无数阻碍，我告

对页：傍晚的拿破仑广场夜景，可以看到金字塔和周围的喷泉

1985 年 5 月在现场建立金字塔全尺寸模型，用来考虑尺度关系

诉他我也不可能预料到所有的困难……在弗朗索瓦·密特朗的支持下，我要尽最大努力赢得这场赌局，我先做好我自己这边的事，为项目的实施铺路，以便建筑工程能够顺利展开。"[13] 善于应付法国官场的官僚主义的比亚西尼认为，贝聿铭应该与卢浮宫的官方建筑师合作，他叫乔治·杜瓦尔（Georges Duval），是一位历史古迹专家。这避免了许多潜在的阻力和障碍，其余的问题由比亚西尼解决。

从 1983 年到 1998 年，大卢浮宫项目持续了整整 15 年，改造了 22 英亩（约 9 公顷）的土地。工程的第一阶段从 1983 年开始到 1989 年完工，涉及玻璃金字塔、金字塔所在的广场以及一个很大的地下空间，其中包括新的公共入口、商店、餐馆、临时展厅和急需的"后台"空间。卢浮宫的总面积增加了 667 254 平方英尺（近 6.2 万平方米）。第一阶段还包括了大量考古工作，改造时充分考虑了这些考古发现，特别是在卡莱广场，以前的大高塔的地基被挖掘修缮并且整合到展示宫殿历史的地下展厅中。第二阶段的工程从 1989 年到 1993 年，拆除了宫殿中黎塞留馆 59.2 万平方英尺（约

5.5 万平方米）的建筑，又新建了 53.8 万平方英尺（约 5 万平方米）的建筑。工程预算为 69 亿法国法郎（约合 10 亿美元）。在卢浮宫历史悠久的建筑区，贝聿铭和他的团队先是与杜瓦尔，后来是和卢浮宫首席建筑师盖伊·尼科（Guy Nicot）合作。米歇尔·马卡里（Michel Macary）和他的公司 SCAU 是巴黎当地的施工单位，让-米歇尔·威尔莫特（Jean-Michel Wilmotte）负责室内设计，比如金字塔下方的临时展览厅和黎塞留馆的装饰艺术展厅。

贝聿铭于 1984 年 1 月第一次向高级古迹委员会（Commission Supérieure des Monuments Historiques）展示了他的方案，其中包括拿破仑广场中间的金字塔。为了应对反对的声音，前文化部长米歇尔·盖伊（Michel Guy）领衔右翼日报《费加罗报》称赞了这个方案，并应巴黎市长雅克·希拉克的要求，于第二年 5 月在拿破仑广场竖立起了一个由电线和柱子组成的同比例大小的模型。希拉克本来可以直接反对建造金字塔，但是他没有那么做，而是建了一个模型来调查民意，然后发现"也没那么糟糕"。这件事给他带来了不错的回报，他后

纳维科技公司制造的其中一个节点和支柱，摄于施工期间

来接替密特朗成为了法国总统，贝聿铭回忆起与雅克·希拉克的那次重要会面，那是由埃米尔·比亚西尼组织的一次会议："我们根本没怎么谈金字塔，我与希拉克先生相处得很好，因为他对东方艺术非常感兴趣，我们就聊这个了。"[14] 贝聿铭认为，法国前总统乔治·蓬皮杜的遗孀克劳德·蓬皮杜夫人对项目的支持对于争取到希拉克是至关重要的，蓬皮杜夫人本来就在法国的当代艺术中扮演了重要角色。对于在法国最负盛名的地点进行的改造工程选择一位"中国"建筑师这件事，很多人表现出强烈的排外心理，但很明显许多反对声音带有政治目的。当时法国左派和右派之间的分歧非常严重，而密特朗掌权象征着左派的崛起。超过6万人参观了模拟的建筑，方案在不久之后最终获得了批准。

贝聿铭参与大卢浮宫改造项目至少有两个与通常的法国重大公共项目不一样的地方。第一个已经提过了，那就是建筑师拒绝参加招标竞争——他在职业生涯后期一直是这样的。贝聿铭的理由是，公开招标流程要求客户和建筑师在项目评标期间几乎不能直接联系，这会导

一次现场视察中，贝聿铭和举着一块玻璃样本的密特朗

致从最初的设计阶段开始双方的理念就很难保持一致。特别是这样一个所有人都在看着的项目，最初的设计可能会被来自外界的干扰弄得面目全非。根据法国法律，像大卢浮宫这样的项目通常需要参加竞标，但是由于法国是中央集权制，总统拥有很大的权力，所以弗朗索瓦·密特朗能够动用自己的权力直接选择贝聿铭。有些人从这个做法上好像看到了国王的独裁，其实卢浮宫原本就是基于君主的意志建造

竣工后的拿破仑广场和金字塔以及旁边的喷泉

起来的。

第二个不寻常之处是，贝聿铭拥有全权代理权，能够直接对整个项目负责，最终保证成功地实施团队的设计。在一般的法国工程建设过程中，往往是工程师在施工图纸和建筑过程中发挥更大的作用。付给设计师的费用通常在项目早期就结清了，这使建筑师很难对项目实施期间发生的变化及时跟进——特别是在像卢浮宫这样的大型项目中。那样一来，项目的最终责任和面貌通常掌握在客户和工程公司手中。如果卢浮宫项目也是这样的话，那么建筑师与用户（比如说博物馆馆长）之间就没有什么交流了。经过政府的批准，贝聿铭的团队在法律上对整个项目从头到尾负责，与大卢浮宫公共项目筹备委员会和博物馆馆长密切合作。在围绕贝聿铭的金字塔方案的争议中，比亚西尼在 1984 年 1 月组织了卢浮宫七个部门的领导和建筑师在阿卡雄（Arcachon）度假小镇开会。这次会议中，贝聿铭和比亚西尼争取到了七位资深馆长的支持，和他们达成了共识，其中最

重要的是争取到了米歇尔·拉克洛特（Michel Laclotte）的支持，当时他是绘画部门的馆长，后来成为卢浮宫真正意义上的第一任总馆长。这样，项目才得以顺利进行。2 月 3 日，就在阿卡雄会议后几天，博物馆的主要分馆馆长们联名在法国《世界报》（Le Monde）上发表公开信，对卢浮宫改造方案表示支持。当时，相当一部分博物馆工作人员对博物馆的大规模扩建计划持怀疑态度，拉克洛特在组织中的威信能够服众，保证了大卢浮宫项目在实施过程中得到各部门的通力合作，没有遇到内部阻力。虽然有些人保留了他们的疑虑，但改造势在必行，无法再停止了。贝聿铭回忆说，由埃米尔·比亚西尼组织的阿卡雄会议从很多角度来看都是所谓"金字塔之战"的转折点。博物馆七位馆长的认可对于项目的顺利推进至关重要。"一个关键议题是要解决雕塑馆的问题，馆长让-勒内·加博里（Jean-René Gaborit）提出，他希望在自然光下展示著名的《马利骏马》（Chevaux de Marly）[15]，但是展厅还必须有房

对页：透过金字塔看到的景色，包括地下空间

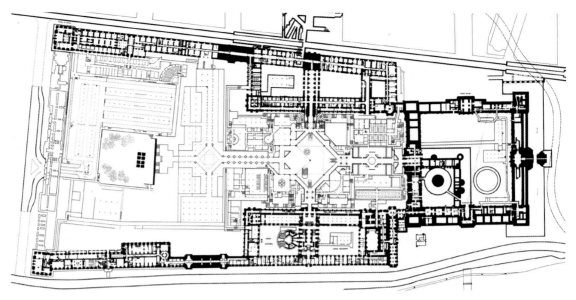

拿破仑广场地下层和卡莱广场（右侧）地下层平面图

顶。我建议用黎塞留馆的两个内部庭院加上玻璃顶棚，给雕塑部门作为展厅，那里当时还是财政部的停车场。这就成了马利中庭（Cour Marly）和皮热中庭（Cour Puget），我相信是这个主意让加博里先生在阿卡雄对大卢浮宫项目投了支持票。"[16]

1997 年大卢浮宫公共项目筹备委员会总裁让·勒布拉（Jean Lebrat）强调了阿卡雄会议的重要意义："宫殿内部空间的划分是在 1984年 1 月的阿卡雄会议期间决定的，那时项目才刚开始。七位馆长、项目主任杰罗姆·杜尔丹（Jérôme Dourdain）、贝聿铭及米歇尔·马卡里、法国博物馆管理局主任以及大卢浮宫公共项目筹备委员会的相关人员出席了会议。在 1984年辩论最激烈的时候，馆长们的同意，特别是他们对贝聿铭的金字塔方案的公开支持，为这项事业的成功保驾护航，因为这个方案还曾遭到过极端保守主义的威胁。在阿卡雄达成共识后，方案就再也没有受到过任何质疑，贝聿铭从一开始就为推动项目实施做出了巨大贡献。当然，这个项目也得益于在那段时间里最高层的政治稳定。"[17]

阿卡雄会议改变了卢浮宫的面貌，其重要性不亚于贝聿铭的玻璃金字塔设计，只不过不那么明显。正如贝聿铭在《建筑实录》（Architectural Record）中所记载的那样，"卢浮宫最大的挑战超越了建筑本身。当我 1983 年第一次去的时候，它分为七个展馆，每个馆都是完全独立的。它们在空间和资金上是竞争关系，因而产生内耗。因此，我们必须从建筑上改变这种情况——将七个展馆合为一体，并将它们统一成为一个机构。我甚至怀疑密特朗是否意识到这是多么大的挑战，反正我没想到。结果是我们成功了。今天，这些展馆都统一在一位馆长麾下，它们在建筑上也是统一的。事实上，人们并没有意识到卢浮宫的这种问题解决起来有多么艰难，这简直令人难以置信"[18]。大卢浮宫项目的成就和影响力显然远远超出了一般的当代建筑。这也是贝聿铭认为这个项目在他的职业生涯中最为重要的一个原因。不仅是造型的问题，同时还涉及法国的历史、社会学、工程学，以及在法国开展工程的复杂情况，法国这个国家奉行文化至上，这在美国是难以想象的。贝聿铭提到这种"令人难以置信"的缺乏对主要困难的认识，表达出了他对美国评论家感到失望，他们误解了卢浮宫项目，或者至少是低估了它。法国人是出了名的自我中心的，或者说是只考虑自己的一亩三分地，而美

从贝尼尼的雕塑基座上看拿破仑广场

国的建筑评论界有一种明显的趋势，只要是美国以外的成就，就被视为次要的。尽管只有闪闪发光的玻璃金字塔能作为它唯一的标志性结构，但大卢浮宫是 20 世纪后期委托给美国建筑师的最重要的建筑项目，而这一事实还没有被美国人充分意识到。

这个工程的规模类似于华盛顿国家美术馆东馆等那些重要的项目，但那些项目都是贝聿铭在自己的国家完成的。现在是在巴黎市中心施工，并且是把有着千年历史的卢浮宫带入 20 世纪，很少有建筑师能够这样出色地完成任务。贝聿铭的手法老练，更重要的是，他对历史的领悟使他在各种干扰面前能够做出正确的选择。密特朗愿意将自己的知名度和声誉与外国建筑师联系到一起，加上比亚西尼的预见性和强硬的作风，这些因素让贝聿铭在这种

情况下能够充分发挥才智。正如贝聿铭所感受到的那样，卢浮宫前的拿破仑广场的历史不可能靠重演或模仿来呈现，应该得到升华——不能采用同样的大石头外墙，而是必须用现代的建筑语言来表达。如果不是贝聿铭的作品中的现代性令人印象深刻，他也不会被召唤到卢浮宫项目中来，正是他在 20 世纪 80 年代早期的一系列不同凡响的精彩建筑聚在一起，给他带来了这个历史性的机会。而在这个项目之前或之后，都没有哪位法国总统对大规模的文化项目有如此浓厚的兴趣。首都工程并不是密特朗热情洋溢的文化部长杰克·朗（Jack Lang）一时头脑发热的产物，它们都是总统亲自支持的项目，各种法国权力机构都站在它们身后——任何内部的反对声音，诸如来自博物馆馆长们的，都被消除了。项目的资金没有占用文化部

双扶梯也能通向金字塔下方的主楼层

的预算——密特朗为首都工程单独安排了一笔预算。所以幸运的贝聿铭能够获得这个委托，并且能够推动项目顺利进行。当然，很明显他是在合适的时机里出现的最佳人选。可能大多数美国建筑评论家和那些偶尔才去巴黎的游客都没有意识到大卢浮宫项目的重要性，因为从地面上看，它不过是一个玻璃金字塔。事实上，这个项目是对世界上最伟大的博物馆进行的全面改造，同时还要解决与几个世纪的历史相悖的令人生畏的对抗。很少有 20 世纪晚期的建筑作品同时遇到这么多复杂的问题，也没有一个比大卢浮宫项目解决得更巧妙。

由于贝聿铭在巴黎有许多合作者，所以他能够承担起大卢浮宫改造这样重大的任务，而且还完成得这么出色。其中第一个是米歇尔·马卡里，后来他参与建造了圣德尼（Saint-Denis）的一个足球场，名叫法兰西体育场（Stade de France，2007 年）。最初是比亚西尼把马卡里

旋转楼梯环绕着圆柱形开放式电梯

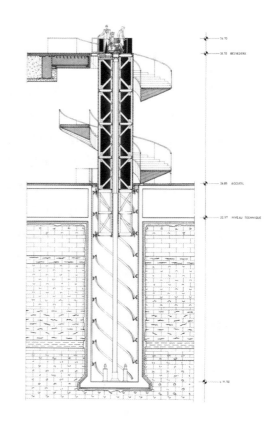

圆柱形电梯的机械图

介绍到这个项目中来的，马卡里比贝聿铭的团队更了解法国的施工方法，而且有为政府项目工作的经验。他不仅为大卢浮宫的两个阶段性建设在整体协调方面发挥了重要作用，还负责了一些重要区域的设计，比如地下购物区，以及公共汽车和私家车的停车场。即使在这些地方，贝聿铭还是划分出一些空间来自己设计。在马卡里设计的购物商场拱廊附近，他与工程师彼得·赖斯（Peter Rice）共同研究"倒金字塔"（Inverted Pyramid）——这是一个将日光引入地下空间的玻璃结构。正如贝聿铭所描述的那样，这个特殊的结构中最重要的挑战之一就是找到一种方法来保持倒金字塔内部的清洁。它靠近地面的尖端对着一个从地面升起的较小的石头金字塔的顶端。小金字塔用石头建造，使游客们特别是儿童不容易受伤，它还可以被移开，再拿掉倒金字塔的下端，方便清洁工打扫。"倒金字塔"因朗·霍华德（Ron Howard）2006年的电影《达·芬奇密码》而再次名声大噪，电影里说这个玻璃结构标示出抹大拉的玛丽亚（Mary Magdalene）的埋葬地点。

贝聿铭的团队有28人参与了这个项目，其中的三位脱颖而出。贝聿铭的儿子贝建中从一开始就是这个团队里的重要成员。莱昂纳多·雅各布森在纽约就是贝聿铭的合伙人，这次成为卢浮宫项目的项目经理。在施工过程中由于各种各样的原因，总是需要不断地调整原来的设计，法语流利的雅恩·韦穆斯（Yann Weymouth）在各方面都是贝聿铭在巴黎最亲密的合作者。随着贝聿铭得到全权代理权，他的团队"创造了一种建筑上的模式，设计师从头到尾跟进项目。因此，他们能够从头到尾地监控设计图是怎样变为现实的"[19]。这种模式的作用不容忽视，它保证了整个项目的工程质量。贝聿铭团队的专业能力也很重要，他们与马卡里精诚合作，并且一直保持着和比亚西尼的沟通。尽管法国往往以官场中的激烈内斗而闻名，但通过比亚西尼传递出了法国总统的权威，加上建筑师的声望和精良的设计，消除了潜在的反对意见，使得大卢浮宫改造项目能够在相对较短的时间里完成。

1989年3月，在玻璃金字塔的揭幕式上，弗朗索瓦·密特朗总统肯定了这个项目的伟大。"在这里，"他在电视上说，"我们站在法国历史的心脏上，旁边就是菲利普·奥古斯特的塔楼，在那里，国王第一次宣布了法国的统一。我们也挨着以前的杜伊勒里宫的旧址，那座宫殿从凯瑟琳·德·美第奇时代就在那里，这就是我们的位置。在这个激动的时刻，带着对历史的虔诚敬畏，我们也要为这里添砖加瓦。我不敢妄断法国的审美应该是什么样的，但我已经对卢浮宫做出了我的贡献。"[20]

在早期的设计图里，没有精心绘制，贝聿铭只是随意地画了几条线表现金字塔的形式。几年后，最终的结果几乎原样再现了这幅草图的样子。贝聿铭从一开始就明确表示金字塔必须尽可能透明和轻盈。由于市面上几乎所有的玻璃都因为含有氧化铁而带有绿色色调，贝聿

左页：贝聿铭为卢浮宫雕塑馆给马利庭院加上房顶

跨页：卢浮宫黎塞留馆第18展厅，美第奇画廊

铭在承包商和客户的全力支持下，和法国圣戈班公司（Saint-Gobain）共同研发了一种特殊的制造工艺，特意用枫丹白露的白砂来制作玻璃。贝聿铭介绍了幕后花絮，这个过程中有法国总统的直接参与。"有一个好客户，你就可以做正确的事情。当你用双层玻璃的时候，它只是有点发绿，但是金字塔有四个角，玻璃会重叠在一起，四层玻璃摞起来看，它就成了深绿色的，像瓶子底儿。如果你用这样的玻璃，整个卢浮宫就面目全非了，因为原来的建筑物是蜜色的。这完全不能接受。我会被法国人永远诅咒的。所以我去找密特朗，我问他：'你有白色玻璃吗？'他说：'白色玻璃是什么意思？透明玻璃？有啊，想用就用啊。'我说：'圣戈班不肯做。'圣戈班的总经理简单地说：'如果你有一千个金字塔，我肯定会给你做的，但是就一个金字塔，绝对不行。'谈话的开头部分就是这样。然后密特朗只是简单说了句'你就做吧'，就结束了谈话。所以你必须有一个好客户。"[21] 玻璃被送到英国去进行抛光，以确保它绝对平整，不会在最终结构中产生任何倒影被扭曲的现象。将675块菱形玻璃板和118块三角形玻璃板固定在稳定的金字塔结构中是一项工程挑战。工程由杰克·雅各布森（Jake Jacobson）指导，韦穆斯承担部分设计工作，贝聿铭的团队还叫来了马萨诸塞州的纳维科技公司（Navtec），这家公司在建筑界并不出名，他们闻名于世的是为美洲杯帆船赛提供了出色的帆索。纳维科技公司制造了支柱和连接点，包括用16根非常细的缆索吊起来的128根梁。

虽然包括让·努维尔在内的其他人也曾为新卢浮宫提出过挖掘地下空间的解决方案，但只有贝聿铭坚持认为在拿破仑广场上竖立金字塔是必要的，这样才能避免地下空间像一个地铁站。碰巧的是，金字塔下方的中央大厅不仅充满阳光，而且还能透过玻璃看到卢浮宫充满历史感的气势恢宏的外墙。一个巨大的旋转楼梯环绕着一部圆形的开放式电梯，通过它人们可以从地面广场下到新的主入口。贝聿铭使用了一种叫作马哥尼·多雷（Magny Doré）的法国石灰石，在旧宫殿的中心塑造了"一条船"，他把这里比喻成船的龙骨——这个比喻非常恰当，因为纳维科技公司用帆索吊起了金字塔，而且博物馆靠近塞纳河。其实早在1210年，菲利普·奥古斯特统治时期，巴黎水商协会（Mercator Aquae Parisius）就使用了一种徽章，绘有一艘乘风破浪的帆船，后来这个符号为巴黎市徽带来了灵感，至今仍在使用。进入大卢浮宫，游客的第一印象是大厅宽敞明亮，游客们可以选择四个或者说五个方向中的任意一个进入展厅——朝着"老"卢浮宫和德农馆（Denon）入口前进，可以去看萨莫色雷斯岛的胜利女神（Victory of Samothrace，约公元前200年）和达·芬奇的《蒙娜丽莎》；叙利馆（Sully）的入口通向中世纪卢浮宫的遗迹；黎塞留馆那一侧完全是由贝聿铭在项目的第二阶段重建的；向西可以走到新的购物拱廊，舒适的环境由马卡里设计。金字塔下方还有一个宽

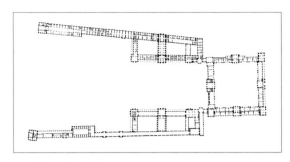

平面图显示了黎塞留馆的位置

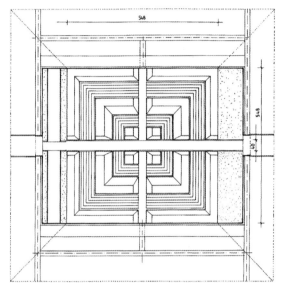

黎塞留馆天花板系统设计图

黎塞留馆的画廊照片显示出顶部照明

敞的博物馆礼堂和临时展览空间，这两样东西正是博物馆改建之前所缺乏的。向前、向后、绕着它以及下方，都留出了足够的空间，可以满足艺术品和技术设备的需要，还有一个巨大的环形隧道可以通汽车，最终使乔治·萨勒在1950年想象的给卢浮宫一个"后台"成为了现实。正如密特朗在1989年写的那样，"重新布局后，卢浮宫的中心是金字塔。一个明确的标志物绝对必要，它在形式上与老建筑对话，还带来了光"[22]。贝聿铭说："金字塔的重要之处不在于形式，而在于它使地下二层都是亮堂的。这是一个中央入口，让你可以随意选择进入卢浮宫三个方向上的展馆，不是一个，而是三个，因为它们都是相互连通的。"[23]

贝聿铭最初想在拿破仑广场种树，后来放弃了，因为法国的广场一般少有绿植。他在金字塔周围安放了黑色花岗岩喷泉，并以一种意想不到的姿态在几何图形式的入口处放了一尊乔凡尼·洛伦佐·贝尼尼的雕塑。这是路易十四的雕像的复制品。路易十四于1665年委托贝尼尼用卡拉拉（Carrara）大理石雕凿了国王骑马像，可惜没有得到王室的青睐，后来由弗朗索瓦·吉拉尔顿（François Girardon）修改过，被随意地放在了凡尔赛宫花园的尽头。贝聿铭复制了这个雕塑，并把它放在了金字塔的右侧，与香榭丽舍大街的中轴线遥相呼应。通过这种布局，贝聿铭指出金字塔不可能和著名的大道精确对齐，因为拿破仑广场本身略微偏离了轴线。这是他在向建造卢浮宫的国王们致敬，以及向伟大的贝尼尼致敬，虽然他没能有机会在法国的心脏建房子。一个扭头向后的巴洛克风格的国王骑马雕像，守卫着贝聿铭的透明钻石。

站在金字塔附近，人们会注意到玻璃和水的反射将巴黎的天空带入了建筑群。许多早期

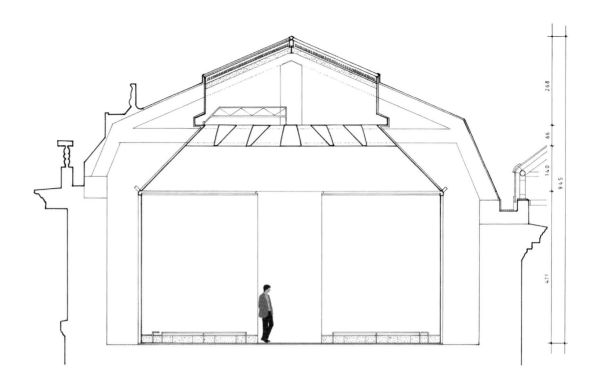

黎塞留馆二层第 16 展厅设计图

的评论家揣测贝聿铭，认为他对现代建筑的痴迷会让他将沉闷的几何形体带入显然是传统风格的环境中去，那样就犯下了不可饶恕的"罪行"，不管这些建筑之间的时间跨度有多大。其实正相反，金字塔是对法国传统有深刻理解的证据。贝聿铭仔细研究了伟大的法国园林设计师安德烈·勒·诺特尔的作品，注意到他是使用光、空气、水以及几何线条的大师，比如巴黎市长长的轴线或者凡尔赛宫的设计。金字塔的玻璃表面反射出巴黎的天空并不是偶然的，它的存在使得即使在地下的入口区域，也充满了明媚的光线。不用怀疑，贝聿铭非常诚恳地说他设计的时候并没有去联想埃及的吉萨金字塔，但金字塔的形状还是让一些人认为密特朗对纪念碑式的昂贵建筑有着和"法老"一样的品味。在仔细地测量过场地的尺寸和形状后，贝聿铭才决定了这座玻璃金字塔的比例，结果它正好与吉萨的大金字塔非常相似。和他在华盛顿选择三角形作为修建国家美术馆东馆的结构一样，在拿破仑广场出现的几何形状让

人们更容易追溯到现代主义的传统，而不是借鉴了任何历史建筑，至少是在形状上。贝聿铭刻意探索的当然是纯粹的几何形体，他在金字塔设计中对空间和光线的理解，更接近勒·诺特尔，而不是沙漠中的任何一座坟墓。另一方面，古埃及人确实将金字塔称为"mer"，字面意思是"飞升之地"。如果这个世界与另一个世界之间有什么形式的联系，那么还有什么地方比放在世界上最棒的博物馆——卢浮宫的心尖上更合适的呢？

卢浮宫标志着贝聿铭的职业生涯中一个重要的转折点。即使金字塔项目于 1988 年接近尾声，他还是坚持离开贝聿铭-考伯-弗里德合伙事务所，创办了完全属于自己的小公司——贝聿铭建筑事务所。后来他承接的几乎所有项目都在继续他所说的"发现之旅"。"我在卢浮宫学到了一些我以为永远也学不到的东西。"贝聿铭说。在他 1982 年到 1983 年的那个冬天去巴黎调研期间，主要目的当然是寻找具体的解决方案，怎样把一座古代宫殿变成巨大的博

第 16 展厅里尼古拉斯·普桑的画作《四季》

物馆，但他同时也在寻找一些无形的东西。在阐释后来的多哈伊斯兰教艺术博物馆的设计时，贝聿铭明确地说他要找到伊斯兰教建筑的"本质"。在巴黎市中心，距离勒·诺特尔最初设计的花园不远，贝聿铭也发现了一种本质的东西，即使那并不是法国文化的主要特点。勒·诺特尔的"现代性"或者说他的空间感和对几何图形的热衷超越了他所处的时代，没有巴洛克风格的繁复，而是表达了一种不会过时的永恒感觉，超过了任何简单的园林设计概念。贝聿铭说他被勒·诺特尔唤醒，使他有信心去塑造一种能够贯通古今的形式，并且要在作品中寻找文化的灵魂。在他 1989 年为大卢浮宫作的序里写道："对于法国人来说，卢浮宫不仅仅是收藏艺术品的地方，还是他们的历史中心，也是他们日常生活的核心。凯瑟琳·德·美第奇、亨利二世、亨利四世、路易十四（原文为路易十六［Louis XVI］，可能有误，应为路易十四，因为路易十六主要居住在凡尔赛宫，而非卢浮宫——译注）都是他们耳熟能详的人

物。我可不那么熟悉。我不得不学着用法国人的视角去看卢浮宫，而且必须像重视现在的环境那样考虑已经过去的历史。我知道打断卢浮宫的历史是绝不允许的，因为它的地位非常重要，以至于每一双眼睛都会立刻排斥任何新增的建筑。这就是为什么我决定像景观设计师那样工作，而不单单是建筑师。勒·诺特尔比任何人都更激励我。纯粹几何图形化的格子为金字塔带来节奏感，这恰恰是法国风格。玻璃反射出卢浮宫和天空，与巴黎的光线一起嬉戏，巴黎的光线非常美丽，又多姿多彩，瞬息万变。在我的想象中，是法国的精神赋予了喷泉、金字塔以生命力，哪怕它们是由一个美国人设计的。"[24]

法国是贝聿铭觉得还算了解的一个国家，从这里的经历开始，贝聿铭的探索之旅将把他带到日本，带回到祖国中国，还将把他引向波斯湾沿岸。贝聿铭的青年时代浸润在由格罗皮乌斯和其他人建立的现代主义中，并不太注重对历史传统的了解。他的作品也没有刻意复古，

黎塞留馆的扶梯

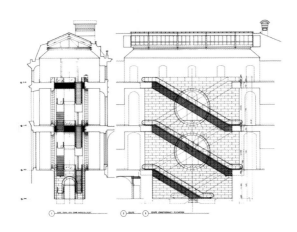

黎塞留馆的扶梯和楼梯剖面图

他所做的是寻源——删繁就简找到一种传统中固有的永恒的终极追求——既考虑到历史长河中凝聚的文化特色，又不失自身的现代主义风格。虽然贝聿铭早期的项目，例如华盛顿国家美术馆东馆，靠着他对艺术特殊的敏感，也曾考虑到了这一方水土的历史，但是直到卢浮宫项目，贝聿铭才真正梳理并确立了他的固定手法（modus operandi），并在后来的职业生涯中不断应用。在仔细研究了王宫的历史，并且

谙熟了法国的历史之后，贝聿铭找到了一种既现代化又能与历史遗迹和谐相处的解决方案。贝聿铭用 20 世纪的视角仔细审视勒·诺特尔的作品，学习他的优势，不仅使自己的建筑顺应法国文化，而且能比许多法国思想家更准确地定义法国文化的核心价值。

大卢浮宫项目的第二阶段，包括黎塞留馆，看上去没有第一阶段那样惊天动地。出于保护历史文化遗产的原因，决定保留 19 世纪建筑的外墙，尽管其内部几乎彻底被拆除了。贝聿铭团队先是与乔治·杜瓦尔合作，后来是盖伊·尼科，保留了以前财政部内部空间原有的韵味。结果呈现出的是一系列现代化的展览馆，与博物馆其他区域的富丽堂皇之间并没有违和感。该项目最精彩的部分当属由原来的内部庭院改造而成的马利中庭和皮热中庭，雕塑作品在高悬的玻璃顶棚下展出。同样重要的是，一条被称为黎塞留通道（Passage Richelieu）的过廊从庭院之间穿过，对公众开放，将金字塔与里沃利街和皇家宫殿外面的花园连接起来。这个通

拿破仑广场之下的倒金字塔

密特朗总统和贝聿铭

贝聿铭获得密特朗授予的荣誉勋位勋章

道作为博物馆团体观众的入口，是贝聿铭的新卢浮宫改造工程的关键手笔。从各方面来看，这座长达1 000米的宫殿将巴黎从中间截断了，把巴黎隔成了两部分。打通像黎塞留通道这样的路，以及在卡莱广场开通道路，通往塞纳河和艺术桥（Pont des Arts），可以使卢浮宫变得方便行人通行。当巴黎市长雅克·希拉克批准整个项目时，他特别赞赏在设计中"为城市服务"的各个方面，特别是向公众开放黎塞留通道的主意。[25] 事实上，如果执行建筑师的方案，博物馆会多出许多出入口点缀在外面，以缓解金字塔周边人潮涌动带来的压力。出于安全和预算的考虑，新博物馆在这一点上没有采纳贝聿铭的建议，后来金字塔附近排起的长龙一直被认为是个让人头疼的大问题。

黎塞留馆另一个特别吸引游客的地方是宏伟的圆形洞口后面露出巨大的自动扶梯，这使建筑变得玲珑剔透，为博物馆增加了原本缺乏的透明度。"对我来说，圆形是最完美的几何形状。"贝聿铭说，"我对这种形状印象深刻，因为我们的家族源自中国苏州，在那里经常会看到圆圆的月洞门。在美秀美术馆我也使用过它。"[26] 虽然在卢浮宫的设计中，他没有用到明显的中国元素，但可以看出，深厚的中国文化已经根植于他的思想，特别是其中的形式美和几何图形化的东西，与他偏爱的现代主义可

以相互印证，激发灵感。在黎塞留馆中可以清楚地看到贝聿铭是怎样用自己的方式诠释历史的，可能比在大卢浮宫的其他部分更明显——尽管经过彻底的改造，这里已经从一个乱哄哄的办公室变成了名副其实的现代化博物馆，但是保留的烟囱和亭子间传递出了原有的韵律。在许多方面，完工后的黎塞留馆除了自动扶梯旁的圆形开口之外，也许不能完全展示贝聿铭个人的特色。然而金字塔的地下空间与黎塞留馆之间明显存在连续性，这说明建筑的各个部分在贝聿铭心目中是一个整体。对他来说，最重要的不是以金字塔为代表的单个建筑的外形，而是要真正整合卢浮宫的各部分，实现整体性。从某种意义上说，金字塔和旁边的空间设计是名副其实的当代建筑。而大卢浮宫改造的其余部分使一个特别复杂的、层次丰富的宫殿很好地统一了起来，并成功变身为一个现代博物馆。相比于贝聿铭的其他大多数作品，黎塞留馆的设计重点并不仅仅是形式——卢浮宫19世纪增建的部分从来就没有皇家气派，所以在改造之前，卢浮宫是支离破碎的，而这次改造赋予了它从未有过的完整性。

1993年，在黎塞留馆的揭幕典礼上，弗朗索瓦·密特朗发表了一篇颇具幽默感的演讲："在选择贝聿铭上我们没有犯错，但其实也没有别的竞争者……也许这就是原因。他来到这

金字塔揭幕式中拿破仑广场上的焰火

里，起先是一个人，然后带来一个小团队，其中有他的儿子和莱昂纳多·雅各布森——现在他已经去世了。我们一次又一次地讨论这个决定，通过我听说的和我自己看到的他在美国或中国所做的作品，我深知我们值得一试。您可以看到这个决定带来了什么，结果不言自明。我一句话也不用多说了。"[27] 密特朗对他的国家的文化有着深刻的认识，特别是在文学上。在结束演讲时，他说："努力本身就是生命的喜悦，我们别无所求。我想引用同样热爱卢浮宫的作家玛格丽特·尤瑟纳尔（Marguerite Yourcenar）[28] 的话，她曾经写道：'这就是卢浮宫，是前人伟大梦想的开端，历史在这里聚沙成塔，组成了今天的世界。'她还写过：'假如你热爱生活，你就会热爱过去的时光，是那些时光组成了现在，它们活在人们的记忆里。'"总统总结说："历史为我们指明了未来的道

路。"[29] 在描述卢浮宫工程时，贝聿铭总是要提到对项目有帮助的人，其中最重要的就是法国总统。他回忆说："由于我参与了卢浮宫建设，密特朗总统于 1993 年授予我法国荣誉勋位勋章。而且不同于一般人，他特意邀请我们全家人到爱丽舍宫参加颁奖仪式。"[30]

虽然贝聿铭和密特朗的中国古典文化素养可能并不相同，然而和委托他设计美秀美术馆的日本客户小山美秀子（Mihoko Koyama）一样，他们都尊重历史。"在与贝聿铭谈话之后，"密特朗在关于博物馆的一次电视访谈中说道，"我意识到他不仅热爱卢浮宫，还喜欢法国的历史，这样他就永远不会犯错误，或者我甚至可以说不会犯罪，不会破坏环绕在我们周围的统一的法国文化氛围。"[31] 虽然贝聿铭是一个务实的人，是一个行动派，但是密特朗认识到他同时也是一个喜欢历史和文化的人。对历史

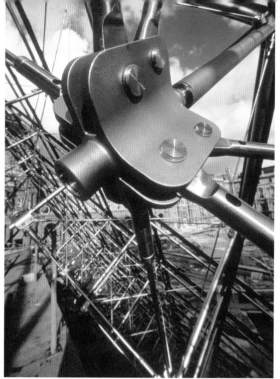

金字塔上的玻璃清洁工　　　　　　　　　　　　　　金字塔上的节点和支柱

的尊重把密特朗和贝聿铭吸引到一起，正是这种对历史的尊重"指明了未来的道路"。

　　证明卢浮宫改造成功的一个证据当然是涌入金字塔的游客人数。2006年，有830万人参观了博物馆，前一年是750万人。正如贝聿铭解释的那样，大卢浮宫改造时的规划是基于每年400万游客做的，而目前的预测显示，最迟到2010年卢浮宫每年将迎来900万游客。"我们没想到改造能如此成功，这是一个错误吗？"贝聿铭问道。"或许吧，"他自问自答，"但是还有某些因素是之前绝对意料不到的，比如2001年"9·11事件"以后，安全要求急遽上升。博物馆现在必须添加的安全系统占据了空间，也限制了游客的行走路线。"[32] 2006年，卢浮宫主任亨利·卢瓦雷特（Henri Loyrette）请贝聿铭为金字塔前面和下面出了名的拥挤难题想一个可行的解决方案。贝聿铭说，卢瓦雷特告诉我金字塔已成为"博物馆收藏中的第四大镇馆之宝——仅次于达·芬奇的《蒙娜丽莎》、萨莫色雷斯岛的胜利女神，以及米洛的维纳斯"[33]。"卢浮宫有一个特别严谨的架构，没法撼动，"贝聿铭说，"在解决复杂的功能

问题的时候，必须保持原有的空间不被损害，尤其是保证拿破仑广场的外观。"[34]

　　虽然贝聿铭已说过他不打算再承接任何大型工程，而且亨利·卢瓦雷特也明确表示，他无论是当时还是短时间内都拿不出经费来支持金字塔和相关空间的改造项目，但贝聿铭还是仔细研究了博物馆入口过度拥挤的问题。"如果你在金字塔下面做大的改造工程，怎么可能一边接待着800万人，一边同时在施工？"他问道，"66%的观众从自动扶梯和楼梯进来。目前我们在金字塔正下方集中接待游客，这可不行。关键是要把他们引导到其他地方去。把餐厅迁走不好吗？就因为他们说餐厅不是问题，就不能动吗？我建议不要设餐厅，一个好的咖啡厅就足够了。"[35] 贝聿铭承认，把卢浮宫的售票处安排在金字塔下面是他与卢浮宫的负责人共同决定的，这个主意可能不太好，因为它使得金字塔下面特别拥挤："这里本来应该是个开放空间，供人们四处逡巡发现美景，从这里他们可以看到天空和卢浮宫的外墙，这不该是一个用来排队的地方。"[36] 贝聿铭认为只要减少入口区域一边的卢浮宫书店的面积，去掉另一

穿过金字塔可以看见 1809 年建的卡鲁索凯旋门

边的餐厅，人挤人的现象就可以得到缓解。此
外，他建议旅行团应该提前领好门票，然后直
接从大巴车的停车场进入博物馆，这样可以大
大减轻金字塔下方售票窗口的压力。贝聿铭在
自己的卢浮宫发现之旅已经过去了 25 年之后，
对它的未来仍然充满热情。2006 年法国《世界
报》刊登了一篇文章，名为《贝聿铭关于改造
"他的"卢浮宫的建议》（Les propositions de
Pei pour modifi er'noc'Louvre）。37 2008 年初，亨
利·卢瓦雷特宣布博物馆将增设 23 个问询处，
不再依赖目前金字塔下唯一的信息中心。卢瓦
雷特对《费加罗报》说："贝聿铭不会负责这
项工程中的具体工作。但是对金字塔下方空间
的重新布局是得到了他的认可的。"38 第一次
宣布金字塔方案的时候，面对的是游行抗议的
反对声浪，而金字塔建成近 20 年后，只是要做
些小改造，卢浮宫的负责人却必须得到建筑师
的首肯才能开展工作。埃米尔·比亚西尼写道：
"我想，如果现在决定拆掉金字塔，公众的愤
怒肯定远远超过 1984 年。"39 贝聿铭的设计不
只是被法国人接受了，而且这里已成为最著名
的法国名胜。

关于卢浮宫的又一个工程由阿拉伯联合
酋长国一次性的资金投入资助，他们希望
在阿布扎比城对面的萨迪亚特岛（Sadiyaat
Island）上一些文化设施旁边建造卢浮宫新
馆。他们选中了法国建筑师让·努维尔来主
持这个项目，他提议展厅和公共空间都由一
个巨大的球形来覆盖。贝聿铭最近对这些项
目发表了评论，显示了他自己的方法和其他
建筑师之间的差异，比如努维尔或者扎哈·哈
迪德（Zaha Hadid）的方法，他们当时都在
阿布扎比为新博物馆工作。"从建筑上说，
养育我的不是中国文化，而是美国。正是这
种教育让我觉得有机会接触不同的文化是特
别有意思的事情。我喜欢选择在那些我并不
了解的地方工作，那里有我不了解的文化。
即使在苏州，我也不知道那个地方有多保守。
西方人看到我在苏州的建筑可能并不觉得我
做了多么不同的东西，但东方人可能就认为
我做得太过分了。苏州有太多的传统，但阿
布扎比没有。安藤忠雄（[Tadao] Ando）和
努维尔在那里能做什么呢？他们正在努力做
一些创新的事情。正如罗伯特·休斯（Robert

大卢浮宫项目组，前排为贝聿铭、埃米尔·比亚西尼、让·勒布拉特、米歇尔·拉克洛特

Hughes）所写的那样，'全新的震撼'[40]。我不做这种事，而且我也没有能力那样做。"[41]

贝聿铭明确表示，在拿破仑广场中放一个金字塔其实与造型没有关系。这样安排的原因是光线、空间和他对法国文化本质的理解，对安德烈·勒·诺特尔的纯净空间的理解。当他转而进行黎塞留馆的二期工程时，建筑的基本形就根本不是一个需要考虑的问题了，它的功能、它与历史建筑的衔接方式成为了绝对的主题。当然，卢浮宫在他的职业生涯中代表了一种自我放飞，在他退休后的项目中得到了充分的好评。"我老了，但是我做了很多，"贝聿铭在2006年说，"其实我本来什么也不用做的。保罗·戈德贝热（Paul Goldberger）[42]在1989年就给我盖棺定论了，而那一年，我又开工了五个项目，这只能算是一个开始，而不是完结。卢浮宫启发我去探索其他地方——有了卢浮宫，其他机会就源源不断地来了。"[43]虽然贝聿铭再三表示他的灵感来源于安德烈·勒·诺特尔，评论家们却似乎很难理解他宣称的现代主义与他对历史本质的不懈追求之间的联系。卢浮宫悠久的历史，以及它自身投射出的强烈的象征意义，是贝聿铭退休后的项目转型的基础。从古老的大高塔的地基到金字塔上反射出

的巴黎天空，这之间的联系与法国文化一样深邃。光线与空间聚集在拿破仑广场上，聚拢在一个建筑周围，共同服务于一座伟大的博物馆，就像作家玛格丽特·尤瑟纳尔写的那样，"历史在这里聚沙成塔，组成了今天的世界"。改造前的宫殿长长的翼楼讲述的是分裂和疏离，而大卢浮宫——贝聿铭的卢浮宫——被钢、混凝土、马哥尼·多雷砂岩和玻璃制成的脊梁牢牢地凝聚在一起。2006年，有800万个灵魂涌进玻璃门，和历史进行各种各样的亲密交谈，不仅接触法国的艺术和文化，还有整个世界文明。在人们的记忆里，再没有其他项目吸引了这样多的关注，产生过这样大的影响。卢浮宫的坚固墙壁，甚至这里肥沃的土壤，从一开始就是项目的组成部分。但在这个地方建造一个现代化的博物馆则需要一个国家的领导人、一个勤奋的团队和一个目光远大的建筑师通力合作。"你必须走现代化路线，实际上，历史也是退不回去的，"贝聿铭说，"历史就在那里，但是从那以后又发生了什么。什么是你能找到的最好的东西？"[44]虽然贝聿铭不是孤军奋战，但是他的灵感始于他在巴黎的独自探索，就是那时，他大胆地多要了四个月，用来研究卢浮宫和法国历史的意义。和往常一样，贝聿铭以

贝聿铭在金字塔中的旋转楼梯下

谦虚和保守的态度表达自己的成就。难道是这种谦虚让一些人低估了他在巴黎或其他地方的成就？"自1990年以来，"贝聿铭说，"我就对建筑造型不感兴趣了，完全不在意。设计一个看起来令人兴奋的、样子奇怪的建筑作品对我来说不再是什么挑战。我面对的挑战是真正了解我正在做的事情。最近我对学习不同文明更感兴趣。我对中国文明有所了解，显然是因为我的背景，我想我对美国历史也有所了解。但这就是全部了。我已经走遍了世界各地，但是在很长一段时间里我都并不真正了解那些文明。"[45]

对于卢浮宫项目来说，以贝聿铭的客户、法国总统弗朗索瓦·密特朗的话来结束可能是最恰当的，他说："为了让卢浮宫重新焕发生命力，必须让它适应我们的时代。现在我们成功地做到了。今天的博物馆没有任何阻碍地拥抱了老王宫，更好地展示了藏品，更好地加入了必要的服务设施，并且更好地照顾了游客。

这都来自贝聿铭和他的团队的出色能力，以及所有被调来执行这个重要项目的人不知疲倦的工作。这个项目的中心当然是金字塔。它是受人瞩目的符号和纯粹出于需求的结果；它带来了光线，参与了一场建筑形式的对话。"[46]正如贝聿铭认识到法国文化的精髓是勒·诺特尔的线条和反射，密特朗正确地理解了建筑师的成就——将光线引入了本来昏暗的宫殿，还带来了秩序，正如密特朗说的那样，几百年来的随意增建使博物馆改造前的结构让人感到窒息。建筑评论家低估了贝聿铭在卢浮宫取得的成就，一个重要原因可能是它涉及了最广义的建筑，完善建筑的日常功能，而不是单纯地追求美学效果。它与历史有着紧密的相关性，现代评论家可能不理解这一点。在卢浮宫，贝聿铭表明，过去和现在之间没有不可逾越的鸿沟，现代建筑可以融入历史背景并加以改进。对历史古迹的研究通常与当代建筑截然分开，原因是同学术上的分科有关，但在建筑理论或者实践上，其实不必分开。在贝聿铭的手中，金字塔及其所代表的项目可以被想象为对旧伤的治愈，过去几个世纪和我们今天的生活在那一刻终于和解。

从黎塞留通道中看金字塔

贝聿铭和卢浮宫项目："当然了，如果你要重修卢浮宫的话……"

埃米尔·J.比亚西尼，前法国首都工程部长

1982 年 3 月，弗朗索瓦·密特朗让我负责当时已经被称为"大卢浮宫"的项目，我的第一个想法是找到一位敢于参与这个冒险的建筑师。卢浮宫占地面积 40 英亩（约 16 公顷），位于巴黎市中心，自 13 世纪以来一直是法国历史上的一座特殊的纪念碑。每一任法国领导人都参与过它的发展。

实际上只有一位建筑师的名字浮现在我脑海中——贝聿铭。我并不认识他，但我很欣赏他在波士顿的工作，从肯尼迪图书馆到他的波士顿美术馆的增建项目，当然还有著名的华盛顿国家美术馆东馆。不约而同地，贝聿铭的同事马塞尔·布劳耶经常和我谈起他，那时候布劳耶在法国阿基坦大区（Aquitaine region）和我一起参与了一个旅游项目。在我看来，远在大卢浮宫项目之前，我就产生了希望有一天能跟贝聿铭一起工作的想法。我为巴黎项目做的准备工作之一是走访了 15 座欧洲主要的博物馆。我问每位馆长，如果现在要他们为自己的博物馆筹备扩建计划，他们有没有自己偏爱的建筑师。15 位馆长里，有 14 位都提到了贝聿铭的名字。因此，我自己那一票是投定了，但是在开始下一步行动之前，我必须先确认他愿意接受这样的委托。于是，我们共同的朋友、画家赵无极在 1982 年 10 月把我介绍给了贝聿铭和他的夫人卢爱玲，地点就选在巴黎的拉斐尔酒店。很显然，在彬彬有礼的微笑背后，贝聿铭明显对我的问题感到惊讶："重修卢浮宫？当然了，如果你要重修卢浮宫的话……"这个项目似乎很艰难，但是通过第一次会面我就明白了，如果是政府方面指定他承接，他就会有兴趣。我

的下一步是看看法国总统是否同意这样做。

我当时没有意识到这一点，弗朗索瓦·密特朗早就悄悄地想好了，请贝聿铭参与大卢浮宫项目或者别的什么文化项目，借助他的名望打响首都工程。因此，我去了纽约，给贝聿铭带去了一份为期四个月的合同，以便他对这个项目进行可行性研究。这四个月的工作完成后，弗朗索瓦·密特朗立刻于 1983 年 7 月 28 日正式指定贝聿铭为大卢浮宫改造项目的建筑师。

从那以后，我与贝聿铭就通力合作，后来成为了真正的朋友。在我们共同工作的 10 年里，彼此间的信任和友谊从未动摇，事实上对这一点我特别自豪，特别是如果考虑到项目的复杂性的话。作为这个过程中的一个很好的合作伙伴，贝聿铭为我们的工作带来了他取之不尽的智慧。除了作为建筑师的卓越才能之外，我还一点一点地发现了他有一种能力，能够在永远尊重各自特点的同时，调和两种文明中最好的东西。

如今，卢浮宫已成为一座现代化的博物馆，全面向公众开放，令人钦佩地坐落在其历史悠久的城墙内，带来民族自豪感。今天唯一真正需要面对的问题是游客的数量——1982 年约为 300 万人，1994 年为 600 万人，2007 年达到 811 万人。预计未来几年内人数将超过 1 000 万。虽然贝聿铭可以把卢浮宫变为大卢浮宫，但博物馆没法再扩大了。它的目标仍然是为所有人打开文化之门。

——巴黎，2008 年 4 月 25 日

四季酒店

FOUR SEASONS HOTEL
美国，纽约州，纽约市　1989—1993 年

虽然纽约的四季酒店可能不是经常被提起的项目，但它在很多方面都符合贝聿铭的"退休"项目中一再追求的标准。实际上，这座建筑在卢浮宫金字塔正式揭幕的前一年开始动工，在贝聿铭-考伯-弗里德合伙事务所的记录中被列为由贝聿铭负责设计的工程。该建筑位于曼哈顿的中心，坐落在麦迪逊大道和公园大道之间的第 57 街，结构突出，是中城区天际线中不寻常的灯塔——"哥谭市"（Gotham，漫画《蝙蝠侠》中想象的城市）的象征。它的顶部呈十字形，精心设计的 12 英尺（约 3.7 米）高的灯笼式天窗标记出建筑的每个缩进，达到分区的效果。这种灯笼的设计强调了外立面的雕塑感，使建筑在夜幕下独具特色。由于这块地是由两个不同街区中的三个地块组合而成的，因此确定塔楼合适的体量是项目成功的一个关键因素。就像华盛顿国家美术馆东馆非常接近美国国家权力的核心，或者卢浮宫位于法国历史文化中心一样，四季酒店也几乎位于曼哈顿地理位置上的正中心。曼哈顿是贝聿铭职业生涯中大部分作品所在的地方。虽然他曾在这座城市设计过其他建筑，但这件晚期的作品更为不凡，这将会使他的名字在美国最为国际化的大都会被永远铭记。

这座塔楼是纽约最高的酒店，高达 682 英尺（约 208 米），地上有 51 层，地下 4 层。占地面积 26 585 平方英尺（约 2 470 平方米），总使用面积达到 532 227 平方英尺（约 49 446 平方米）。酒店拥有 372 间客房。这些客房平均面积为 600 平方英尺（约 56 平方米），比纽约同类酒店客房大出 50%。建筑物低层部分（19—29 层）的标准间楼层总面积相对较小，为 8 065 平方英尺（约 749 平方米），而高层部分（32—49 层）的楼层面积甚至更小，为 5 941 平方英尺（约 552 平方米）。这种划分受限于场地面积，而且为了适应当地的要求，不是建筑师能够决定的。一套 4 444 平方英尺（约 413 平方米）的总统套房位于建筑的第 52 层。最上面三层的高度非常罕见，达到了 14 英尺 2 英寸（约 4.3 米）高。贝聿铭的建筑设计事务所里的人解释说："客户要求新酒店将'体现最高标准的奢侈感'。纽约这个城市，因为它的包容性，作为一个国际商业和文化中心，这里已经拥有了十几家四星级、五星级酒店，要想达到'脱颖而出'的效果，必须占有最好的位置，提供最高质量的服务。建筑师必须认识到这些目标，塑造出宏伟的形式，创造一个一眼就能感受到的既尊贵又豪华、恒久又喜庆的形象。这个解决方案需要确立一种能够超越时间和时尚的经典的优雅。"[1]

当谈到整个项目的起源时，贝聿铭强调了参与计划的人："我决定参与四季酒店的项目，是由于我与小比尔·泽肯多夫（Bill Zeckendorf, Jr.）的友谊，同意为丽晶酒店集团（Regent Hotels）的董事长兼创始人鲍勃·伯恩斯（Bob Burns）工作。实际的客户……是日本工业信贷银行（Japanese Industrial Credit Bank）。加利福尼亚州的一家公司恰达-思贝德合伙事务所（Chhada Siembieda & Partners）负责大堂的夹层，但我最近建议若埃尔·卢布松（Joël Robuchon）和建筑物的所有者泰·华纳（Ty Warner），请考虑把一层改成餐厅，把公寓放到建筑物的顶层去。"[2]

从第 57 街看到的四季酒店

酒店在曼哈顿的天际线中十分抢眼

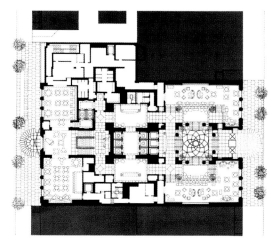

主大堂平面图，右边为第 57 街入口

现在,位于大堂后面的若埃尔·卢布松工坊(Atelier de Joël Robuchon)是公认的纽约最好的餐厅之一。华纳的公寓位于塔楼高层,需要对上半部外立面进行改造。小威廉·泽肯多夫——和他的父亲老威廉·泽肯多夫一样,在贝聿铭职业生涯的早期与他合作过——是纽约房地产界的重要人物,参与了第 86 街以北的百老汇的重建工作和联合广场的项目。伯恩斯的香港丽晶酒店集团为酒店提供开业前的服务,目前酒店由多伦多四季酒店有限公司管理。

塔楼外观的坚固效果来自其造型,也来自它使用了法国马哥尼·多雷砂岩做外墙装饰,从街面上开始,到 85 英尺（约 26 米）的高度。这种石灰岩并不是典型的纽约外墙装饰材料,而是贝聿铭为卢浮宫选用的石材,自那以后他就经常使用,尽管这是一座位于曼哈顿的建筑。第 57 街最著名的就是临街的 5 500 平方英尺（约 511 平方米）的名品商店,其中包括蒂芙尼、香奈儿和

路易威登等耳熟能详的品牌,确保了这条主干道的活力。酒店的大门宽 28 英尺（约 8.5 米）,大门上方伸出一个钢和玻璃结构的天棚,使大门特别显眼,再往上是一个直径 14 英尺（约 4.3 米）的圆洞。也许这个圆形的窗洞并不是照搬卢浮宫的黎塞留馆的类似设计,贝聿铭也不是在所有作品中都加入这个印记,在纽约当代建筑中,这种设计并不常见。然而,这是一个呼应、一种回忆、一个标志。一个过渡式门厅引导旅客进入在同一轴线上对齐的大堂,这个空间几乎是一个立方体,每边都是 31 英尺 8 英寸（约 9.7 米）,高 39 英尺 9 英寸（约 12.2 米）。大门口的这一系列空间——实际上酒店的所有公共空间墙上都镶嵌着马哥尼·多雷砂岩——用米色的法国沙萨涅石头铺地,这是又一项贝聿铭在卢浮宫用过后就一直坚持的选择。虽然正如贝聿铭自己指出的那样,他没有特意考虑夹层处的餐厅或酒廊俯瞰大堂的效果,但这个空间还是充分体现了建筑师对戏剧性的追求和空间感。门厅的玛瑙色天花板和八棱立柱强调了和塔楼外部体现出来的同样的坚固性。

就像纽约中央车站的大厅,或者广场酒店前的棕榈阁（ Palm Court ）,这些地方本身就是风景,同时也能观赏风景,这是纽约公共空间的传统——每一个大空间都讲述着纽约的恢宏气势。虽然从夹层空间里也可以看到第 57 街,但这个空间并没有充满自然光,自然光本来是贝聿铭的建筑特征,但这次由于场地的条件限制和项目的

从入口看到的大堂和前台，贝聿铭做了空间规划

密度原因，只得放弃。贝聿铭的建筑设计事务所里的人表示："四季酒店的设计旨在延续高级酒店的悠久传统，提供豪华的住宿和社交场所，特色是像个剧院一样，使得旅客和纽约人都可以在沙龙般的环境中优雅地参与社交活动。当一个人通过一个宏伟的玻璃和石材做的入口进入酒店，来到一个富丽堂皇的大堂，这传递出一种既宏大又私密的气氛。"[3] 凭借其规整的几何形状和华丽的色彩，酒店的入口空间和大堂散发出一种安静的尊贵感觉，这肯定符合客户的要求，建筑拥有了"一种能够超越时间和时尚的经典的优雅"[4]。

"天使的喜悦"钟塔

"JOY OF ANGELS" BELL TOWER
日本，滋贺县，信乐町，神苑　1988—1990 年

贝聿铭决定从贝聿铭-考伯-弗里德合伙事务所退休后接的第一个项目是一座钟塔，于 1990 年在日本滋贺县境内的信乐町附近落成。在距离京都约一个半小时车程的叫作神苑（Misono）的荒凉遗址中，宗教组织神慈秀明会（Shinji Shumeikai）已经聘请纽约双子座塔楼（Twin Towers）的设计师山崎实建造了一座名为明主殿（Meishusama Hall）的巨大神殿。这个大殿于 1983 年完工，坐落在一个占地面积 3.5 英亩（约 1.4 万平方米）的广场上，广场用意大利大理石铺就，可容纳 5 500 多人。大殿是向上弯曲的形式，灵感来自富士山，这座建筑因冈田茂吉（Okada Mokichi，1882—1955）而命名。冈田是世界救世教（Sekai Kyusei Kyo）的创始人，也被神慈秀明会的追随者称为明主。[1] 他的教义与日本神道教（Shintoism）的修行有关，要竭尽全力"创造人间天堂……只要人们的心中有美，他们的灵魂就是美的。无论言语还是行动"，他说，"应该体现出美感。这是个人层面的美。当个人的美传播开去，世界的美就实现了……"[2] 冈田的人间仙境的基础是要亲近自然、建筑和艺术的美。冈田茂吉协会成立于 1980 年，1987 年在日本热海（Atami）创建了冈田茂吉协会博物馆，每年接待超过 70 万名参观者。神慈秀明会是 1970 年从世界救世教分裂出来的，小山美秀子（被称为会主［Kaishusama］）任教主。她是东洋纺织株式会社的继承人，是日本最富有的女性之一。这个组织蓬勃发展，现在已经有几十万名会员。小山女士于 1988 年决定在神苑建一座钟塔，并遵循冈田描述的追求美的精神，开始遴选"世界上最

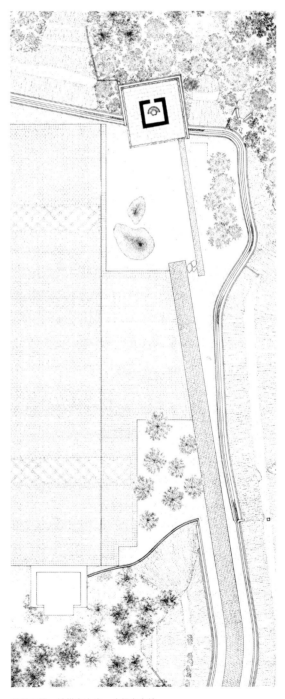

总平面图，钟塔在上方，广场在左边

从大观礼广场看钟塔

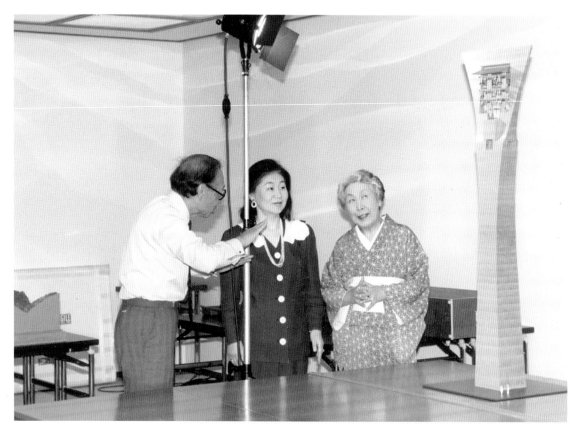

贝聿铭与客户小山弘子小姐及小山美秀子夫人

好的建筑师"。那一年，她一路寻找到纽约，在那里见到了贝聿铭。虽然历史上中日之间的关系并不总是那么融洽，但这两位热爱文化的人发现他们有很多共同语言。

1954 年，贝聿铭去京都游玩的时候曾经买过一件纪念品——一个用来演奏三味线（Shamisen）的拨片（bachi）。拨片带来了灵感，这次钟塔的设计就以它为基础迅速确定。他解释说："我没有刻意选择，这个决定不是理性的，除了碰巧拨片和钟塔都有音乐功能。一定要说的话，我只能把这个选择归入冥冥之中的天意。"[3]1988 年 2

月项目在纽约启动，1989 年 4 月完成全部设计。贝聿铭用来自伯特利的白色佛蒙特花岗岩覆在钟塔的外层，因为他发现当地的石头太黑了。神慈秀明会为这座 "天使的喜悦" 钟塔做了洗礼。这座塔高 197 英尺（约 60 米），里面有一套 50 口钟，全部由荷兰皇家埃斯博茨铸造厂（Royal Eijsbouts Bell Foundry）铸造。钟塔塔身底部是一个 23 英尺（约 7 米）见方的正方形，塔身向上逐渐变宽变薄，最后顶边达到 60 英尺（约 18 米）宽，但只有 24 英寸（约 60 厘米）厚。

对页：钟塔位于精心设计的花园旁

美秀美术馆

MIHO MUSEUM
日本，滋贺县，信乐町，神苑　1991—1997 年

当贝聿铭被问到他为何选择参与美秀美术馆的项目时，他回答说："1988 年，那时候我决定不再承接特别大的项目，只会仔细挑选小一些的项目。我在神苑完成的钟塔是这个系列中的第一个。东洋纺织株式会社的继承人、神慈秀明会的领袖小山美秀子女士当时非常活跃。多年来，她收藏了以日本和中国藏品为主的大量艺术品，想建造一座博物馆来展示它们。我非常喜欢用一个小型博物馆来展示东方艺术的想法。"[1] 关于选址，贝聿铭否定了两条溪流交汇处的第一个地点，因为这个地方要从神苑那边的丘陵往下走。然后，小山美秀子又选了一个地点，贝聿铭非常喜欢那里，但是去那里必须翻山越岭。贝聿铭提出了一个极不寻常的建议，通过建造隧道和吊桥来解决交通不便的问题。"当他们接受了在山里开隧道的提议后，我就开始对这个项目特别期待，"贝聿铭说，"这样我就可以开始考虑把通往博物馆的道路变成一种出人意料的惊喜。"[2]

贝聿铭与小山美秀子的关系在某种程度上说是建立在他们共同的文化素养的基础上。他解释说："在中国古典文学方面，小山女士受过良好的教育。她学习了所有的中国经典著作，我们可以用中文进行书面交流。所以我在描述对于这个选址的构想的时候，可以引用一部 4世纪的作品，叫作《桃花源记》。她没有忘记那篇文章。于是她立即接受了我的建议。尽管这个场地的规模和在中国的那个世外桃源不一样，但是它让我想起了典型的中国风景，有高

贝聿铭画的隧道的草图

山，有溪谷，而且云雾缭绕。你看不到整栋楼。它的主要部分集中在西面，而入口在东面。她和我对这个构想都感到非常兴奋，这就是一切的开始。"[3]

负责美秀美术馆项目的贝聿铭团队建筑师蒂姆·卡尔伯特（Tim Culbert）解释了这个特殊设计，这个创意从贝聿铭与小山女士那次关于《桃花源记》的谈话演变而来："我们特意延长了通向博物馆的道路，这条路若隐若现。经过仔细测量和精心设计，我们巧妙地安排了参观路线，按时间顺序设计了现场的观感，暗合了日本的空间（ma）原则，或者说在时间中体验空间。只有一条路通向博物馆所在的地方。游客从京都开车或搭乘公交车到达接待处，距离雪松环绕的博物馆尚有一段距离。从这里一点也看不到博物馆的建筑，它们完全被山坡遮住了。游客可以步行或乘坐电瓶车穿过山中的隧道，来到一个横跨在深谷之上的 394 英尺（约120 米）长的吊桥。当游客们进入隧道时，可

在隧道内，朝美术馆入口方向

以看到博物馆的身影出现在隧道尽头，随着人们的前进，它却似乎在后退。而当游客终于从隧道中出来时，博物馆又隐身到吊桥张开的缆索后面去了。后张式悬索桥锚固在隧道口，挑空在山谷中，结构非常独特，这种结构使得隧道到桥梁既对比强烈，又不失连续性，甚至它不对称的缆索从视觉上就像引导着进入神圣之地的入口。这座桥直接通到博物馆脚下的砖砌广场上。和传统的日本寺庙一样，要经过很多级台阶才能从广场走到位于高耸的山脊上的入口大厅。一串玻璃屋顶在起伏的山坡间渐渐露头。由于建筑物大部分还看不到，游客的第一印象就是这是一些忽隐忽现、难以捉摸的空中楼阁。"⁴

一开始，计划建设的小博物馆只是用于陈列小山美秀子收藏的日本艺术品，后来她的女儿弘子（Hiroko）开始在神慈秀明会中承担越来越多的工作，博物馆的规划也随之改变。在艺术品经纪人堀内范义（Noriyoshi Horiuchi）

的帮助下，神慈秀明会收购了大量与丝绸之路相关的物品，贝聿铭不得不重新考虑设计。"日本和西方最初是通过丝绸之路相联系的，"贝聿铭说，"我喜欢这个想法，但我没觉得为了这个目的博物馆的设计就得大改。确实，从规划的角度来看，随意增加新的部分会导致空间出现碎片化，那会伤害到整体的优雅。但是如果你在地下建造时，可能就不用太操心规划的事。从某种意义上说，这种设计救了我们——我们能够尽情扩展以满足新的需求。"⁵

这片土地长期被认为是神圣的地方，信乐町附近地区丘陵绵延、植被茂密。由于受到地方当局严格的保护，土地只能在特定条件下使用。关于项目的这一方面，贝聿铭这样概括道："建筑的结构自然地由当地的地形塑造出来，但也受到县级法规的影响。在 182 990 平方英尺（约 1.7 万平方米）的总面积中，只允许大约 21 528 平方英尺（约 2 000 平方米）的建筑暴露在地面上。所以，博物馆有 80% 是在地下

贝聿铭和工程师莱斯利·罗伯逊设计的吊桥

的。通常在项目中间我不会允许计划突然扩大，但由于它是在地下的，我就同意了。我不觉得这是什么大事，只要内部空间仍然有趣就行。新的藏品现在陈列在南馆，小山美秀子女士收购的艺术品放在北馆。"贝聿铭对他与这个特定场地的关系，以及他和日本当代建筑的关系都做了评论，特别具有启发性。他说："当然，这个地方在山上。我不想把建筑物放得太低。我认为那些台阶建得对，这才能显示出这是一个重要的建筑，就像许多日本寺庙那样。对于当地的精神、地形和历史根源，我是最坚定的追随者。你不能胡乱地、随心所欲地做一些事

情，然后希望它能自己生根。我想找到日本建筑结构的道理，比如像桂离宫（Imperial Villa of Katsura）那样的，为什么建成那个样子。我知道它们是用木头建造的，这样就有一些结构上的限制。也有天气的因素，这就解释了为什么采用人字形的屋顶。但我认为更重要的原因是风景。"[6]

在某种意义上，在美秀美术馆，贝聿铭继续寻找属于亚洲的现代建筑语言，这是他从设计北京的香山饭店时就开始的探索。这个探索中最迷人的地方是贝聿铭对他的现代主义的几何图形的依恋。"平顶房子可不适合这种风景，"

从吊桥出口处的广场看到的博物馆入口

他解释道，"特别是因为人们可以从高处的许多角度看到它。我要找到一种方式，可以在不模仿木制建筑的情况下，仍然能塑造一个有趣的轮廓。我们从四面体开始，整个结构在这个几何形状的基础上仔细雕琢，逐渐累加出来。四面体构造出了山峰和山谷。这样一来，我们特意塑造了一个日式的轮廓，但同时放在环境里也很舒服。我喜欢玻璃，不想要瓦片屋顶。

屋顶对我来说就相当于大楼的门面。"[7]

比较一下美秀美术馆与卢浮宫，就会发现很多关联性。贝聿铭在信乐町又一次使用了他喜欢的法国马哥尼·多雷砂岩，在卢浮宫他也广泛使用过。他的标志性的玻璃几何体，如卢浮宫金字塔的三角形或这里的正四面体，明显与20世纪的建筑结构创新有关，但它们也深深扎根于更古老的思想中。在这个项目上，贝聿

从博物馆的主要门户看到的吊桥

铭很明显地再现了桂离宫和日本寺庙的风格，就像伟大的法国园林设计师安德烈·勒·诺特尔的作品提醒他在巴黎利用光、空气和水。金字塔的玻璃表面反射出巴黎的天空并不是偶然的，即使它是地下空间的入口，那里也满满地涌入了光线。同样，通往美术馆的道路会让人想起传统的日式花园和寺庙设计。朝着美术馆的隧道长 656 英尺（约 200 米），通往一座长

394 英尺（约 120 米）的斜拉桥，由贝聿铭与纽约著名的工程师莱斯利·罗伯逊共同设计。隧道微妙的弧度确保博物馆的入口只有在最后时刻才能看见。虽然有小型电瓶车可供使用，但大多数游客会从停车场步行前往美术馆。这种曲折的步道在典型的日本寺庙很常见，通常在最后一刻到来之前都看不到主殿。此外，让贝聿铭说"伤害到整体的优雅"的项目扩展，

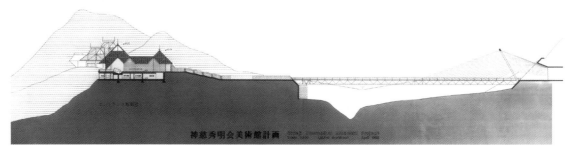

剖面图，吊桥（右侧）和嵌入地下的博物馆（左侧）

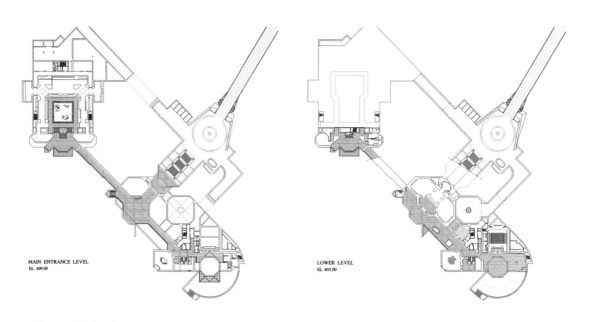

MAIN ENTRANCE LEVEL
EL. 409.00

入口楼层，吊桥在右上方

LOWER LEVEL
EL. 405.00

地下楼层，展厅和餐厅位于右下方

可能会让人想起日本古代建筑，比如桂离宫也是看上去东一块西一块的。

2002 年 11 月 2 日，美秀美术馆的吊桥获得了国际桥梁与结构工程协会（International Association for Bridge and Structural Engineering）颁发的大奖——杰出结构奖。颁奖词表彰它"轻盈的结构御风而建，体现了结构之美和艺术的优雅，同时还保护了下面的自然环境"[8]。贝聿铭、结构工程师莱斯利·罗伯逊、承包商清水建设株式会社（Shimizu Corporation）和川崎重工株式会社（Kawasaki Heavy Industries）分享了这一荣誉，通常这个奖项只授予大型工程，比如西班牙毕尔巴鄂的古根海姆博物馆（Guggenheim Museum，1997年）或巴黎附近圣丹尼斯的大体育场（Grand

Stade，2007 年）。这座桥创造性地同时应用了悬臂式、斜拉式和后张式的设计，这使得它的深度只需要 6.5 英尺（约 2 米）就够了。正如贝聿铭在美秀美术馆举行的庆典上所说的，"大约 12 年前，会主（神慈秀明会中对小山美秀子的尊称）有一个帐篷，距离这里不远，从那里我们可以看到现在这个地方。它很完美，但却不容易过去。我们环顾四周，很愉快地找到了解决方案。隧道加桥梁的方式是在不破坏自然环境的情况下前往那里的唯一办法"[9]。隧道和桥梁是贝聿铭工作中的又一个传奇，特别是在这个著名的项目中。虽然成本必定高于其他许多项目，但美秀美术馆的桥梁和隧道的设计质量及材料使用堪称典范。

在弗兰克·卡普拉（Frank Capra）1937 年

美术馆主入口区域，窗外正好可以看到贝聿铭挑选的树木

的电影《消失的地平线》（*Lost Horizon*）中，一架飞机在喜马拉雅山坠毁。乘客们迷失在神秘的中国，在藏族人的引领下来到香格里拉不为人知的山谷，在这里生活，安宁平和，人们永远年轻。电影根据詹姆斯·希尔顿（James Hilton）的小说改编，《消失的地平线》其实只不过是这类故事的最新版本，类似的故事在整个文学和艺术史上反复出现。这是关于伊甸园、关于天堂、关于失落和再次找回的故事。另一个更古老的版本就是《桃花源记》，里面是这样说的：

> 晋太元中，武陵人捕鱼为业。缘溪行，忘路之远近。忽逢桃花林，夹岸数百步，中无杂树，芳草鲜美，落英缤纷。渔人甚异之，复前行，欲穷其林。林尽水源，便得一山，山有小口，仿佛若有光。[10]

《桃花源记》的故事直接启发了美秀美术馆的设计，美秀美术馆位于日本信乐町附近的群山中。由于有着共同的中国古典文化素养，

天窗的基座，可见玻璃、钢材和石材连接的细节

贝聿铭与小山美秀子拥有丰富的共同语言，他们第一次见面谈博物馆的藏品时，就有说不完的话，说到世外桃源，"仿佛若有光"这种感觉使建筑师与他的委托人一拍即合，那是他们共同的梦想。文学艺术显然在美秀美术馆项目中扮演着重要的角色，自然环境也是如此，同样重要的还有建筑的历史。首先由世界救世教的创始人冈田茂吉创立，后来被神慈秀明会所继承，它们有一个信念："创造人间天堂……只要人们的心中有美，他们的灵魂就是美的。"

当游客们看到隧道尽头的微光的时候，这种追求几乎实现了。[11]这并不是说贝聿铭为他在信乐町的建筑赋予了特定的宗教意义。相反，他在客户划定的区域内选择了地点，然后努力综合各种需求，或者说更准确地提炼了历史和哲学的精华，并把它们糅合在绝对现代的形式里。贝聿铭自觉地挖掘过去和现在的共通之处，使它们紧紧相连，同时又满足了客户的意愿，适应了环境的需求，这使他的建筑从一般的现代主义中脱颖而出——这并不是现代主义者的

入口大堂区域，和贝聿铭最爱的马哥尼·多雷材质墙面

方法。当贝聿铭的大多数同事都在一个自我的圈子里或者在纯粹的现代主义框架内工作的时候，贝聿铭就像他自己说的那样，从他以前并不那么了解的国家和文明中汲取营养，特别是在 1989 年退休以后。综观他退休以后所做的项目，他的作品的主要追求已经变成了表现建筑所在地的文化和精神。在日本，贝聿铭深深地意识到日本民族的自豪感和悠久历史，但他也知道这个地方的文化源自他的祖国——中国。这是一个没有道破的真相，或许能通过"桃花

源"这个典故的使用体现出来，那是一个中国经典故事。对于桃花源的追寻不只是这个作品的灵感来源，它也证明贝聿铭设计建造的建筑中最看重的是文化源流和本质。渔人看到的"仿佛若有光"是一个比喻，它可能是神苑钟塔上舒展的曲线，也可能是美秀美术馆入口的角落里洒在石头地面上的万丈光芒。

小山美秀子和她的女儿小山弘子选择的藏品都不同凡响，这些藏品仿佛在讲述丝绸之路和其他文明的故事。这些艺术品的力量惊人，

画廊入口，可见埃及雕塑

典型的展厅，远处墙面上为一幅亚述浮雕

甚至能使前来休闲旅游的游客们感到震撼，比如一件埃及第十九王朝早期的祭祀用的银制鹰头神荷鲁斯像（Silver Horus）。[12] 当贝聿铭完成神苑的钟塔时，就已经走上了通往美秀美术馆的道路。他选择了三味线的拨片作为钟塔的形式，这样塔的形状就与日本的历史以及钟塔的功能联系起来，只有站在特定的地方才能明确地感受到。朝着钟塔的"神圣之路"由京都鹅卵石铺成，弯弯曲曲延伸过去，所以，游客只有在走到某个角度的时候才能发现钟塔。

蒂姆·卡尔伯特参照布鲁诺·陶特（Bruno Taut）对桂离宫的解读，将美秀美术馆的设计与日本传统联系起来："对于贝聿铭来说，设计过程通常从对基本几何形体的苦心研究和简化中得来。美秀美术馆项目与此过程背道而驰，因为纯粹的几何形体从未在设计中占据过主导地位。因此，博物馆在他的作品中可以说是特殊的。为了让建筑物融入山体，贝聿铭建造了一系列相互连接的地下空间，从建筑群的中心向四面八方扩展，隐藏大部分建筑物，使设计

在一定程度上具有灵活性。在人们面对美秀美术馆的时候，很可能会想到布鲁诺·陶特用来描述桂离宫的词——'即兴抒情诗'。就像桂离宫的之字形连接在一起的房舍一样，美秀美术馆展示了结构和环境的流动与整合。由于其不断转折的路线和处于山水中的小建筑的松散连接，整个设计中空间的尺寸和样式都不断变化，同时又没有损害整体的完整性。"[13]

虽然是小山美秀子主动找到贝聿铭，但贝聿铭早已在生命中为这个项目做好了准备。当他从干了一辈子的贝聿铭-考伯-弗里德合伙事务所退休时，目光就已经超越了美国，投向了世界。正如他在卢浮宫取得的成就那样，贝聿铭试图深入研究另一个国家的文化，试图深刻地理解另一片土地，实现自己的梦想。他曾经提到过寻找一种本土的表达方式来体现文化的精髓，最重要的是，使它现代化。在美秀美术馆，从接待亭到美术馆入口处上山的道路绵长曲折，还要穿过宽阔的隧道，走过吊桥。有人可能会说，这是受到复杂地形的限制而不得已的应对方式，但是细心的游客会发现，在日本的寺庙中，几乎没有哪个大殿是直接亮出来的。要想到达中心的神圣殿堂，人们往往需要努力攀登很多台阶，或者频繁转换方向。这并非偶然，也不是在这些地方人为地加入艺术、建筑和自然之美。美秀美术馆的主人是神慈秀明会，

北馆大堂区域，楼梯通向日本艺术展厅

他们的理念是天人合一，只要找到自然、艺术、建筑能够和谐相处的方式，人间就会变成天堂。这些思想也贯穿于日本文化的长河中，无论是以神道教还是其他形式出现。对于贝聿铭所惯用的几何图形的作用的解读各式各样，他自己也并不强加某一种解读。很明显，从他提到的中国典故以及园林设计师安德烈·勒·诺特尔来看，他的头脑中回响着历史篇章。现代主义具有巨大潜力，把它与传统风格融合到一起，完全不会违背现代主义的精神。自从贝聿铭正式退休以后，在日本、卡塔尔探寻"文化本质"的旅程，甚至也包括巴黎的工作，完全可以比

喻为穿过缥缈的桃花源发现的"仿佛若有光"。给这样一种不可思议的理想赋予具体形态,建筑师必然要受到陶渊明不会遇到的"真实"世界的限制,而石头、玻璃、钢铁就是贝聿铭选择的工具。无论是表达客户的愿望还是他自己的内心探索,在信乐町,贝聿铭沉醉在寻找桃花源的路上。

上图：美术馆消失在
繁茂的自然中

中国银行总部大楼

BANK OF CHINA, HEAD OFFICE
中国，北京市　1994—2001 年

首先是家庭的渊源把贝聿铭引到中国银行的项目中去。他的父亲贝祖诒是创建中国现代银行系统的元老。贝祖诒出生于江苏吴县，1911 年毕业于苏州大学（Suzhou University，实际应为今天的苏州大学前身东吴大学——编注），1915 年在北京加入中国银行，1927 年成为中国银行上海分行的经理。1941 年，贝祖诒被任命为中国银行代理总经理，1944 年 6 月在布雷顿森林会议上为中国代表团成员，1946 年和 1947 年担任中国中央银行行长。[1] 在离开祖国多年后，贝聿铭和他的家人获邀于 1978 年访问中国。其间，他们就各种问题交换了意见，他与政府官员讨论了故宫周边的建筑环境，明确提出这个地区新建建筑的高度必须受到严格限制，这样才能保住从宫墙内看到一览无余的天色。正如他所描述的那样，他的建议很快就被接受了，因为周恩来总理也曾对北京市中心的高层建筑表达过保留意见，观点与他非常相似。[2] 贝聿铭在中国的第一个项目是北京近郊的香山饭店。部分原因可能还是基于他的家庭背景，在贝聿铭的父亲去世前不久，他受邀设计建造香港中银大厦，1989 年完工。中国银行现在位列四大国有商业银行之中。鉴于他们家族的历史，中国银行自然再次邀请贝聿铭合作，并且同时邀请了他的儿子贝礼中和贝建中，以及他们的公司贝氏合伙人建筑设计事务所共同设计北京总部。贝聿铭被聘为该项目的设计顾问，他的儿子担任首席建筑师。

可以说，项目选址遇到的困难之一就来自建筑师自己当年的提议，银行位于故宫附近，这里有严格的不能超过 148 英尺（约 45 米）的高

银行大楼远景，可以见到标志性的尖角天窗

度限制。银行总部办公室位于十字路口，一边是南北向的商业街西单大街，另一边是城市中主要的东西轴线长安街，这条街直通天安门广场。建筑的主入口位于街角，突出了建筑的显赫位置，顶部是一个带尖顶天窗的接待大厅，正如贝氏建筑事务所描述的那样，"同时俯瞰着古老和现代的城市"[3]。这座建筑体量巨大——占地面积为 180.8 万平方英尺（约 16.8 万平方米），15 层高，包括一个壮观的 130 英尺（约 40 米）高、180 英尺（约 55 米）见方的中庭，由两个拐角形（L 形）办公大楼包围着。在里面，银行办公室俯瞰着中庭。中庭花园装饰着从云南石林运来的 40 美吨（36 吨）巨石。[4]

入口大堂和尖角天窗

北京老房子的屋顶，后面可以看到中国银行总部大楼

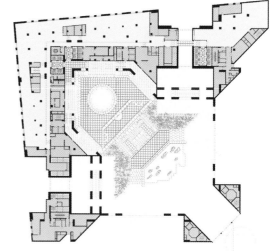

二层平面图

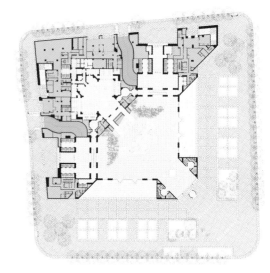

一层平面图

对页：贝聿铭为银行大堂挑选的石头和树木

贝聿铭对中国园林的浓厚兴趣，在苏州博物馆中更多地表现出来。在北京他找到了一个方法，能够在 14.5 万平方英尺（约 13 470 平方米）的场地上，部分缓解建筑物的密度过大的问题。贝聿铭从位于上海西南方的杭州运来 65 英尺高（约 20 米）的竹子，栽种在公共区域和银行大堂，明显表达出一种意图，让中国文化可以在现代世界中找到自己的位置。花园旁边的大型圆形开口让人想起卢浮宫黎塞留馆的相似结构，同时也让人联系起在中国古代建筑中反复出现的月洞门的主题。贝聿铭经常表示他希望找到属于当代中国的"现代主义语言"，很显然在香山饭店和苏州博物馆项目中，他都在进行不懈的探索。中国银行

总部大楼没有特别明显的中国古典元素，也许是因为它密度大和规模庞大，但也可能是因为客户对现代性的渴望比起体现中国传统文化的需要更为强烈。

一个拥有 2 000 个座位的礼堂建在中庭的下面，旁边是餐厅。这里有不少于 100 万平方英尺（约 9.3 万平方米）的办公室和 14.5 万平方尺（约 13 470 平方米）的空间用于出租，建筑的宏大规模可见一斑。表面大量使用石材装饰，外立面用的是浅黄色的意大利石灰岩，楼外步道铺设的是中国的灰色花岗岩，标示出建筑物的范围，强调了结构的坚固性以及银行本身的坚韧风格。在室内的公共区域和银行大堂里，贝聿铭选择用罗马

银行主厅顶上的网状天窗

石灰石、灰色花岗岩和大理石来装饰地面和墙壁，天花板用的是自然阳极氧化铝板。

虽然并不是总能很明显地看出建筑的哪些特征是属于贝聿铭的，但中庭是一个能够感受到贝聿铭风格的区域，从花园到中庭玻璃的三角形网格，让人回想起他的其他许多作品，比如卢浮宫的内部庭院。在2002年的一次采访中，贝聿铭确认了这一点，并且以自己的方式讲述了项目的故事："我的父亲曾是中国银行的总经理，一直

到1948年。在新政府接管后，所有的银行都被国有化了。结果就是，我们全家都离开了中国，我以为这将会结束我们所有的关联。但是一位新的银行总经理在我父亲还在世的时候来看望他，问他他的儿子是否可以为中国银行做一些工作。在父亲允许的情况下，我接受了第一项委托，来设计香港的第一座中国银行相关建筑。很多年后，这座在北京的中国银行建筑才来找到我。我告诉银行方面我做不了这么大的项目了——非常中国

银行大厅外面的室内设计具有明显的贝聿铭风格

能容纳 2 000 人的大礼堂

起。于是我就设想那个空间可以当作银行大厅和会面场所。银行大厅是开放空间的一部分，上下两层都做银行业务。因此，这个开放空间成为了银行接待大厅，而不是一个广场。这样，银行方面的官员才接受了这个方案。"⁵

对页：银行大厅中开的圆洞——卢浮宫的黎塞留馆也有类似设计

式的。他们说，你的儿子呢？最后，确实是我的儿子接手了这个项目，但我在中庭部分做了很多工作。中庭的解决方案要同时兼顾场地和银行的需求。场地面积有限，当地的政策又规定它不能超过一定的高度。你必须把整个设计压缩到非常有限的面积里。为了让数百个办公室都能拥有一个窗户，唯一的解决办法是在中间留一个洞。既然中间已经留了一个大开口了，为什么不把它变成一个室内广场呢？这种广场不是东方概念——中国人觉得它没用。他们不鼓励很多人聚集在一

让大公现代艺术馆（穆旦艺术馆）

MUSÉE D'ART MODERNE GRAND-DUC JEAN（MUDAM）
卢森堡　1995—2006 年

艺术馆全景，远处是主城区

贝聿铭设计的几何图案天窗为中庭带来了光影变化

　　卢森堡让大公现代艺术馆，俗称"穆旦艺术馆"，坐落在基希贝格（Kirchberg）高原，那里比卢森堡主要城区高出一截。艺术馆建在以前的图根要塞（Fort Thüngen）的土墙上。平面布局呈箭头形，来自以前的防御工事，最初由法国著名的军事工程师塞巴斯蒂安·勒·普雷斯特雷（Sébastien le Prestre）设计，人称德·沃邦领主（Seigneur de Vauban），后来成为沃邦侯爵。由于常年遭遇外敌入侵，卢森堡城发展成为有史以来建造得最复杂的堡垒之一，令人印象深刻——坚不可摧，以至于它被称为"北方的直布罗陀"，

防御措施包括三道护城墙、二十四个要塞和一个17 英里（约 27 千米）长的人造地下洞穴系统，称为避弹堡（Casemates）。在 1867 年《伦敦条约》（Treaty of London）宣布卢森堡中立后，这座堡垒被拆除了，但其中的一部分，比如前面提到的图根要塞遗址，仍然可以辨认出来。这座要塞以奥地利指挥官冯·图根男爵（Baron Von Thüngen）的名字命名，建于 1732 年，作为沃邦 50 年前建设的区域防御工事的完结部分。在1870 年和 1874 年，要塞被大规模拆除，只有被称为"三颗橡子"（Three Acorns）的三个圆塔

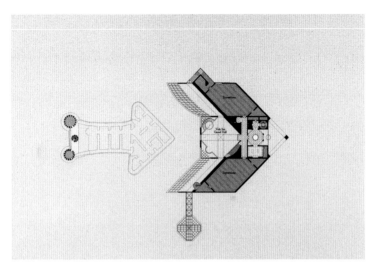

三层平面图

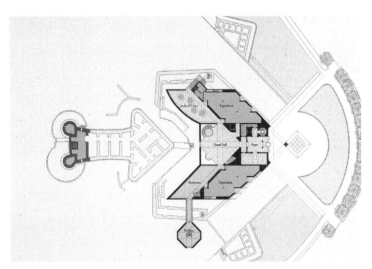

二层平面图

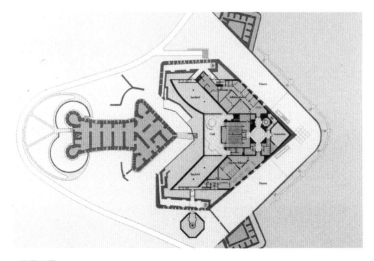

一层平面图

以及 1991 年发现的地基墙残存下来。

与贝聿铭一贯的选择一样，这个博物馆位于战略位置，从某种意义上说，它见证了这座城市从古老到日益现代化的今天的全部历程。博物馆建在原来的外城墙上，城墙围绕着从前的堡垒，呈箭头形布局。贝聿铭解释说："堡垒的地基状况非常糟糕。这个规划是沃邦制定的，但建造的时候是奥地利人，他们用了好多碎石。委托方要求必须沿用要塞原来的布局，那是箭头的形状。几何形状倒是很简单，最困难的问题是加固地基。他们坚持要求必须保护旧的地基，所以我们不得不在旧墙内建造新的现代地基。"[1] 由此产生的设计是不对称的，V 字形建筑的一侧悬挑在废墟上。正如项目的官方描述所说的，"建筑意图是将年久失修的城墙与新建筑融为一体，使用原有场地，见证并延续这座遗址的悠久历史"[2]。

政治原因导致了项目长期拖延，贝聿铭设计博物馆的时候，这里还没有任何特定的收藏。在馆长法国人玛丽-克劳德·毕奥德（Marie-Claude Beaud）的指挥下，2006 年 7 月揭幕时，一系列精心挑选的当代艺术品齐聚一堂。贝聿铭在博物馆的墙上、护栏上，还有许多室内装饰上都使用了和卢浮宫一样的蜂蜜色马哥尼·多雷砂岩。艺术馆最壮观的空间是 141 英尺（约 43 米）高的大厅，揭幕的时候，这里陈列着中国艺术家蔡国强创作的一件作品。大厅之所以需要如此巨大的体量，是因为这里有时需要为大公国的正式晚宴提供场地，要能容纳 500 人。穆旦艺术馆建在克里斯蒂安·德·波特赞姆巴克（Christian de Portzamparc）设计的流线型的卢森堡爱乐乐团音

艺术馆入口附近的公园区

乐厅（Philharmonie Luxembourg，2003 年）旁边，为卢森堡政府升级文化机构的计划做出了巨大的贡献。

穆旦艺术馆耗资 9 000 万欧元，三层楼共有 31 215 平方英尺（约 2 900 平方米）的展览空间，总使用面积为 11.3 万平方英尺（近 10 500 平方米）。第一层包括接待处和迎宾大厅，没有柱子，有一个带玻璃顶棚的冬季花园和雕塑庭院。主要展览空间位于上面一层。地下一层设有两个展厅，还有行政和策展办公室，以及一个拥有 128 个座位的礼堂，地下二层则包括艺术品仓库、文物修复实验室和设备间。

贝聿铭对项目的回忆，显示出他对内在形式和性质的洞见："卢浮宫金字塔于 1989 年开放，到今天仍然存在争议。就在那个时候，这个项目

最初的客户，当时任卢森堡首相的雅克·桑特（Jacques Santer）到纽约来看我。和密特朗一样，他决定跳过招标竞标环节，直接指定我来做这个项目。那里当时还没有任何藏品，但是人们希望大公夫人能把她的收藏拿到新艺术馆来，我在那里设计了一个特别展馆，希望能够吸引到她。但她最后什么也没有拿出来。"[3]

尽管经历了漫长的酝酿时间，但这个项目有一个好处，就是客户和建筑师之间的关系相对稳定。正如贝聿铭解释的那样，"雅各·桑特卸任首相职务后，成为欧盟委员会主席（1995—1999 年），然后作为欧洲议会议员（1999—2004 年）去了斯特拉斯堡。回到卢森堡后，他就当了博物馆委员会的主席。让-克洛德·容克（Jean-Claude Juncker）在他之后继任卢森堡首相，他对

主中庭和中国艺术家蔡国强的作品

该项目持中立态度，从某种意义上说，他允许桑
特先生继续领导这个项目"[4]。

虽然客户与建筑师建立了良好的关系，但完
工后的建筑与建筑师最初想象的完全不同。"这
对我来说是一个不愉快的项目，"贝聿铭说，"其
中一个问题与选址有关。1990 年，他们给我两

个地点让我选：一个是市长莉迪·沃思-波尔费
（Lydie Wurth-Polfer）喜欢的，另外一个是首相
雅克·桑特推荐的地方。我研究了这两个地点，
然后选了桑特先生建议的那个。它位于军事要塞
之上，我特别感兴趣。老建筑的一部分还在，而
在后面部分只剩下地基了。最初的计划是通过遗

旋转楼梯从主中庭通向艺术馆下层

址结构进入新艺术馆，以便游客了解要塞的历史。我接手这个项目的时候，客户没有什么明确的要求。这个项目要求这么多的展览空间，我相信他们的目的是吸引大量的游客。可是那时根本没有藏品，所以我只能发挥想象力。如果我要征集展品，我该怎么办？我会创建不同的部分，每个部分都有自己的特征。大幅绘画在一个地方，素描需要比较低矮窄小的空间。我的设计获得了批准，但很快又遭到了反对。国家古迹保护部门（Service des Sites et Monuments Nationaux）站出来说我不能用古建筑作为入口，于是我不得不把后门改成前门。但我坚持了下来。下一场战斗是预算，

从下方看旋转楼梯，可以看到中庭天窗

这倒是一个经常出现的状况。他们说博物馆太大了，所以我缩小了它的面积。政治分歧不断引发新问题。在项目进行的 15 年中，至少有 7 年甚至更长的时间都浪费在这些争论中了。另外一个胶着的问题是我指定的石材。我想使用我在卢浮宫用的那种马哥尼·多雷法国石灰岩。毫无疑问这是世界上最好的石材。最后我赢得了这场战斗。"[5]

与卢浮宫以及贝聿铭离开贝聿铭-考伯-弗里德合伙事务所以后的其他项目一样，他对建筑物的选址极为关注。由于贝聿铭的声望与日俱增，他拥有了越来越多的自由，已经可以奢侈地随心所欲地选择他喜欢的地点。他说："这是卢森堡最著名的景点之一。艺术馆占据了一个极好的位置，可以俯瞰老城区。"[6]事实上，艺术馆建在18 世纪的要塞地基上，在一个以其强大的防御工

水景花园里成熟的植物

事而闻名的城市中，用独特的方式将穆旦艺术馆
与脚下的土地和国家历史联系起来。这并非特意
向沃邦致敬，但是贝聿铭出于实用的考虑，仍然
遵循了箭头形的平面规划。

　　鉴于贝聿铭的偏好，他以两个基本要素来评
价这个项目：光线和几何形状。正如贝聿铭所说：
"建筑真的是空间和形式的问题。为了让空间和
形式变得富有生命力，你需要光。没有比自然光
更好的光线了。在大教堂中，使用玻璃的面积非
常有限，但现代技术允许在建筑表面大面积使用

玻璃。把实体的墙壁和玻璃结合起来，就像在这
两种材料之间做游戏——光线会在墙面上画画。"
他对几何图形的崇拜给穆旦艺术馆带来了特定的
现代主义基调。贝聿铭解释说："在我的作品里
很早就开始用几何图形了，因为在美国，城市内
部都是按几何图形排列的。直到弗兰克·盖里
（Frank Gehry）之前，大多数当代建筑都是非常
规整的几何图形。几何是设计原则，我是个遵循
原则的人。"[7] 在卢森堡，贝聿铭设计的基本几
何形状是基于 17 世纪沃邦想象中的形式。贝聿

铭再一次用他的严谨铸就了这个造型，或者可以
说再一次强调了历史与现代主义之间的联系，这
种联系在贝聿铭晚期的作品中变得越来越重要。

上图：各式各样的材料：
石头、玻璃、钢材和谐
地结合在一起是设计的
主要特色

德意志历史博物馆（军械库）

DEUTSCHES HISTORISCHES MUSEUM ZEUGHAUS

德国，柏林　1996—2003 年

远观旋转楼梯，及军械库立面

　　弗雷德里克三世（Frederick Ⅲ）是勃兰登堡的选帝侯和普鲁士第一任国王。1695 年 5 月 28 日，正是他在柏林为当年的军械库奠基第一块石头，那里最终成为了德国历史博物馆。[1] 建筑师约翰·阿诺德·奈林（Johann Arnold Nering）做出了建筑布局规划，1706 年由让·德·波特（Jean de Botd）确定了最终的外部形式，但整个工程直到 1730 年才完工。1731—1876 年，它被用作普鲁士军队的军械库，是古老的富于传奇色彩的菩提树下大街（Unter den Linden boulevard）上年代最久远的遗迹，也是整个城市中最古老的巴洛克式建筑。因此，它在德国建筑的圣殿中拥有非常特殊的地位，特别是这座都城在第二次世界大战临近结束的

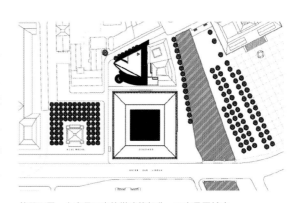

总平面图，上方是贝聿铭增建的部分，下方是军械库

时候遭受了巨大的破坏，那之后老建筑变得尤为珍贵。实际上，在 1944 年和 1945 年的大轰炸中，这座建筑也同样遭到了严重的破坏。

　　1815 年，建筑师卡尔·弗雷德里希·申克尔（Karl Friedrich Schinkel）受命对这座

右边是军械库一角，左边是贝聿铭增建的部分

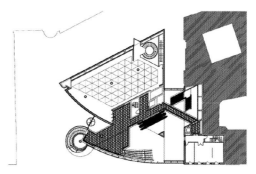

二层平面图

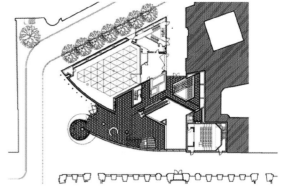

一层平面图

建筑进行修复，以展示皇家收藏品。当皇家武器和模型收藏展于 1831 年首次向公众开放时，申克尔还参与了展览设计。威廉一世皇帝（Wilhelm I）在 1877—1880 年命弗雷德里希·希齐希（Friedrich Hitzig）重建了军械库，建造成了"勃兰登堡-普鲁士军队的先贤祠"（Pantheon of the Brandenburg-Prussian Army）。后来，直到 1944 年，纳粹在军械库的开放庭院举行了许多游行和纪念活动。1945 年，盟军指挥部下令关闭了这座建筑，因为当时它被称为"军械库战争博物馆"，1948—1965 年又进行了重建。1987 年，德意志联邦共和国和柏林大区建立了德意志历史博物馆（Deutsches Historisches Museum），又称德国历史博物馆（German Historical Museum）。1987 年 10 月 28 日，时值柏林建城七百五十周年纪念日，联邦总理赫尔穆特·科尔和柏林市市长埃伯哈德·迪普根（Eberhard Diepgen）在德国国会大厦签署了建立博物馆的协议。

最初计划在国会大厦附近建造一座新建筑。意大利建筑师阿尔多·罗西（Aldo Rossi）于 1988 年中标了这个项目，但 1990 年德国的统一改变了这些发展规划。为了更好地满足历史博物馆的需求，最后决定扩建军械库。特别是考虑到它的位置，军械库坐落于菩提树下大街，那里是柏林老城的中心，而且离博物馆岛（Museuminsel）不远。博物馆岛最近由大卫·奇普菲尔德（David Chipperfield）领导部分重建工作。原本位于德国国会大厦旁边罗西中标的那块地被留下，用于建造一个新的总理府。

贝聿铭在 2002 年的一次采访中讲述了他参与这个项目的过程："这个项目来自总理赫尔穆特·科尔。我认为这个地点非常重要，尽管它很小，而且从菩提树下大街上根本看不到。它位于由卡尔·弗雷德里希·申克尔设计的两座重要建筑之间，申克尔被许多人视为德国最重要的建筑师。[2] 新建筑是被称为军械库的已有的德国历史博物馆的一个增建部分，主要陈

夜景：贝聿铭馆和军械库中间的通道

列普鲁士人收藏的军用物品。那里没有永久收藏。然而它拥有用于临时展览的画廊，旨在告诉全世界另一个关于德国历史的故事，这正是科尔总理想要的。"[3]贝聿铭进一步评论道："这是一个非常难处理的地点，靠近申克尔所建的新哨所（Neu Wache），是这个项目的主要特色。明眼人一下就能看出来，我造那个旋转楼梯就是要努力把两者连接起来。"[4]新哨所是申克尔设计的，建于1816年。这幢建筑最初是普鲁士王储部队的哨所，1931年以后用作战争纪念馆。

新建筑叫作临时展览大楼，俗称贝聿铭馆。不算原来的军械库，新建筑有100 105平方英尺（约9 300平方米），位于军械库加农炮铸造工厂的旧址上。这是一座独立的建筑，其中2.7万平方英尺（约2 508平方米）用作临时展厅、礼品商店、咖啡厅和餐厅。它通过军械库后街的地下通道与德国历史博物馆已有的建筑相连。项目包括一个覆盖军械库庭院的大型玻璃天窗。两座建筑间的连接部分不能影响柏林市重要的景观走廊，否则方案没法获得批准。所以，不能封闭隔开新建筑与旧建筑的小巷子。游客要想进入临时展览大楼，就必须穿过军械库中贝聿铭加了玻璃顶棚的庭院。[5]"这是一个重要的成就，"贝聿铭说，"就是把军械库和展览厅通过地下部分连起来。我们把军械库的户外庭院从一个大炮展示区变成了一个有玻璃顶棚的宜人庭院。连接处是设计中最重要的部分。"[6]所以去贝聿铭馆只能走地下通道，是四层高的玻璃大厅和玻璃楼梯为游客提供了足够的机会去欣赏军械库和其他相邻的建筑。这两个建筑在第三层和第四层也有连接，方便人

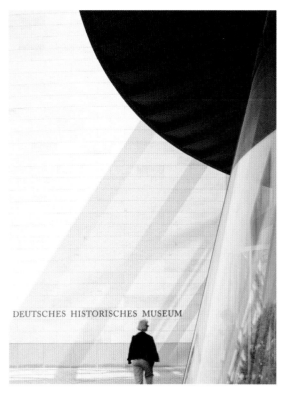

空间宽阔、光线充足的入口区域

朝向军械库的玻璃幕墙前面的楼梯

们在军械库的展览和贝聿铭馆的临时展览之间自由移动。新建筑的一个明显的标志是一个拥有玻璃外墙的旋转楼梯。当被问到为什么设计这个元素时，贝聿铭回答说："因为占地面积非常有限，我们有四层楼的展厅；怎么把所有展厅连接到一起成了一个重要的问题。在这个博物馆中，我们用四种不同的方式连接每个楼层——每上一层的变化都是物理上和视觉上的新体验。"[7] 这个楼梯就是贝聿铭在解释他与旁边申克尔建的新哨所建立联系时所指的旋转楼梯。

新楼建在一个三角形的地段，类似于华盛顿国家美术馆东馆。建筑主要使用了贝聿铭喜欢的砂岩，楼梯和过梁用了混凝土。新建筑中展示区域过于复杂，遭到了一些批评，有些特殊的布局是由于受到三角形规划和形状的限制。其中一个分隔墙上的巨大圆形开口让人联想到卢浮宫黎塞留馆中同样的几何形状。当被问及这个元素时，贝聿铭回答说："对我来说，圆形是最完美的几何形状。因为我的家庭源自

中国的苏州，所以我对这种形状印象深刻，那里的建筑经常使用月洞门。我在美秀美术馆中也用了这个形状。"[8] 在这里和其他地方一样，不只一种深层的传统根源贯穿于贝聿铭的建筑，用简单的几何图形呈现出来——这是一种一往无前的现代主义。这也可以被视为一种努力，追寻过去、现在和未来之间的联系，这种探寻在当代建筑中实在是难能可贵。

1995 年 10 月，贝聿铭获得赫尔穆特·科尔总理的委托。设计方案于 1997 年 1 月提交给科尔和柏林参议院。1998 年 8 月 27 日，总理和贝聿铭出席了奠基仪式，项目于 2000 年春季开工，2003 年落成。揭幕时举办了两个展览：一个是"欧洲的概念——永远的和平"，描绘了欧洲几个世纪的悠久历史和文化多样性；另一个在上层展出的展览名叫"贝聿铭的博物馆建筑"，展示了贝聿铭的建筑设计图、规划图、模型和照片。

从建筑学的角度来看，这个地点有局限性，再加上历史的渊源，使柏林项目变得特别复杂。如果说有一个元素始终贯穿在贝聿铭的"后贝聿铭-考伯-弗里德时代"的工作中，那么可能就是他会认真地、有目的性地研究他所使用的

天桥和玻璃墙面在石材上投下光影

地点的历史。在德国历史博物馆临时展览大楼这个项目上，贝聿铭宣称："我老是在想着申克尔……申克尔……申克尔。但是你知道我不能重复新古典主义的东西。我们生活在21世纪。我们的建筑必须是现代的。与此同时，我们又必须尊重历史。只要使建筑变得透明，就没有

风格上的冲突。通过这种方式，我既尊重了历史，同时又可以说我们已经进入了21世纪。"⁹贝聿铭的透明工程也可以说是对军械库复杂的军事历史的回应，军械库本身必须遵守坚固厚重的原则——实际上是完全封闭的——完全不可能向公众展示什么。这个项目直接来自德国

一间展厅按需要从侧面引入自然光

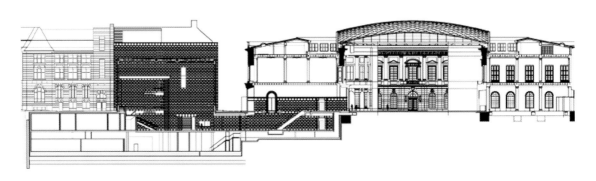

剖面图，新、旧建筑通过地下通道连接

总理的委托，在一个高度敏感的地点上把新、旧德国联系在一起——就像在巴黎或华盛顿那样——贝聿铭的设计直击民族精神的核心。华盛顿特区的新古典主义建筑或卢浮宫表现出的不同时代和风格的混搭，可能都不是引入现代主义的最佳地点。对面是一个修缮后的巴洛克式历史建筑，位于德国最具象征意义的大街上，这种挑战更明显。或者说这里更像一个孕育出历史事件的庭院，其中一些事件并不那么光彩。在这里贝聿铭也没有强行把现代主义与历史的包袱捆绑在一起。他的作品表明德国已经进入了一个新时代，其中"欧洲的概念"取代了普鲁士的民族主义或军国主义。尽管非常尊重它的邻居，但贝聿铭馆展示出来的轻松和谐的风貌，与军械库的厚重还是形成了鲜明对比。

对页：从旋转楼梯上仰视玻璃屋顶

奥尔亭

OARE PAVILION
英国，威尔特郡   1999—2003 年

奥尔别墅位于英格兰威尔特郡，周围环绕着占地 96 英亩（约 38.8 公顷）的树林和田地庄园，包含一个占地 8 英亩（约 3.2 公顷）的正规花园。在这里，贝聿铭建了他承接的最小的建筑，一个 3 110 平方英尺（约 289 平方米）的独立的亭子——奥尔亭，用于赏景、娱乐和接待客人。贝聿铭于 1999 年 10 月接受凯瑟克（Keswick）家族的委托建造这个亭子，并于 2003 年初完成。别看尺寸不大，但这座建筑很明显具有贝聿铭晚期作品的风格，还让人联想到美秀美术馆设计的一些特点，这一点也得到了贝聿铭本人的确认。当被问起为何选择威尔特郡时，贝聿铭回答说："这是一个英国花园里的茶亭。茶亭是欧洲的传统。这座建筑与美秀美术馆有关。几年前，一位女士从伦敦远道而来，前往美秀美术馆参观，回来告诉她的丈夫，这是她去过的最宁静、最具有神性的地方。她想建一个小亭子，用这种方式创造一些能让她回想起美秀美术馆的东西。这位女士的夫家碰巧与中国大有渊源。当凯瑟克太太向丈夫提到我的名字时，他说他知道贝氏家族。"[1] 就像往常一样，一旦有人问及项目的设计特点，贝聿铭总是以正式的建筑术语作答："这个结构是一个 43 英尺 × 43 英尺（约 13 米 ×13 米）的八角形。亭子入口在最下面一层。在亭子正中心有一个类似天井的方形开口，爬上台阶，穿过四方的开口，您就从下面钻进了茶亭的主要空间。在这里，有 360° 的全景景观，非常漂亮。结构框架是在莱斯利·罗伯逊的协助下设计的，他与我在香港的中银大厦项目和美秀美术馆项目的吊桥上都曾合作过。"[2] 这里有闪闪发光的、巨大的玻璃窗设计，这种结

茶亭重现了 18 世纪花园传统的装饰性

构让人想起美秀美术馆和卢森堡的穆旦美术馆的玻璃屋顶。

中国最早记录的饮茶历史可以追溯到公元前 1000 年，但直到 780 年陆羽写就《茶经》三卷，茶才正式成为中国文化的组成部分。在 17 世纪早期，荷兰东印度公司的一艘商船抵达阿姆斯特丹，第一次把绿茶从中国带到了欧洲。1636 年，茶叶开始在法国走红，但直到 17 世纪 50 年代茶叶才通过咖啡屋介绍给英国人。这是一个有趣的历史巧合，贝聿铭的奥尔别墅茶亭是为凯瑟克家族建造的。亨利·凯瑟克（Henry Keswick）是怡和洋行的董事长。在荷兰东印度公司逐渐失去

亭子单纯的线条和悬挑结构使建筑同时具有轻巧和坚固的感觉

了在中国的贸易垄断地位后，1832 年，苏格兰人威廉·渣甸（William Jardine）和詹姆士·马地臣（James Matheson）在广东创办了怡和洋行，1834 年，怡和洋行向英国运送了第一批私人茶叶。1836 年，这家公司推动了香港开埠通商。怡和洋行还做过一件著名的事，它于 1897 年在香港开设了第一家纺纱和织布工厂，第二年，它帮助建立了天星小轮公司（Star Ferry Company）。正是亨利·凯瑟克的妻子、伦敦政策研究中心副主席泰莎·凯瑟克（Tessa Keswick）造访了美秀美术馆，发现了贝聿铭的建筑。

在 17 世纪早期，荷兰东印度公司为欧洲带来了茶叶，掀起了一股"中国热"，人们对于中国的器物以及建筑风格趋之若鹜，尽管对中国的这些认识往往并不准确。在这种狂热驱使下，它们创造性地建造了许多奇特的建筑，比如瑞典皇宫的中国厅（1753 年），以及斯德哥尔摩皇后岛宫（也叫卓宁霍姆宫［Drottningholm Palace］），还有在德国波茨坦的无忧宫（Sans Souci）里由约翰·戈特弗里德·布灵（Johann Gottfried Büring）设计的中国房子（1755—1764 年）。奥尔别墅茶亭与 18 世纪的这种中国热不同，因为它并未模仿中国建筑元素。这个项目的背景颇不寻常，一位中国建筑师要在英国花园里建一个茶亭，而茶亭的主人身份特别，他所领导的公司在超过一个半世纪以前，推动了饮茶之风在英格兰流行。虽然贝聿铭特别强调这座建筑与茶的关系，但是在这座奥尔别墅的小亭子身上，也可

坡形屋顶只用轻型钢骨架和玻璃制造　　　　　从中心看茶亭内饰

以看出它与英国 18 世纪的田园建筑之间存在着关联，比如约翰·范布勒（John Vanbrugh）和尼古拉斯·霍克斯穆尔（Nicholas Hawksmoor）设计的霍华德城堡（Castle Howard）的四风寺（Temple of the Four Winds，约 1723 年），或斯托黑德花园（Stourhead）的阿波罗神殿（Temple of Apollo，1765 年）。许多具有"建筑小品"（folly，带有华而不实的含义——译注）风格的欧洲花园都采用了中轴线设计，贝聿铭也遵循了这个传统，他设计的建筑最大程度地利用了场地的优点和它周围的优美风景。再说，不是要像 18 世纪的前辈们那样造出东拼西凑的混搭建筑，与其说奥尔别墅的茶亭体现了古老的亚洲茶亭风格，还不如说它暗暗地体现了英格兰花园的传统，以及英国人对自然景观的偏好。英国或者法国的田园风格是一种对于想象出来的历史的怀旧之情，就像尼古拉斯·普桑（Nicolas Poussin）或克劳德·洛兰（Claude Lorrain）的画作中所表达的那样。可以说，过去的中国风是因为对这个文明知之甚少而会错了意，而贝聿铭终于改变了那种被误解的花园中的中式"建筑小品"。

虽然并没有违背这些建筑所根植的历史渊源，但贝聿铭抛弃了古代的建筑范式，转而建造了一座现代建筑。当然这座建筑仍然是一个茶亭，但它也是一个能够以现代方式欣赏大自然的地方。在一个巨大的柱状支撑上建起来的形状奇特的建筑物显示出了它与传统的庭园建筑小品之间的联系，贝聿铭说起"建筑小品"（folly）这个词的时候用的是法语口音（follie）。

在华盛顿国家建筑博物馆 2003 年透纳奖（Turner Prize）的颁奖典礼上，贝聿铭谈起这座建筑："这是一个建筑小品。你知道什么是建筑小品，我只有退休以后才能专注于这样一个小小的花园凉亭。退休以前没有时间，现在我可以好好做一个微型茶亭了。"[3] 在建筑中，建筑小品是一种奢侈、好玩、异想天开的建筑，它的存在更多的是为了好看而不是为了实用，当然这并不妨碍大多数这种建筑物可以具有一定的功能。在法语中"建筑小品"这个词没那么负面，它的定义更宽泛一些，这就很容易理解为什么贝聿铭在这种情况下特意使用了法语发音。蒂莫西·莫尔（Timothy Mowl）在他的《威尔特郡历史花园》（Historic Gardens of Wiltshire）一书中，将英国花园的传统和建筑小品联系起来，他说："贝聿

铭的奥尔别墅茶亭看起来像是一艘太空船突然降落在花园里，这堪称是当代的斯托黑德花园里的赫拉克勒斯神庙（Temple of Hercules）。"⁴

　　鸦片战争（部分与茶叶贸易有关）推动了历史进程，怡和洋行、太古集团（Swire Group）以及和记黄埔洋行（Hutchison Whampoa）在其中都扮演了重要的角色。凯瑟克是他们的后裔，这层关系使凯瑟克与贝聿铭的这次相遇更加耐人

寻味。一位出生在中国而在西方受过教育的建筑师，没有去营造虚假的废墟或者矫揉造作的怀旧情绪，而是用展望未来的眼光，阐释东西方之间过去和现在的关系，给一个英国花园里的茶亭带来了现代感，这实在是再合适不过了。

　　乔治亚集团（Georgian Group）是一个专门保护乔治亚风格建筑、城镇景观、纪念碑、公园和花园的英国慈善机构，它于 2005 年为这个项

上图：茶亭是奥尔别墅
中独树一帜的现代主义
建筑

目颁发了建筑奖，称："这是一座引人注目的建筑，是整个英国唯一的由华裔美国建筑师贝聿铭设计的建筑。奥尔亭展示着整个奥尔别墅到威尔特郡丘陵甚至更远处的景观，不仅吸引眼球，也是一个舒适的起居空间，兼具多种功能。 由于奥尔亭距离主屋有 400 码（约 366 米）远，这就需要一个相当大的建筑来完成起居和观赏这两个定位。而建筑太大就可能导致一种压迫感和侵犯性，但是这座建筑在设计上轻巧、空灵又飘逸——虽然大胆而前卫，但在其环境中做到了完美的和谐。"⁵

苏州博物馆

SUZHOU MUSEUM
中国，苏州　2000—2006 年

苏州博物馆是贝聿铭在中国内地设计的第三座建筑，前两个是香山饭店和中国银行总部大楼。当然，他还设计了香港中银大厦，香港也属于中国。与中国银行总部大楼一样，苏州博物馆也是与他的儿子的公司——贝氏建筑事务所合作建造的。然而，在许多方面都可以说，这个建筑是贝聿铭特意送给这座城市的礼物，这座城市曾经滋养过他的祖辈。这座建筑收藏和展览一系列珍贵的古董以及一些妙趣横生的当代艺术作品，建筑要求遵循中国传统，并且保持适度规模，部分原因在于著名的拙政园就在旁边，这个历史街区有着严格的地区建筑原则。[1] 苏州博物馆拥有 8.1 万平方英尺（约 7 525 平方米）的展览空间、200 个座位的报告厅、一个迷人的博物馆商店、办公室，还包括一个研究性的图书馆和一个教育中心。苏州被誉为水乡，是一座运河之城，马可·波罗曾经拿它与威尼斯相提并论。这座博物馆是对水乡的礼赞。苏州博物馆拥有中心花园、池塘和茶室，和苏州的传统花园范式非常接近，没有混搭任何外来因素。在苏州的著名园林中，有一个曾经属于贝氏家族。白墙灰瓦是这个地区的典型色彩。但它绝对是现代的。相比于贝聿铭的其他公共文化类建筑，苏州博物馆的规模要小得多，它小心翼翼地置身于古老的城市中心，散发着柔软的气质，成功地诠释了在尊重传统的同时为建筑带来现代性。

公元前 514 年，春秋时期，吴王阖闾在这里建立了"阖闾大城"，作为都城，这也就是

总平面图：池塘在整体设计的最中心

苏州的古称（阖闾大城遗址位于常州和无锡之间，并非苏州。苏州建城始于汉代，见《东南文化》上刊登的《春秋时代吴大城位置新考》。——译注）。[2] 在大运河挖掘成功后，苏州就占据了一条主要贸易路线的战略位置。在中国历史上，苏州是一个工商业中心，距离现代化的大都会上海不到 40 英里（约 64 千米）。"在某种意义上，苏州可以与佛罗伦萨或威尼斯相提并论，"贝聿铭说，"它被称为'东方威尼斯'。令人遗憾的是，大运河已经被部分堵死。十五年以前，我就受邀在那里做点什么。

博物馆内部庭院和茶亭

从街道看过去的主入口

从那以后，五六位市长来去匆匆。我告诉他们，你们不需要我，你们不需要现代建筑。你们需要的是一个城市保护计划，还需要净化水系。我告诉他们，一旦水变清了，我就会回来。这么说非常不客气，就等于直接说'不'。我的已故的儿子（贝定中）为他们做了很多城市规划工作。他们已经开始治理水污染了——也许在五年之后水会变清澈。我为这个城市做了点好事。他们的作为表达了中国的'人定胜天'的态度。他们很愿意听取意见，其实以前没有人真正告诉他们该做什么。苏州坐落于大运河边，这里是交通要冲，但是也产生了工业污染。大运河的水流进苏州城里的水巷。我告诉他们，如果他们不治理水源，城市就会死亡，他们并不反对我这么说。净化运河水是非常困难的，他们不得不从长江引水。"[3]

新的苏州博物馆坐落于这座历史名城的中心，几乎紧挨着拙政园。拙政园是苏州现存最大的古典园林，占地面积近13英亩（约5.3公顷）。1513年，由官场失意、告老还乡的明代御史王献臣和丹青圣手文徵明共同设计。[4]在1997年，拙政园和另外三座苏州园林共同入选联合国教科文组织颁布的世界遗产名录。联合国教科文组织当时发表的颁奖词部分内容如下："古典的苏州园林是用水、石头、植物和建筑等基本元素描绘出的大千世界的缩影。提名由几座建筑共同组成，包括拙政园、留园、网师园以及环秀山庄，是苏州园林的典范，也是中国山水造园艺术的典范。"[5]2000年，名录又有所扩充，增加了苏州几个规模稍小的园林，其中包括了贝氏家族以前的花园——狮子林。狮子林是由元代禅宗高僧天如惟则禅师的弟子们在1342年买地置屋建立的佛教禅林，又名菩提正宗寺。其中的花园因园内"林有竹万，竹下多怪石，状如狻猊（狮子）者"而得名狮子林，这个名字又暗合了佛经中的"狮子座"与"狮子吼"之意。这座花园吸引了众多文人墨客，在17世纪，狮子林花园与寺庙分割开来。1918年，花园部分由一位实业家购得，中华人民共和国成立后，它被捐赠给了国家。[6]

茶亭旁的竹林

这位实业家就是贝聿铭的叔祖——颜料大王贝润生。

贝氏家族与苏州有着600多年的渊源，贝聿铭的作品出现在苏州古城中心，对他来说必然意义非凡。他描述这件作品时说："我认为苏州博物馆是一个承上启下的建筑。当地政府也想要一种传承精神。我有机会尝试做一件既能与古城融为一体，同时又能表明我们正处于

从池塘对岸看博物馆主体

21世纪的作品。这很难。材料方面毫无疑问，必须用粉墙、石材，或者砖瓦。它应该是灰色和白色的世界。"事实上，贝氏家族已经参与了保护和开发苏州历史城区的工作。由于中国经济高速增长，这个地区的历史风貌日益受到威胁。正如贝聿铭所说，他已故的儿子贝定中（1945—2003）也是一位建筑师，在麻省理工学院研究城市规划，1996年曾受邀参加一个名为"苏州，为新中国塑造一座古城"的研讨会。在研讨会后出版的一本书中，贝聿铭写道："面对中国前所未有的爆炸式的现代化和工业化进程，保护中国历史古城的问题是新千年中亟待解决的最重要的问题。这是我要求儿子贝定中代表我们家族作为苏州本地人在研讨会中提出的问题。他们与来自易道设计公司（EDAW, Inc）的同事们一起为苏州最敏感的地区准备了一套指导原则，可以在保持和提升历史特色的同时，为该地区的重建和振兴指明道路。这是一个普遍适用于中国其他古城的公式，也许全世界都可以用。然而，与任何计划一样，最终的关键问题是政府是否有强烈的政治意愿和足够的行政能力，能监督计划从头到尾贯彻执行。这并不是说计划是金科玉律，必须被无条件地服从，毕竟环境因素会不断变化，但这类计划确实意味着需要长期坚持，必须痛下决心，才能把计划变为现实。"[7]贝氏家族积极参与研究和实施苏州历史街区的保护方案，显然不仅仅是因为贝聿铭的根在那里，那还表明了他对历史重要性的坚定信念。贝聿铭承认，在如此复杂的背景下重建和复兴的概念非常模糊，但他认为他的设计与古城之间没有冲突。他对历史的兴趣并没有使他与现代主义背道而驰；相反，作品再次彰显了他个人的探索，他在寻求一种表达方式，能体现出真正的现代建筑与历史之间的深层联系。如果说沃尔特·格罗皮乌斯的乌托邦式的白板理论或者勒·柯布西耶著

精挑细选的树木把博物馆花园点缀得更为优雅

名的伏瓦生规划（Plan Voisin，1925 年。伏瓦生规划是柯布西耶为巴黎做的城市规划，大意是以单一的方案来规划所有建筑。——译注）都忽略了这种探索，那么贝聿铭退休后的项目合在一起代表了一种让人敬佩的努力——他试图去探索那些深入人心的文化本源，近及他的故乡中国，远及异域的伊斯兰世界。从卢浮宫到苏州，再到多哈，这些作品之间具有连续性，这种连续性指的绝不仅仅是风格。

在设计这座博物馆时，贝聿铭明显受到周围环境的启发，特别是苏州园林。"当你在中国寻找古老的建筑时，找不到太多了，"他解释说，"那里有故宫那样的宫殿，或者佛教寺庙和僧房。其余的就是人们生活和工作的村庄和城镇。在文化类建筑中，花园和建筑是一体的，它们密不可分。我无法想象在中国建造一座大宅子却没有花园。花园和居所之间没有严格划分，它们融为一体。这个花园可能不是很大，但它们总是很人性化。"苏州博物馆沿袭了中国建筑的传统，正如贝聿铭说的那样："在中国，房子大不大是以他们有多少进院落来衡量的 。家庭是基本单位，但他们不愿意炫富，于是筑起高墙。说到我自己家的花园，那不是日常居住的地方，是用来游玩的，白墙灰瓦隔开了外面的世界，墙上开着一个非常简单的黑色或者红色的小门。在里面，庭院后面还有庭

明亮的通道通向博物馆展厅（贵宾厅）

院。墙后面藏着一个古典园林。"[8]

　　贝聿铭指出，他在中国的早期作品与新作之间存在着显著的区别。"因为苏州博物馆本身比较特殊，对比香山饭店以及其他许多项目，在三维结构上颇为不同，"他说，"那些房子都是平顶。我给苏州博物馆做了一个大容量解决方案，这是一个重大改变。"[9]虽然在屋顶的设计中出现了坡度，但基本设计仍然保持在精心安排的几何图形中沿直线上升，这可能会让人联想到多哈伊斯兰教艺术博物馆的主体结构，尽管规模较小，用的建筑材料也不相同。贝聿铭的这种"大容量解决方案"使屋顶具有斜度，就像中心花园里的茶亭一样，表现出中国式的大屋顶风格。

　　在苏州博物馆的围墙里面，最著名的特色之一是一个大池塘。"水很重要。"贝聿铭说，"中国的花园由三个基本元素组成——水、石头和植物。在中国，没有草坪这样的东西。你不会去花园里打羽毛球。在中国花园里，不存在那种西方的生活方式。人们喜欢在花园里徘徊而达到忘我的境界。我曾经在我们家花园的假山中玩捉迷藏，那里太适合孩子们玩这个了，很容易就藏起来。现在我们建博物馆，就不打算让人们在外面徘徊了，要让他们留在博物馆里。这里的茶亭非常受欢迎。从博物馆开馆那天开始，紫藤园和茶亭就是最受欢迎的地方。"

很明显，苏州博物馆到处受到中国传统的影响，贝聿铭提到的紫藤也不例外。贝聿铭解释说："这个处理非常中国化。中国人总是谈论传统、传承、家族、祖先……在博物馆旁边的大宅子（忠王府——译注）里，有一个小庭院，中国历史上一位伟大的画家在那里种下了一株紫藤花。他的名字叫文徵明。我问他们，我是否可以折下来一个枝，中国的花匠同意了。现在它在这里渐渐长大。折下来后用嫁接的方法移植，将来有一天他们会切掉其余部分，让移栽来的紫藤成为主干。不管这背后有多少烦琐的工作，只要中国人喜欢这个想法，他们就愿意好好干。将来有一天，这个花园会被称为文徵明花园，吸引很多很多的游客。"[10]文徵明是拙政园的设计师，也是苏州最著名的人物之一。贝聿铭解释说："苏州离上海只有50~60英里（约80~97千米），但是非常传统、非常保守。那里的许多人现在仍然过着明清时期的理想生活，那时候是苏州的黄金时代，他们今天仍然谈论着那个时代的大画家和诗人。"[11]

在苏州博物馆的内部花园中，一件由切片岩石构成的作品，沿着长长的后墙铺展开去。虽然严格说来这并不算是建筑的一部分，但是贝聿铭对这面墙的设计，是他探索传统和现代之间关系的神来之笔。贝聿铭解释的时候，提到了狮子林："我们家的花园始建于元代，跟道教的领袖有关（应为佛教禅宗高僧天如惟则禅师。——译注）。品味随着时间而变化，我的叔祖对花园进行了改造。他选择了太湖石，太湖并不太远。他们称在那里做的事情为种石。精选出来的火成岩被放进水里，让水侵蚀15～20年。在上面打一个洞，然后再放回水里，让它被腐蚀得更厉害，直到变成一件美丽的艺术品。这就是这些石头的制作方式，特别是在苏州一带，尤为典型。石头在花园里非常重要。它们就像雕塑一样。从元代开始，就有诗人和画家参与叠山的传统[12]，但是到了今天，已经没有画家或者诗人做这件事了。我告诉苏州市长，石匠们缺少艺术家的眼光。我想尝试不一样的东西，新的东西。于是我派了一位年轻的建筑师去山东省，那里有许多采石场。他们有

巨大的圆石，可以用钢丝切割——那是我正在寻找的轮廓。我们把40～50块石头带回了苏州。我选择了大约30块，然后在2005年，我去了那里，这些石头都摊在地上，我坐在中间的一张桌子上，就是现在池塘的位置，盯着那面墙看。一幅画作展现在我眼前，那是宋代大画家米芾[13]（Mi Fei）的《云山图》。（此处据原文音译得出，这里提及画家米芾，标准音译是Mi Fu。实际上指的疑似米芾之子米友仁，画作为米友仁的《云山得意图》，因为至今并无米芾山水画作传世。——译注）现场有一台起重机，他们能够按照我的意思移动石片，上下摆放。我这样做了大约一个星期，终于得到了看起来相当不错的东西。至少它是我们在苏州博物馆有限的空间里做石头假山的一种方式。若要说我做的事情对未来有什么重要意义，我不敢这么说，但至少这是利用石头在三维空间去重新阐释米芾作品的一种方式。"[14]贝聿铭这种特别的处理方式是非常不寻常的。在多哈伊斯兰教艺术博物馆一类的项目中，他非常直接地表现出对装饰性图案或元素的兴趣，比如伊斯兰教风格的灯饰。这些小配件通常是遵循贝聿铭严谨的几何图形建筑语汇而构思出来的。在苏州，他已经冒险进入了不规则线条的领域，几乎都是形象化的了。尽管苏州园林毫无疑问是三维的表现形式，但是贝聿铭将它们与平面的中国绘画联系起来。当他提到造园的工匠们身上所具有的苏州魂的时候，用到了一个词——"画家的眼睛"。米芾和苏州园林之间的共同

通向上层的大楼梯和水墙

点是对自然本质的凝练再现，是大千世界的象征。虽然贝聿铭的石绘壁画只是浅浅的浮雕，但他把这种作品称为"三维绘画"，它打破了二维和三维之间的界限。贝聿铭的家族在这座城市已经生活了600年，对于他来说，在这里寻根似乎是顺理成章的。但是苏州博物馆不仅仅是一个幸运的偶然，这是他一直不懈追求的东西，试图找到适合特定地点的现代语汇，他希望自己可以与更广泛的受众交流。虽然一些线条、色彩或者材料可能明确地反映着当地的风格，但是贝聿铭在苏州以及其他地方寻求的东西，是传统建筑的升华，那是一座桥梁，弥合了中国在无数的摩天大楼中高歌猛进与中国真正的根源和文化之间的鸿沟。打造这样一条纽带并不是单凭建筑师的力量就能完成的，在这里，这是一种信号，告诉人们他们做得到，也能指明前进的方向。

新馆的设计方案于2003年在苏州博物馆老馆公开展出，并邀请参观者发表意见。七天里，有1 000名当地居民参观了展览。在记录下来的421票中，93%赞成这项设计，只有4%的

人投了反对票，主要是对选址不满。[15]贝聿铭在一开始设计这座现代化设施的时候，就审慎地考虑过让这座灰白两色的建筑融入周围的环境，可能正是这种努力带来了这样一边倒的积极的社会反响。自2006年10月开放以来，有记录表明，大量的访客都说自己一看到这座建筑就很喜欢。博物馆占地面积为10.7万平方英尺（近1万平方米），使用面积达到18.3万平方英尺（约1.7万平方米），除去展厅以外，还有32 291平方英尺（约3 000平方米）的公共设施，包括报告厅、多功能厅、博物馆商店和茶室。游客通过新修复的东北街来到大门口，进入大门就是正门庭院。正门庭院右侧是博物馆商店，左侧是博物馆售票处。进门后，大厅是第一个室内空间，那里连接着一个露台，能够观赏中心池塘和花园。池塘的水面上有两段小桥蜿蜒而过，中间是一个茶亭，建在池塘中的一个小小的八角形岛上。这座亭子在某种程度上很像英格兰的奥尔别墅茶亭。在东翼，也就是入口右侧，坐落着现代艺术展厅、紫藤花园、茶馆和图书馆。左边就是西翼，是偏重于

六边形窗洞中框出庭院里的一棵树

展示古代艺术的 1 号展厅和 2 号展厅，那里专门展览虎丘塔的出土文物（不只是虎丘塔，展览内容为虎丘塔和盘门瑞光寺塔两座塔内出土的文物——译注）、新石器时代的陶器和玉器、墓葬遗存、明代文人的书房用品，还有纺织品。西翼的二层展厅展示了吴门书画。报告厅位于西翼地下层。博物馆毗邻忠王府，以前忠王在这里居住。这座建筑里有一个古戏台，2006 年 10 月，在博物馆新馆开放庆典上，这里曾有盛大表演。

这座博物馆大跨度地展出了从新石器时代到现代的收藏品是很有意义的，在这里，中国古人的传统艺术得到了升华，并融入了当代艺术。贝聿铭对他的成就仍然保持着谦逊，尽管他认为这将是他的最后一件作品。[16] 在这个项目上，贝聿铭并没有其他地点可供选择，因为苏州老城区建筑密集，但是它像往常一样占据了一个最重要的中心位置。这里离他们家族原来的花园不远，那正是他的灵感的源泉，不仅是苏州博物馆的灵感源泉，他的其他建筑也从这里汲取了养料。圆形的门洞和标准的几何形状不仅出现在苏州博物馆中，也曾经出现在贝聿铭的其他许多建筑作品中。这座建筑规模不算大，部分原因是受到古城的地区规划政策的

池塘后墙上贝聿铭设计的片石假山

限制，这也使得建筑设计更为细腻精致，在建筑中加入了历史传承的元素，比如文徵明的紫藤园，使得建筑的呈现更为和谐。在很多方面，尽管贝聿铭不是出生在苏州，而是出生在广东，但是在这里造园也可以说是叶落归根。他的家族根源和他的审美意识大部分来自这座古老城市的园林和建筑，而这座古城如今正受到扑面而来的平庸的塔楼和购物中心的威胁。虽然贝聿铭并不经常谈到他儿子的成就，然而很明显，他为已故的贝定中所做的工作感到自豪，这些工作让地方政府更好地了解了发展旅游的潜力，懂得了尊重曾带给中国荣耀的往昔，适度开发园林、运河和水巷。相比于贝聿铭的其他许多晚期作品，说它是一个家庭项目更为恰当。

他的三个儿子以及其他家庭成员以各种方式为博物馆的成功做出了贡献。正如奥尔别墅茶亭的客户泰莎·凯瑟克于 2006 年苏州博物馆开幕之际为英国媒体撰写的那篇文章中谈到的："这个伟大的中国人重新创造了他的家族曾经失去的东西，但这一次是用他自己独特的现代建筑语汇。我们看到白粉墙的房子上都是低矮的灰色屋顶，飞檐在四面水光的簇拥下，划出优美的弧线。高大的建筑石材镶嵌在耀眼的白墙上，池塘中奇妙的倒影和实景交相辉映。一座现代主义风格的亭子在水中央熠熠发光，石桥两侧有高大的竹子。整个博物馆都是层层叠叠的院落，里面种着银杏、松树和柳树。"[17]

对页：展厅中落地方窗
映出竹林

伊斯兰教艺术博物馆

MUSEUM OF ISLAMIC ART
卡塔尔，多哈　2000—2008 年

从水边公园远眺博物馆

博物馆中庭的主穹顶

　　卡塔尔多哈的伊斯兰教艺术博物馆于 2008 年 11 月向公众开放，这可能是贝聿铭设计的最后一座大型建筑。他表示，他不准备再接任何大型工程，其实他正在为一个新的私人委托工作。多哈项目原定早于苏州博物馆开放，但是由于卡塔尔的政治问题而推迟了竣工时间和揭幕典礼。事实上，正在这个波斯湾的酋长国进行的许多重大项目，包括圣地亚哥·卡拉特拉瓦（Santiago Calatrava）和矶崎新（Arata Isozaki）的项目都被同时叫停了。这些项目都是谢赫沙特·阿勒萨尼（Sheikh Saud Al-Thani）出面与建筑师签约

的，而他的采购政策遭到了质疑。建筑师们的意图或行为并没有任何问题，是沙特·阿勒萨尼的操作流程有了瑕疵。沙特·阿勒萨尼是全国文化艺术和遗产委员会（National Council for Culture, Arts, and Heritage）的前主席，经过此事，他被撤换。由于伊斯兰教艺术博物馆项目已经进行了大半，得以获准继续建造。而其他项目，如矶崎新的卡塔尔国家图书馆（National Library of Qatar）就被撤销了，或者说被无限期地搁置了。

　　多哈位于波斯湾的一个半岛上，当地的阿拉伯人通常将波斯湾称为阿拉伯湾。希腊地理学家

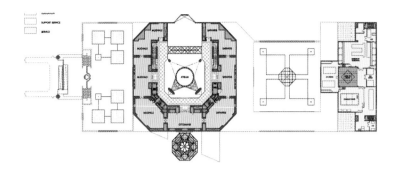

三层平面图

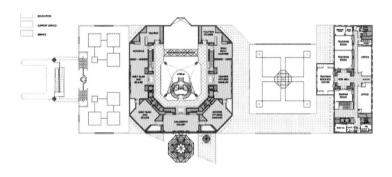

二层平面图

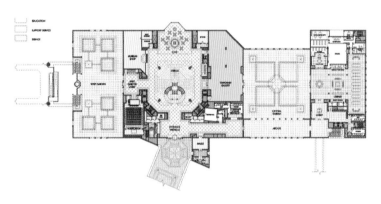

一层平面图

托勒密（Ptolemy）在他的"阿拉伯世界地图"（Map of the Arab World）中标明了一个名为卡塔拉（Qatara）的城邦，那里可能就是祖巴拉港（Zubara）的小镇卡塔里（Qatari），这是一个重要的海湾贸易中心。卡塔尔在 7 世纪中叶皈依伊斯兰教，并因为高超的纺织技术而享有盛誉。早在 16 世纪，卡塔尔就受到葡萄牙文化的影响，葡萄牙人控制着海湾许多地区的贸易和航海。1538 年，奥斯曼帝国赶走了葡萄牙人，卡塔尔开始了土耳其人的统治。1916 年，土耳其人退出了这个地区，卡塔尔成了英国的保护国，直到 1971 年。卡塔尔首次发现石油是在 1939 年，其后发

现的天然气成为了这个国家最重要的能源储备。1995 年，随着酋长哈马德·本·哈里发·阿勒萨尼（Sheikh Hamad bin Khalifa Al Thani）掌权，卡塔尔进入了现代化和社会转型的新时期。这种转变最明显的表现可以在多哈这个现代而又相当保守的城市中看到，它在许多方面保留了非常传统的习俗，这种情况使它得名 "平衡之城"。那里有长达 4.6 英里（约 7.4 千米）的滨海大道，旁边是酒店、政府办公楼和越来越多的高层建筑，这是多哈最核心和最壮观的特色，新的伊斯兰教艺术博物馆就建在这里，耸立在大道尽头的人工岛上。

正如贝聿铭所介绍的那样，他得到多哈项目的情况相当复杂："我相信阿贾汗（Aga Khan）在 1997 年组织了一场竞标，之后涌现出两位建筑师。评委会的第一个选择是查尔斯·柯里亚（Charles Correa），第二个选择是一位名叫拉斯姆·巴德兰（Rasem Badran）的黎巴嫩建筑师。最后巴德兰被卡塔尔政府选中在滨海大道建造博物馆。不幸的是，他的项目没有进行下去，路易斯·蒙雷亚尔（Luis Monreal）联系了我，他是此前评委会的成员。蒙雷亚尔先生现任阿贾汗文化信托基金会（Aga Khan Trust for Culture）的会长，他知道我没有参加竞标，但他说服埃米尔，说我可能是设计新博物馆的最佳人选。他们给我滨海大道沿线的好多地点供我选择，其中包括最初计划的选址，但我都没有接受。虽然现在那一带还没有太多的建筑物，但我担心以后那儿可能会盖很多高楼，那样会使我的设计蒙上阴影。我问他们，难道没有只属于这个博物馆的地盘吗？

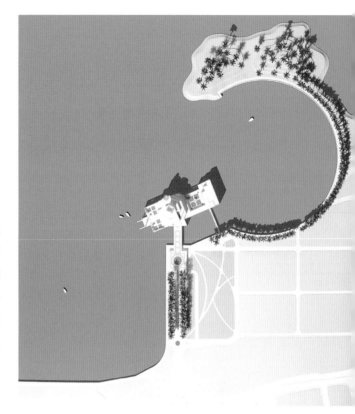

博物馆岛和新月状的半岛围出的海湾

当然我这么做是有私心的，但我知道在卡塔尔填海造出一块土地并没有那么难。于是，伊斯兰教艺术博物馆最终建在多哈滨海大道南侧的一座人工岛上，距海岸197英尺（约60米）。另一个新的C字形半岛在博物馆岛和北部的波斯湾之间建立了屏障，而且还能挡住东边难看的工业化建筑。"[1]

贝聿铭解释说，他在卢浮宫的工作改变了他的建筑方法，使他将注意力转移到深入研究地点和文化上面，希望能更好地抓住当地恒久不变的精神。多哈项目也不例外。虽然在历史长河中，波斯湾的酋长国并没有留下很多的艺术品，但卡塔尔的埃米尔决心使多哈这座位于伊斯兰教地区中心地带的城市，成为伊斯兰世界里最好的艺术品的会聚之地。从那时起一直到今天，他们不断地购买地毯、玻璃制品、陶瓷、珠宝和细密画。正如贝聿铭指出的那样，这个项目和美秀美术馆的情况，还有卢森堡的穆旦艺术馆的情况很相似，即使他已经开始着手设计，这些博物馆的藏品还在不断地收集中。这些艺术品本身并不产自卡塔尔，但这个国家的目标是成为伊斯兰教艺术品的保护和展览中心。这样的想法听起来非常新颖，甚至过于大胆，其实世界上大多数主要的伊斯兰教艺术品收藏都不在其产地。正是本着这种精神，贝聿铭设计建造的将是一座未来的博物馆。"这是我做过的最困难的工作之一，"他说，"在我看来，我必须掌握伊斯兰教建筑的精髓。这个任务特别难，因为伊斯兰教文化非常多元，从伊比利亚半岛到印度的莫卧儿王朝，远及中国及其他地区。我熟悉科尔多瓦的大清真寺（Grand Mosque），我认为它代表了伊斯兰教建筑的巅峰，但是我错了。特殊的气候和西班牙文化产生的影响意味着科尔多瓦不是我寻找的纯粹伊斯兰教世界的表达方式。同样地，其他案例的情况也是如此，法塔赫布尔·西格里（Fatehpur Sikri，又名胜利之城，是一座位于印度北部阿格拉的废都——译注）曾经是莫卧儿王朝的首都，拥有印度最大的清真寺——贾玛清真寺（Jama Masjid），虽然原因不同，但结果也是不纯粹。我担心我的思维方式可能过于主观，但在这个例子里，印度风格的影响显而易见。我在这里也找不到灵感。即使是大马士革的倭玛亚大清真寺（Umayyad Great Mosque）——那是现存最古老的纪念碑式的清真寺——似乎也带有历史上的罗马风格或者早期基督教的元素。在清真寺建成之前，罗马神庙和拜占庭教堂就耸立在那个地方，可以感受到拜占庭建筑的风格。我再一次觉得，这不是我探索之路的终点。我去了突尼斯，虽然我的目的是去看清真寺，但我还是去参观了另一种建筑——莫纳斯提尔（Monastir）的里巴特要

中间的水道把视线引向博物馆主入口

塞（Ribat Fortress，又名城堡清真寺）。在那里，我觉得自己越来越接近伊斯兰教建筑的本质了，炽热的阳光使体量巨大的建筑物活了起来，几何形状起着核心作用。"[2]

贝聿铭致力于在多哈选择最好的地点，甚至最后发展成在海上造出一片专属于博物馆的土地，而且他坚决尝试分离出"伊斯兰教建筑的本质"，这是他晚期的项目的特征。他好像一直在寻找一种无法实现的完美境界——他自己的艺术的本质。"我开始明白为什么我觉得科尔多瓦并不能真正代表我所追求的核心特征了，"贝聿铭说，"那里植被过于茂盛，太郁郁葱葱，色彩太过艳丽了。如果有什么地方能够找到伊斯兰教建筑的本质，它大概在沙漠中，设计严峻而简单，烈日带来了生命。最后我终于接近了真相，我相信在开罗的艾哈迈德·伊本·图伦清真寺，我找到了我想要的。一个小小的洗礼池三面被双层拱廊环绕着，后期对建筑只有轻微的改动，整个建筑从八角形变成正方形，又从正方形过渡到圆形，呈现严谨的几何级数，几乎完全是立体主义的表

达。难怪勒·柯布西耶从地中海建筑和伊斯兰教建筑中学到了很多东西。这种构图严谨的建筑在阳光下获得生命，光影变化使它动了起来。当我站在伊本·图伦清真寺的正中间的时候，终于找到了我认为可以称为伊斯兰教建筑的本质的东西。"[3]

多哈伊斯兰教艺术博物馆的最终形式与伊本·图伦清真寺庭院正中的"拱北／洗礼池"（sabil/ablution fountain，拱北是清真寺中的一种传统宗教建筑——译注）之间的联系非常明显，尽管比起那座 13 世纪建造的矗立在清真寺庭院中央的圆顶建筑来说，贝聿铭作品的规模要大得多。"我一直忠于我在伊本·图伦清真寺中找到的灵感，谨守那种严肃和简洁。正是这种传统，促使我试图把多哈沙漠上的阳光的力量带进来。那是沙漠的光芒，它能将建筑本身转变为光与影的游戏。我的设计中只有一面主要的大窗户——它高 148 英尺（约 45 米），面向波斯湾。我还得承认，我纵容自己做了另一个很主观的决定，完全是基于我自己的感觉。在我的印象里，伊斯兰教建筑

廊道从海岸直通教育中心

往往具有爆炸性的装饰元素，比如大马士革的倭玛亚大清真寺庭院里的装饰，或耶路撒冷的圆顶清真寺（Dome of the Rock）的内部装饰。我还特别喜欢埃及的镂空金属制品。我造了一个100英尺（约30米）高的镂空灯笼，悬挂在博物馆的码头附近，在水面上，从很远的地方就可以看到。整个中央空间的高潮是一个华丽的不锈钢穹顶中心的顶点，从那里射进来的光，在其下复杂的表面上形成各种各样的图案。几何形状的阵列在不同高度上层层缩进，使穹顶自上而下依次从圆形转变为八角形，然后变成正方形，最后变为四个三角形，成为中庭的支撑柱。"[4]

在描述这个项目时，贝聿铭向法国室内设计师让-米歇尔·威尔莫特表达了谢意，他们曾经一起在卢浮宫工作，现在又在多哈。威尔莫特主要负责展厅、书店和办公室的室内设计。"这些地方的内部是最精彩的。那是我见过的最漂亮的室内空间。是我推荐了威尔莫特，谢赫沙特去看了他在卢浮宫的作品，也认为他很不错。在多哈，你可以看到一个你从未见过的装置。展示柜上安

对页：庭院中的凉亭分开了博物馆和教育中心

装了巨大的玻璃门，只需要轻轻触摸按钮就可以移动，特别好用。我非常满意，我认为这是不可思议的成就。"⁵ 威尔莫特解释说："完全是应贝聿铭的邀请，加上路易斯·蒙雷亚尔的鼓励，我才参与了这个项目。我认识贝聿铭已经很长时间了，我敢肯定在这么复杂的项目中，他一定不希望和过去没有合作过的建筑师一起工作。我们有一种轻松自然的融洽关系，这对项目的顺利推进大有好处。"⁶ 尽管贝聿铭称赞展示柜是"你从未见过的"，但其实威尔莫特的目标是希望人们见不到展示柜，他想要巨大的展示柜消失在黑暗中，只留下展品本身呈现出来。策展人强调伊斯兰教艺术的统一性的意图与威尔莫特所寻求的无遮挡地面对作品，还有贝聿铭公开宣称的目标——探寻伊斯兰教文化的本质，这三者不谋而合。

因为伊斯兰教艺术博物馆在距离海岸 200 英尺（约 61 米）的专属的人工岛上遗世独立，所以在多哈这座首都城市的大部分地区都可以看到它的身影，无论是在宽阔的滨海大道上的车流中，还是在贯穿城市的海湾里。普通民众通常会通过一条规整的椰枣、棕榈树林荫道和一条斜坡路从南面进入建筑物，这条路中间有一条瀑布奔流而过，水流的源头就是建筑物前面的喷泉广场。这些棕榈树比卡塔尔本地的棕榈树要高大，造成了一些问题。"找到看起来很漂亮的树木是非常困难的。"贝聿铭解释道，"我能找到的就只有棕榈树，但我没有意识到这有多么让人头疼。埃米尔对我的设计唯一的不满就是对于棕榈树的选择。棕榈树需要很长时间才能适应新的环境。在

卡塔尔，他们没有大棕榈树。这座建筑是一座庞大的房子，你需要 50 ~ 60 英尺（约 15 ~ 18 米）高的大棕榈树。"⁷ 从滨海大道到博物馆供游客通行的斜坡路绝不能是曲折复杂的，比如像美秀美术馆里蜿蜒的道路那样。但是道两旁树木甚至层叠式的喷泉中发出的水声都清楚地告诉人们，环境已经发生了变化，已经离开了平凡的城市喧嚣，来到了一个特别的、艺术和建筑融合在一起的纯净之地。伊斯兰教花园的中轴对称布局，水道和隐含的天堂召唤的寓意间接催生了这条宽阔的道路的设计。

进入博物馆的游客几乎立刻被面前雕塑般的向两边分开的巨大楼梯所震惊，这个大型楼梯就是专门放置在那里的，用于观赏贝聿铭精心设计的巨型窗户。这个楼梯的第三阶恰好位于穹顶中心的正下方，因而地面上出现了一个非常复杂的装饰图案，灵感来自伊斯兰教传统的几何交织图形，但是看上去仍然很现代。这个主楼梯轻盈的弯曲度让人联想到贝聿铭为卢浮宫玻璃金字塔设计的螺旋楼梯。楼梯向上画着弧线，游客们能从不同的角度观赏中庭空间，类似于玻璃金字塔的旋梯，为观者提供了欣赏宫殿外墙全景的视角，当然，还可以俯瞰下方的入口。主楼层或者说地面层是临时展厅，还有男女分开的礼拜室、博物馆商店、200 个座位的大礼堂和喷泉咖啡馆。窗外镶嵌着用具有声学效果的铝棒组成的屏障，用来抵挡烈日，并能抑制噪声。每层展厅都由玻璃天桥隔空连接，玻璃天桥又都跨越在喷泉咖啡馆上方，把悬挑在中庭上空的 U 形露台连接起来，形成回路。天桥是贝聿铭壮观的中庭空间设计中

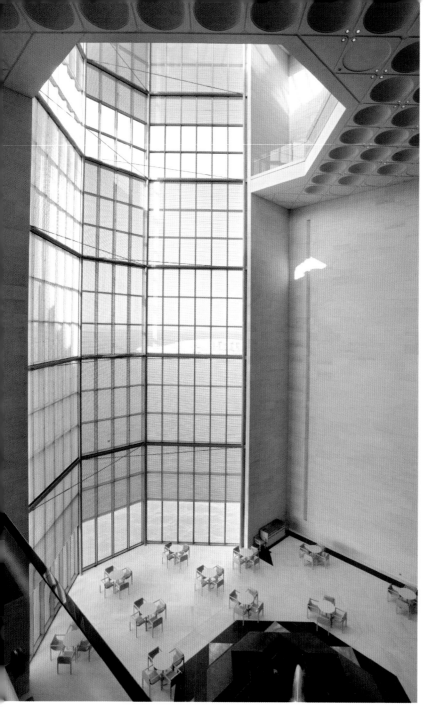

中庭 45 米高的窗户

常见的设施，比如在华盛顿国家美术馆东馆中就是这样。这次，在多哈的天桥用玻璃制成，强调了通过穹顶的中心和巨型窗户透进来的光线。

　　这座建筑总面积为 376 740 平方英尺（约 3.5 万平方米），这不仅是一个收藏、展示伊斯兰教艺术品的地方。正如埃米尔和他的妻子谢哈·莫扎（Sheikha Moza）最初的愿望那样，他们将这座博物馆视为国家的文化和教育中心。博物馆包括一个宽敞的教育中心，走过一条廊桥，与拱廊

花园相连接，花园里有喷泉和中央眺望台。这座花园最适合在一年中较凉爽的月份来享受。这个地区夏季温度可以达到 120 ℉（约为 49℃）以上。在花园里可以欣赏到从海湾一直到远处高楼林立的多哈城新的市中心的壮丽景色。人们肯定会拿中央眺望台与英格兰或者中国苏州的茶亭相比。室外一座轻巧优雅的连桥可以将游客们直接引入教育中心，而无须经过博物馆大厅。

　　尽管伊斯兰教艺术的源流有些复杂，但多哈伊斯兰教艺术博物馆具有改变人们对伊斯兰教艺术的看法的雄心。长期以来，伊斯兰教艺术一直是西方博物馆和非穆斯林的专家们的研究领域，现在这个博物馆想要在原创地展示伊斯兰教艺术，如果不用文字来表现，就用形象来说话。项目快结束的时候，这个把各方面的需求结合到一起的重任落在了年轻的馆长萨比哈·阿勒·海米尔（Sabiha Al-Khemir）身上，她对建筑和馆藏的解释与贝聿铭寻求建筑的"本质"如出一辙，她在探寻艺术的本质。本来阿勒·海米尔坚持认为伊斯兰教艺术起源于她的家乡突尼斯，但是要感谢贝聿铭，使她领悟到这些艺术品本身具有开放精神，这种精神应该传递给广大公众。"这是一个伊斯兰教世界的博物馆，能够弥合传统与现代之间的鸿沟，"萨比哈·阿勒·海米尔说，"这就是贝聿铭在这座建筑上的最大贡献。他实际上重新诠释了伊斯兰教建筑，在建筑上体现了他对伊斯兰教艺术的理解，这种理解既是个人的，也是放之四海而皆准的。这座建筑本身已经在传统与现代之间架起了一座桥梁，所以同样地，博物馆的展览也应该努力体现出"过去"与"现在"

中庭各楼层的楼梯

在艺术上有着怎样的联系。从更广泛的意义上来说，我觉得卡塔尔对自己的定位非常准确，它就处于东方和西方之间的关键连接点上。"[8] 这座博物馆相比于贝聿铭的其他许多建筑显得更为冷峻，这是建筑特意追求的效果，就像伊本·图伦清真寺庭院中央的洗礼池一样，那里闪着沙漠之光。锐利而不妥协，这样的光使博物馆的形式和颜色全天都在变化，在夕阳中发出橙色的光芒。

贝聿铭在谈论他自己在多哈的成就时保持着一贯的谦虚，而且对于个人是否具有这样的智慧，能够提炼伊斯兰教文化这样一个庞杂体系的"本质"，人们意见不一。这里有建筑定式，例如悬挂在穹顶下方的巨大的环形吊灯，类似于许多清真寺中的大型镂空金属照明设施，这是明确地借用了伊斯兰教的风格。贝聿铭热衷于几何图形的观念和它们所具有的丰富可塑性，特别是圆形、正方形和八边形等形状，它们被变来变去用于创造不同的视角和意想不到的模式。

贝聿铭的毕生追求终于在多哈的大圆顶下实现了吗？贝聿铭是哈佛大学设计学院研究生院的毕业生，当时白板理论和现代主义的先驱马塞尔·布劳耶、沃尔特·格罗皮乌斯领导着这个学院。贝聿铭往往被归类为现代主义风格的建筑师，这个概念在美国与在包豪斯的含义有着微妙的区别。追寻伊斯兰教建筑的本质，并真的在9世纪的开罗清真寺或者确切地说在其中13世纪的洗礼池中找到了它。贝聿铭明确表示过，正如他在其他许多项目中所做的那样，尤其是从卢浮宫项目开始，他在设计中对历史有着一以贯之的情结。正如贝聿铭解释的那样："我在年轻的时候，游

历了世界各地，看过了无数建筑杰作，包括伊斯兰教世界的杰作，比如科尔多瓦的大清真寺或者萨马拉（Samarra，伊拉克著名清真寺遗址，拥有螺旋尖塔。——译注）的那些建筑，但我从未认真思考过它们是伊斯兰教风格。直到我接了这个委托以后，重新审视它们，我的眼光才变得不一样了，这才第一次把它们视为伊斯兰教建筑。"[9] 从内部来看，可以说多哈伊斯兰教艺术博物馆的大圆顶让人联想到许多传统的清真寺，但它多面几何形状的金属表面毫无疑问是现代主义的。即使在贝聿铭分析大清真寺和其他伊斯兰教建筑的时候，他引用的也是勒·柯布西耶的理论，还说伊本·图伦清真寺使用的是"近乎立体主义的几何图形的表达方式"。这些理论相互并不矛盾，因为贝聿铭的目标是建造一座现代建筑，这种建筑绝不是一种生硬模仿或者后现代主义的拼贴画。现在的卡塔尔本身就是众多外来文化影响下的产物。今天，在美籍华裔建筑师的带领下，多哈在伊斯兰世界中建造了第一个聚焦于伊斯兰教

艺术的意义非凡的博物馆。在多哈伊斯兰教艺术博物馆立面上的光影变换中，显示出贝聿铭在建筑中对历史的总结。这是一种艺术家的表达方式，也是一种没有国界的语言。博物馆中的一件藏品默默地做着注解，那是一只9世纪的来自伊拉克的精美的碗，上面的半行铭文镌刻着："已做的一切都是值得的。"

更准确地说，贝聿铭试图重新建立过去和现在之间的联系，这些联系在整个历史长河中滋养着建筑。现代主义的几何图形化或者理性化曾经被认为是与历史传统中的装饰性或观赏性的彻底决裂。不像贝聿铭早期的大多数作品，在多哈，他更为深入地挖掘装饰艺术，同时并没有放弃对几何图形的坚持。在他的故乡中国的圆形月洞门或者伊斯兰教艺术和建筑中的连续几何纹样中，他触摸到了他曾经担心可能永远也找不到的"本质"。把房子建在卢森堡沃邦侯爵想象出来的城基上，或者建在充满回忆的苏州老城中心，他提炼并重塑了"本质"的东西——池塘、假山和紫藤，为那些懂得欣赏的人讲述着跨越几个世纪的故事。因此，在多哈也是一样的，他绝不是打算放大伊本·图伦清真寺中的任何一部分，造一个复制品。值得注意的是，他在多哈所做的项目，无论是内部还是外部，灵感来源都是宗教建筑——清真寺。他参透了从摩洛哥到波斯湾这片新月之地中对光的使用，理解到几何图形在建筑中的关键作用，能够灵活地在建筑中运用和表达，为曾经被早期现代主义者抛弃的传统文化搭建起了桥梁。他在多哈实现了现代主义，又没有打破传统，取得这项成就可能比取得当代建筑中的其他任何成就都更加困难，也更为重要。

注释

建筑是艺术与历史的融合

1. 1919—1939 年，威廉·爱默生任麻省理工学院建筑学院院长。

2. 沃尔特·格罗皮乌斯是包豪斯学校的创始人和第一任校长，1937 年成为哈佛大学建筑系教授和主任。

3. 威廉·泽肯多夫（1905—1976）是美国最著名的房地产开发商之一。他从 1938 年开始在韦伯奈普公司工作，1949 年买下了这家公司。

4. 沃尔特·奥尔·罗伯茨（1915—1990）主持成立了国家大气研究中心，并担任了这个中心的第一任主任，还是大气研究大学联盟的第一任总裁。

前言

1. *MacMillan Encyclopedia of Architects*, Vol. 2, New York：The Free Press, 1982，18.

2. Carter Wiseman, *I. M. Pei: A Profile in American Architecture*, New York：Harry N. Abrams, 2001，250.

3. 同上，49 页。

4. 同上，50 页。

5. 同上，99 页。

6. 同上，114 页。

7. 同上，205 页。

螺旋公寓

1. 参见 2007 年 9 月 18 日贝聿铭与珍妮特·亚当斯·斯特朗（Janet Adams Strong）的谈话。泽肯多夫批评当代公寓建筑忽视了最新的技术发展，导致不必要的高成本。See William Zeckendorf, "Saving Building Dollars from the Owner's Standpoint", *Cleveland Engineering*, December 6,1956：27-29，31. See also "Apartment Helix", *Architectural Forum*, January 1950：90-96；I.M.Pei Archives；"Une maison hélicoidale à New York", *Le décor d'aujourd'hui*, March 1955：158-161；"The Flexible Cliff", *Interiors*, February 1950：10；Robert A.M.Stern, Thomas Mellins, and David Fishman, *New York, 1960：Architecture and Urbanism between the Second World War and the Bicentennial*, New York：Monacelli Press, 1995，800；Carter Wiseman, *I. M. Pei: A Profile in American Architecture*, New York：Harry N. Abrams Publishers, 1990，51.

2. 贝聿铭得到了亨利·考伯和哈佛大学设计学院研究生院的几个同学的帮助。

3. IFS/FE Publications, April 1953, unidentified typescript, I.M.Pei Archives.

4. Jaros Baum & Bolles, *Architectural Forum*, January 1950: 96.

5. United States Patent #2,698,973, filed December 22,1949；patent for "Multistory Building Structure", issued January 11,1955.

6. William Zeckendorf,quoted by E. J. Kahn, Big Operator—1, *The New Yorker*, December 8,1951, 57.

7. 参见 2006 年 6 月 6 日贝聿铭与珍妮特·亚当斯·斯特朗的谈话。See also I.M.Pei in John Peter, *The Oral History of Modern Architecture: Interviews with the Greatest Architects of the Twentieth Century*, New York：Harry N. Abrams Publishers, 1994, 264-265. Le Corbusier, letter to I.M.Pei, April 11, 1949.I.M.Pei Archives.

8. John D. Rockefeller, Jr., letter to William Zeckendorf, March 33, 1951, I.M.Pei Archives.

海湾石油公司办公大楼

1. 参见 1995 年 4 月 18 日贝聿铭与珍妮特·亚当斯·斯特朗的谈话。

2. Small Office Buildings, *Architectural Forum*, February 1952: 108.

3. George Erwin, Top Realty Expert Plans Revamp Here, *Atlanta Journal*, January 25,1952,9:1.Zeckendorf with Edward McCreary, *The Autobiography of William Zeckendorf*, Chicago: Plaza Press, 1987,99.

4. 亚特兰大保护中心（The Atlanta Preservation Center）2007 年把这座建筑纳入濒危历史建筑名录（Endangered Historic Places List）。See Paul Donsky, "Ahead of the Curve", *Atlanta Journal Constitution*, February 18, 2007, and Atlanta Preservation Center, http://www.preserveatlanta.com/ endangered07_04.htm. See also: DOCOMOMO, Georgia Chapter News, http://www.docomomoga. org/ wordpress/?p=84.

韦伯奈普公司总裁办公室

1. 参见 1995 年 11 月 1 日，贝聿铭与珍妮特·亚当斯·斯特朗的谈话。

2. 参见 2006 年 9 月 12 日，贝聿铭与珍妮特·亚当斯·斯特朗的谈话。

3. 贝聿铭的话引自 E. J. Kahn, Jr., "Profiles: Big Operator–1", *The New Yorker*, December 8, 1951, 59–60.

4. Zeckendorf with Edward McCreary, *The Autobiography of William Zeckendorf*, Chicago：Plaza Press, 1987ed., 99. See also "Astragal on Zeckendorf", *Architectural Forum*, October 1952: 92. See "Lobby of Light", *Architectural Forum*, January 1952: 118ff, and "Lighting in Design", *Interiors*, October 1952: 103-104.

5. 贝聿铭在他的小团队里进行了分工，尤里克·弗兰森（Ulrich Franzen）负责完成大部分的照明灯具和家具，亨利·考伯（Henry Cobb）负责设计制作了一个非常巧妙的瘿木酒柜，这个酒柜比泽肯多夫的衣橱还大了一倍。

6. "William Zeckendorf's Office", *Fortune*, June 1952: 112. See also "Rooftop Showboat", *Architectural Forum*, July 1952, 105-113; Robert A. M. Stern, Thomas Mellins, and David Fishman, *New York 1960: Architecture and Urbanism between the Second World War and the Bicentennial*, New York: Monacelli Press, 1995, 563-564; Carter Wiseman, *I. M. Pei: A Profile in American Architecture*, New York：Harry N. Abrams Publishers, 1990,54; Michael Cannell, *I. M. Pei: Mandarin of Modernism*, New York: Carol Southern Books, 1995, 98, 103-105.

贝氏宅邸

1. 参见 2007 年 6 月 22 日贝聿铭与珍妮特·亚当斯·斯特朗的谈话。或许比起密斯或约翰逊来说，对贝聿铭影响更大的是他的朋友马塞尔·布劳耶，贝聿铭最佩服他造的房子。

2. 参见 2007 年 12 月 27 日贝聿铭与珍妮特·亚当斯·斯特朗的谈话。在最近与槇文彦（Fumihiko Maki）的对谈中，贝聿铭解释说他对预制结构（prefab）的兴趣是短暂的。interview with I.M.Pei, April 23, 2007, scheduled for publication by A+U in May, 2008.

3. 同前，2007 年 6 月 22 日。

4. 工厂应用虫胶清漆涂刷保护横梁和外露的末端，又漆成红色，防水防潮。胶合板墙是标准的木材框架结构，采用新开发的白色防水橡胶涂料进行绝缘和密封，直至今日仍然保存完好。

5. "Small House Perfection", *Vogue*, January 15, 1961, 86-93. See also "Maison de week-end de I. M. Pei aux environs de New-York", *L'Architecture d'aujourd'hui*, September 1962, n. 103, 160-161. See also Bruno Suner, *Ieoh Ming Pei*, Paris: Fernand Hazan, 1988, 40-42.

6. 楼梯最初通向房屋下面的户外露台，但后来为了适应不断扩大的家庭而改变了设计。

7. 同前，2007 年 6 月 22 日。

8. 在哈佛大学期间，贝聿铭在剑桥镇的布拉托街（Brattle）为设计学院研究生院的一位同学盖提·希尔（Getty Hill）的父亲设计了一所房子，在那以后，直到做这个纽约州卡特纳的平顶房子之前，他再没有设计过民房。随后贝聿铭在 1961 年，和凯洛格·黄（Kellogg Wong）一起在华盛顿特区为威廉·斯莱顿（William Slayton）设计了房子，并在 1969 年在得克萨斯州的沃斯堡市（Fort Worth）为艺术品收藏家查尔斯·坦迪夫人（Mrs. Charles Tandy）设计了住宅博物馆。贝聿铭将前者归功于凯洛格·黄，而干脆不接受后者是他设计的这个说法，因为房主未经他允许，请另一位建筑师做了更改。同前访谈，2007 年 12 月 27 日。

里高中心

1. 法院广场是泽肯多夫和贝聿铭在丹佛最早的项目，是美国所有城市里第一个将停车场和公共区域与酒店结合在一起的大型开发项目，酒店由阿拉多·寇苏达设计，百货商店由亨利·考伯设计。See Zeckendorf with Edward McCreary, *The Autobiography of William Zeckendorf*, Chicago:Plaza Press, 1987, chapter 9, "The Town That Time Forgot":107-119.

2. Bill Hosokawa, "Zeckendorf: What makes Him Tick?", *Empire: The Magazine of the Denver Post*, November 6,1955:12 of Zeckendorf, op. cit.:119. See also "New Thinking on Fenestration and Ground-floor Use", *Architectural Forum*, September 1953, 114-117, "Denver's Mile High Center", *Architectural Forum*, November 1955:128-137, and "Building Facade with Functional Meaning", *Engineering News Record*, June 24, 1954, 32-36. See also Carter Wiseman, *I. M. Pei: A Profile in American Architecture*,

New York: Harry N. Abrams Publishers, 1990, 57–58; and Ian McCallum, "Coast to Coast", *The Architects Journal*, August 16, 1956, 225-234.

3. 参见 2006 年 3 月 1 日贝聿铭与珍妮特・亚当斯・斯特朗的谈话。

4. 贝聿铭称赞泽肯多夫能够认识到建筑的质量就等于无形资产，能够带来巨大的经济力量。"Architecture without Pomp", *Architectural Forum*, November 1954:170.

5. Zeckendorf with Edward McCreary, op.cit.:118. See also Richard Weingardt, "Colorado Architecture: The Best Buildings of the Modern Age", Colorado Business Magazine, February 1990, 38-39, 41.

华盛顿西南区城市改造

1. Keith Melder, "Southwest Washington, Where History Stopped", in *Washington at Home: An Illustrated History of Neighborhoods in the Nation's Capital*, Kathryn Schneider Smith, ed., Windsor Publications: Northridge, Calif., 1988,70.

2. 贝聿铭得到了哈里・维斯（Harry Weese）的帮助，这是他在麻省理工学院的朋友，曾在比米斯基金会（Bemis Foundation）与贝聿铭一起工作，并在芝加哥有过城市规划经验。随后，规划师迪恩・麦克卢尔（Dean McClure）和管理员威廉・斯莱顿也加入了他们的团队。参见 1995 年 11 月 21 日，迪恩・麦克卢尔与珍妮特・亚当斯・斯特朗的谈话，以及 1995 年 11 月 9 日威廉・斯莱顿与珍妮特・亚当斯・斯特朗的谈话。

3. Jane Jacobs, "Washington", *Architectural Forum*, January 1956:97. See also I.M.Pei, "Urban Renewal in Southwest Washington", *AIA Journal*, January 1963:65-69; *The Autobiography of William Zeckendorf*, chapter 16; and "Southwest Washington, Finest Urban Renewal Effort in the Country", *Architectural Forum*, January 1956:84-91. See also Carter Wiseman, *I. M. Pei: A Profile in American Architecture*, New York: Harry N. Abrams Publishers, 1990, 58-61, and Michael Cannell, *I. M. Pei: Mandarin of Modernism*, New York: Carol Southern Books, 1995, 131-136.

4. 参见 1995 年 4 月 28 日贝聿铭与珍妮特・亚当斯・斯特朗的谈话。

5. 参见 2006 年 6 月 13 日贝聿铭与珍妮特・亚当斯・斯特朗的谈话。For Town Center Plaza see Walter McQuade, "Pei's Apartments Round the Corner", *Architectural Forum*, August 1961, 107-114; Araldo Cossutta, "From Precast Concrete to Integral Architecture", *Progressive Architecture*, October 1966: 196-207.

6. 贝聿铭参加他的执业资格考试的时候，忙于执行西南区改造项目，

以至于规划科目考试没有通过。

双曲面大厦

1. Joseph Borkin, *Robert R. Young: The Populist of Wall Street*, New York:Harper and Row, 1969, 196-197. See also "80-Story Building Considered to End Grand Central Deficit", *Washington Star*, September 8, 1954, A27; Damon Stetson, "World's Loftiest Tower May Rise on Site of Grand Central Terminal', *The New York Times*, September 8, 1954, 1, 36; and "Young's Dream Building Grows More Fabulous by the Minute", *Washington Evening Star*, September 12, 1954, B22.

2. 《双曲面大厦：韦伯奈普公司建造的中央车站项目》，概念展示，1954—1956 年。

3. 不只是一个工程奇迹，双曲面大厦象征着纽约市中心的重新振兴。参见 2001 年 11 月 29 日贝聿铭与珍妮特・亚当斯・斯特朗的谈话。

4. 参见 2001 年 11 月 29 日贝聿铭与珍妮特・亚当斯・斯特朗的谈话。

5. 双曲面大厦的设计一直被纽约中央铁路保密，直到最近才公开。See Robert A. M. Stern, Thomas Mellins, and David Fishman, *New York 1960：Architecture and Urbanism between the Second World War and the Bicentennial*, New York: Monacelli Press, 1995, 1140-1141; John Belle and Maxine R. Leighton, *Grand Central: Gateway to a Million Lives*, New York and London: W. W. Norton, 2000, 3ff; Meredith L. Clausen, *The Pan Am Building and the Shattering of the Modernist Dream*, Cambridge Mass.: MIT Press, 2005, chapter 1, "Grand Central City", esp. 22ff.

6. 同前引用，第 223、221 页。

基普斯湾大厦

1. Zeckendorf with Edward McCreary, *The Autobiography of William Zeckendorf*, Chicago: Plaza Press, 1987ed., 237.

2. 参见 1995 年 4 月 28 日贝聿铭与珍妮特・亚当斯・斯特朗的谈话。

3. Charles Grutzner, "East Side Housing Revamped to Delete 'Institutional Look'", *The New York Times*, April 26, 1958. See also Robert A. M. Stern, Thomas Mellins, David Fishman, *New York 1960：Architecture and Urbanism between the Second World War and the Bicentennial*, New York: Monacelli Press, 1995, 83-88; Edward Friedman, "Cast in Place Technique Restudied", *Progressive Architecture*, October 1960: 158-175; James Marston Fitch, "Housing in New York, Washington, Chicago and Philadelphia", *Architectural Record*, 1963:193ff; Walter

McQuade, "Pei's Apartments Round the Corner", *Architectural Forum*, August 1961: 107-114; Araldo Cossutta, "From Precast Concrete to Integral Architecture", *Progressive Architecture*, October 1966: 196-207; "Domesticating Glass Walls", *Progressive Architecture*, October 1961: 148-154. See also: Carter Wiseman, *I. M. Pei: A Profile in American Architecture*, New York: Harry N. Abrams Publishers, 1990, 62-64; and Michael Cannell, *I. M. Pei: Mandarin of Modernism*, New York: Carol Southern Books, 1995, 144-146.

4. 贝聿铭参与的结果是，联邦住宅管理局在 1961 年修改了住房法案。后来还授予了基普斯湾大厦第一个 FHA 住宅建筑奖项。See "HHFA Honor Awards, 1964", *Architectural Record*, November 1964: 165ff. 关于 FHA 政策的讨论和他们将设计放到次要位置，参见: Richard Miller, "The Rise in Apartments", *Architectural Forum*, September 1958: 105-111, also Zeckendorf, op.cit.: 238-241.

5. 建筑工程开始于 1959 年 8 月，南楼和商业中心于 1961 年建成，每平方英尺造价 10.15 美元，同时期韦伯奈普公司在西园谷建造的传统砖房项目造价是每平方英尺 9.75 美元。北楼两年后建成，成本还要高。

6. 参见 1996 年 7 月 2 日贝聿铭与珍妮特・亚当斯・斯特朗的谈话。在造访伦敦期间，贝聿铭认识到，不只是建筑，还有树木，使空间丰富起来。See I.M.Pei, "The Nature of Urban Spaces", *The People's Architects*, Harry S. Ransom, ed, published for William Marsh Rice University by the University of Chicago Press, 1964, 68-74.

路思义纪念教堂

1. 贝聿铭解释说："是格罗皮乌斯的名字引来了这个项目，不是我的名字。" 参见 1996 年 2 月 6 日贝聿铭与珍妮特・亚当斯・斯特朗的谈话。

2. 贝聿铭将主要计划交给了两位年轻的建筑师张肇康和陈其宽。

3. 见过父亲后，贝聿铭对这个项目的兴趣大大增强了。那时候他的父亲担任香港的上海商业银行行长，该行是台湾最大的银行。贝聿铭 1951 年去欧洲旅行了 4 个月，第一次亲眼看到哥特式大教堂。参见 2007 年 3 月 11 日贝聿铭与珍妮特・亚当斯・斯特朗的谈话。

4. 多年以后贝聿铭生动地回忆起当时遇到的资金短缺问题："亨利・路思义非常富有，但是他特别抠门。我不得不苦苦哀求他给钱。我努力了六七年，他才给了我们 12.5 万美元。这么点钱就是建教堂全部的钱了。我本人就是白干活，一分钱也没赚到。" 参见 2006 年 6 月 18 日贝聿铭与珍妮特・亚当斯・斯特朗的谈话。另参见 1959 年 4 月 1 日威廉・芬恩给亨利・路思义的信，保存在亚洲基督教高等

教育联合董事会档案馆（The United Board for Christian Higher Education in Asia），以前是基督教大学联合董事会，位于康涅狄格州纽黑文市（New Haven）耶鲁神学院（Yale Divinity School）的图书馆内。1959 年底，路思义教堂工程在异常的台风和洪水肆虐后被搁置了一年，之后台湾当局限制了非关键性建筑工程的建设。

5. 参见方宪三写给 Roberts & Schaefer（consulting engineers in New York）的信。1962 年 8 月 2 日，贝聿铭档案馆。

6. 参见陈其宽写给贝聿铭的信。1963 年 9 月 4 日，贝聿铭档案馆。另参见 1996 年 12 月 19 日贝聿铭与珍妮特・亚当斯・斯特朗在纽约的谈话。

7. 参见威廉・芬恩写给爱德华・A. 索维克（Edward A. Sovik）的信，1964 年 5 月 12 日，贝聿铭档案馆。

8. 参见 1996 年 2 月 21 日贝聿铭与珍妮特・亚当斯・斯特朗的谈话。

社团山

1. "Urban Renewal: Remaking the American City", *Time*, November 6, 1964, 60ff.

2. John Gerfin, "The Bright Promise of the New Society Hill; Planner is Careful to Save Famed Waterfront Skyline", *Philadelphia Bulletin*, November 15, 1959, 1.

3. "Urban Renewal: Remaking the American City", *Time*, November 6, 1964, 70. See also I.M.Pei, "The Nature of Urban Spaces", *The People's Architects*, Harry S. Ransomed, published for William Marsh Rice University by the University of Chicago Press: 1964, 68-74; Edmund Bacon, "Downtown Philadelphia: A Lesson in Design for Urban Growth", *Architectural Record*, May 1961:131-146; "Philadelphia: Blueprint for Urban Renewal", Master Shooting Script, August 17, 1961, I.M.Pei Archives; Stephen Thompson, "Philadelphia's Design Sweepstakes", *Architectural Forum*, December 1958: 94ff; "Society Hill: Elegance and Politesse", *Progressive Architecture*, December 1964: 189ff; Carter Wiseman, *I. M. Pei: A Profile in American Architecture*, New York: Harry N. Abrams Publishers, 1990, 64-66. See also Mildred Schmertz, "A Long Wait for the Renaissance", *Architectural Record*, July 1965: 119-131; Philip Herrera, "Philadelphia: How Far Can Renewal Go", *Architectural Forum*, August-September 1964: 180-193; "No Longer Are They Laughing at Pei Homes", *Philadelphia Inquirer*: 1ff.

4. See Edmund Bacon, *Design of Cities*, New York: The Viking Press: 1967. 具有讽刺意味的是，设计兜兜转转又回来了，培根的绿地网络计划受到了中国式花园的影响，道路曲曲折

折，使游客的视角不断变化，就不会有那种阴森的感觉。See Alexander Garvin, "Philadelphia's Planner: A Conversation with Edmund Bacon", *Journal of Planning History*. Vol.1, No. 1，February 2002, 58-78.

麻省理工学院

1. Pietro Belluschi, quoted in Meredith Clausen, Pietro Belluschi: *Modern American Architect*, Cambridge, Mass.: MIT Press, 1994, 281.
2. 参见 1996 年 8 月 20 日贝聿铭与珍妮特·亚当斯·斯特朗的谈话。
3. I.M.Pei, quoted in "ARTS Interviews I. M. Pei'40", *The Tech*, March 5, 1985, 8. See also "Flagpole in the Square", *Time*, August 22, 1960, 48; Carter Wiseman: *I. M. Pei: A Profile in American Architecture*, New York: Harry N. Abrams Publishers, 1990, 66-67.
4. PAS, Office of the Vice President and Treasurer, letter to I.M.Pei, May 5, 1960. Institute Archives. See also "A Magnificent Obsession", *The MIT Observer 7*, no. 3, December 1960: 1-2; "A Tower Built Like a Bridge", *Architectural Forum*, August 1960, 100-103.
5. "The Highest Tower in Cambridge", *Technology Review*, December 1964: 17; "New Landmark for M.I.T.", *Progressive Architecture*, March 1965: 157-163; "Wind Whistles through FHA Tower", *Progressive Architecture*, March 1967: 168-171; David Guise, "MIT Earth Sciences Laboratory", *Design and Technology in Architecture*, New York: John Wiley, 1985: 206-212." Sculpture: Boiler Plate Beauty", *Time*, May 13, 1966, 78-79.
6. 参见 1995 年 7 月 9 日贝聿铭与珍妮特·亚当斯·斯特朗的谈话。
7. 委员会向校友会中的塞西尔·格林（Cecil Green）和他的同事尤金·麦克德尔莫特（Eugene McDermott）介绍了贝聿铭。塞西尔·格林是得克萨斯仪器公司（Texas Instruments）的总裁，这家公司是大楼的赞助商。而尤金·麦克德尔莫特资助了亚历山大·考尔德的雕塑、庭院和大礼堂。贝聿铭在地球科学大楼上首次使用亚历山大·考尔德的作品，这种爱好稍后在华盛顿国家美术馆的东馆得到进一步发展。

东西方中心

1. Stephen W. Bartlett, "Hawaii's East-West Center: A Dialogue between Cultures", *Saturday Review*, July 18, 1964, 42. See also Jonathan Rinehart, "Hawaii, The New Frontier", *Paradise of the Pacific 72*, no. 8, 1960: 11-13, 38. 这件事的催化剂是尼基塔·赫鲁晓夫宣布了一项有竞争力的计划，那就是建造莫斯

科友谊大学（Friendship University in Moscow）。
2. Victor N. Kobayashi, "The Building Boom", *Building a Rainbow: A History of the Buildings and Grounds of the University of Hawaii's Manoa Campus*, Manoa, HI: Hui O Students, University of Hawaii at Manoa，1983, 111ff. See also "East Meets West in Architecture Symbolic of Neither", *Architecture/West*, November 1963: 24-25; "East-West Center in Honolulu, Hawaii", *Arts & Architecture*, February 1964: 30-34; "Architects View Achievements", *The Honolulu Advertiser*, January 16, 1966, A14: 5.
3. 参见 2007 年 7 月 19 日贝聿铭与珍妮特·亚当斯·斯特朗的谈话。另见与助理建筑师克里夫·杨在 2006 年 9 月 21 日的谈话，以及与约翰·费茨杰拉德·肯尼迪、剧院主管马蒂·迈尔斯（Marty Myers）在 2007 年 8 月 22 日的谈话。
4. 由阿拉多·寇苏达设计。复杂的形制与对面由贝聿铭参与设计的纪念碑式的剧院形成了鲜明的对比。
5. 剧院开幕之夜上演了日本歌舞伎乐舞，第二天晚上演出了《哈姆雷特》，第三天晚上上演的是一个喜剧音乐剧，匆忙代替了格什温的《我为你歌唱》（*Of Thee I Sing*）。因为格什温的音乐剧是讽刺总统选举的，而肯尼迪总统就在几天前遇刺。东西方中心剧院在 1963 年 11 月 28 日揭幕前改名为肯尼迪剧院。
6. 参见 2007 年 7 月 19 日贝聿铭与珍妮特·亚当斯·斯特朗的谈话。肯尼迪剧院一开始准备用作东西方中心的一个演讲堂，但是当夏威夷大学戏剧系加入以后，这里就重新装修成一个高级剧院了，这里也是夏威夷大学学生们的戏剧训练基地，这些学生里包括贝蒂·米德勒。

大学广场

1. "Ten Buildings That Point to the Future", *Fortune*, October 1964; "Ten Buildings That Climax an Era", *Fortune*, December 1966; See also Cervin Robinson, "Bright Landmarks on a Changing Urban Scene", *Architectural Forum*, December 1966: 21-29; Robert A. M. Stern, Thomas Mellins, and David Fishman, *New York 1960：Architecture and Urbanism between the Second World War and the Bicentennial*, New York: Monacelli Press, 1995, 234-236, 1237 n. 94.
2. 与贝聿铭在项目里合作的是密斯的学生詹姆斯·伊戈尔·弗里德，他细心地解决了很多细节设计问题，使这座极简主义风格的建筑表现出了他们想要的东西。参见 1996 年 9 月 19 日詹姆斯·伊戈尔·弗里德与珍妮特·亚当斯·斯特朗的谈话。
3. 参见 1996 年 7 月 11 日贝聿铭与珍妮特·亚当斯·斯特朗的谈话。

几杯红酒下肚，卡尔·奈斯贾尔邀请贝聿铭去看他的几件放大版毕加索珍品的新作，运用了一种新技术，叫作"天然混凝土"（或称混凝土雕刻［Naturbetong, concrete engraving］）。贝聿铭这个人特别能接受新事物，后来很快就把这项技术应用到了建筑里，第一件作品就是国家大气研究中心，他把当地开采的石料加入到混凝土里，然后用凿石锤在表面捶打，营造出一种混合的色彩。《西尔维特胸像》是欧洲以外第一件也是全美仅有的两件毕加索的大型作品之一。See "A Picasso Will Rise 36 Feet above Bleecker Street", *The New York Times*, January 20, 1968, 49; Raymond C. Heun", Picasso's Adventures in Concrete", *Concrete International*, September 1988: 53-54; Carl Nesjar, "Picasso in Concrete", *Cembureau Technical Newsletter*, April 5, 1966; "Picasso in New York", *Journal of the American Institute of Architects*, January 1968: 101; "Picasso's Prestressed Sculpture", *Engineering News-Record*, August 8, 1968: 20-21; Stern, et al., op. cit., 236, 1237 n. 95.

国家航空航站楼

1. 参见 1995 年 6 月 23 日伊森·莱昂纳多（Eason Leonard）与珍妮特·亚当斯·斯特朗的谈话。
2. 参见 1995 年 10 月 28 日，凯洛格·黄与珍妮特·亚当斯·斯特朗的谈话。以前从没有人采用过这样大的玻璃墙，至少在机场的设计里闻所未闻。建筑师画的这个重点没有被国家航空公司忘记，为了庆祝工程奠基，《纽约时报》上做了整版的图片广告，题为"我们的新玻璃房子"（Our New Glass House），在 1966 年 8 月 17 日，第 40 版。在三年后，也就是 1969 年 12 月，在《国家报道》（*National Reporter*）中的开业特别报道中用到了"令人目眩的玻璃"这样的词汇，见 1969 年 12 月期第 1-5 页。See also Robert E. Rapp, "Space Structures in Steel", *Architectural Record*, November 1961: 190ff.
3. I.M.Pei, quoted in "Pavilion at Kennedy", *Architectural Forum*, October 1971: 22; See also Robert A. M. Stern, Thomas Mellins, and David Fishman, *New York 1960：Architecture and Urbanism between the Second World War and the Bicentennial*, New York: Monacelli Press, 1995, 1018-1019; "Multi-Airline Terminal", *Architectural Record*, September 1961: 168-169; Mark Blacklock, *Recapturing the Dream: A Design History of JFK's Airport*, London: Mark Blacklock, 2005.

国家大气研究中心

1. 参见 1985 年 5 月 14 日贝聿铭与路西·华纳（Lucy Warner）的谈

话。贝聿铭解释说在多年的城市改造工作之后，他需要"把自己解放出来。我必须从头学起。恰好国家大气研究中心项目适时来到。它拯救了我。我认识到我必须对我的工作重点重新排序"。参见 1995 年 11 月 1 日贝聿铭与珍妮特·亚当斯·斯特朗的谈话。See also Clyde Soles, *A Positive Occurrence in the Countryside*, Boulder: Adventure Wilderness Enterprises, 1988; Carter Wiseman, *I. M. Pei: A Profile in American Architecture*, New York: Harry N. Abrams Publishers, 1990, chapter 4, 73-91; Michael Cannell, *I. M. Pei: Mandarin of Modernism*, New York: Carol Southern Books, 1995, 157-161; Bruno Suner, *Ieoh Ming Pei*, Paris: Fernand Hazan, 1988, 52-57.See also Jonathon Barnett, "A Building Designed for Scenic Effect", *Architectural Record*, October 1967: 145-151; "High Monastery for Research", *Architectural Forum*, October 1967: 31-43; Henry Lansford, "A Cathedral for Science", *Horizons* 19, no. 9，September 1967, 55-57; Bernard F. Spring, "Evaluation: From Context to Form", *AIA Journal*, June 1979: 68-74.
2. Pei quoted in files of the National Center for Atmospheric Research, Archives & Records Center, including memo, September 26, 1960, Coll. 8731, Box 2 of 2, Site and Architect Selection Folder: 21 anColl. 850215d, Box 2 of 3, Admin. Division, Physical Facilities Services, Mesa Lab Records, c.1961-1967. Folder Book C, Pei Corresp. 1961. Important records of site and architect selection are also preserved in: UCAR Building File memo, October 29, 1960, Coll. 850215e, Box 1 of 2, Admin. Division, Physical Facilities Services, Records, "Site & Architect Selection" Folder: Selection of Table Mountain Site, I. M. Pei, Architect; unsigned note: Coll. 8731, Box 2 of 2, Site & Architect Selection, Folders 23 & 24; Memo March 13, 1961, Coll. 8731, Box 2 of 2, Site & Architect Selection, Folder 21; unsigned notes: Coll. 8732, Box 2 of 2, Site & Architect Selection, Folder 25; Coll. 850215a, Box 1 of 4, Admin. Division, Physical Facilities Services, Pei & Eby Contracts + modifications, corr. 1959-1963. Folder Book 3082 1-f-10, 1961; Coll. 850215e, Box 1 of 2, Admin. Division, Physical Facilities Services, Records, Site & Architect Selection Folder: Selection of Table Mountain Site, I. M. Pei, Architect; Choice of Architect Memo, n.d., Coll. 8731, Box 1 of 2, Folder 12.
3. 参见 1995 年 11 月 1 日贝聿铭与珍妮特·亚当斯·斯特朗的谈话。
4. 没有审批就不可能在那里盖房子。

国家大气研究中心主任的妻子，时任规划委员会理事的珍妮特·罗伯茨（Janet Roberts）适时地被贝聿铭对这块土地的感情打动了。

5. 贝聿铭意识到"国家大气研究中心在某种程度上仍然会让人想起路易斯·卡恩。那时候人们还是热衷于追随（卡恩所在的）宾夕法尼亚大学的菲利浦工程实验室（Phillips Engineering Laboratories）。在国家大气研究中心项目里，也有些许那样的风格。国家大气研究中心是我的第一个（对艺术建筑的探索），我还没有完全准备好"。参见1996年6月16日贝聿铭与珍妮特·亚当斯·斯特朗的谈话。See Richard Weingardt，"Colorado Architecture: The Best Buildings of the Modern Age"，*Colorado Business Magazine*，February 1990: 38–39, 41.

6. 贝聿铭使用了挪威人厄兰·维克斯卓（Erling Viksjoe）在纽约大学广场制造毕加索的大型混凝土雕塑《西尔维特胸像》时开发的技术。Report of the Planning Committee Meeting, UCAR Board of Trustees, January 31,1962; UCAR/NCAR Archives, 850215a, Box 1 of 4, Folder 3082-1-f-11, 1962.

7. "约翰·杜莎（John Tusa）采访贝聿铭时候的脚本"，BBC，参见：bbc. co.uk/radio3/johntusainterview/pei_transcript.shtml. "我能够吸引（罗伯茨）的原因，当然也是他吸引我的原因，"贝聿铭解释说，"是我对大自然的热爱……我们谈了很多（这个地点）的自然环境，怎样处理，怎样在这里盖房子……这就是为什么我对大自然的兴趣助我一臂之力。"

8. 40年以后，贝聿铭会再次强调利用自然环境，使人们在通往建筑物的路上充满期待，那一次是建造美秀美术馆。

9. 参见1996年2月6日贝聿铭与珍妮特·亚当斯·斯特朗的谈话。在这次谈话中，他提到了自己受到他的朋友安东尼·卡罗的影响。增建部分是建筑项目本身的要求。1964年，在联邦预算缩减后，有几处改动都是要弥补"国家大气研究中心的塔楼太过狭小"这个问题。

埃弗森博物馆

1. 参见1996年6月18日贝聿铭与珍妮特·亚当斯·斯特朗的谈话。

2. "Museum of Art"，*Progressive Architecture*，November 1962: 128. See also "Architecture: Object Lesson in Art and Museology"，*The New York Times*, October 29, 1968. 埃弗森博物馆是贝聿铭赢得华盛顿国家美术馆项目委托的基石。See Carter Wiseman, *I. M. Pei: A Profile in American Architecture*, New York: Harry N. Abrams Publishers, 1990, 161-162; Michael Cannell, *I. M. Pei, Mandarin of Modernism*, New York: Carol Southern Books, 1995, 143; Bruno Suner, *Ieoh Ming Pei*, Fernand

Hazan, 1988, 58-63.

3. 马克斯·沙利文在1960年接受委托开始筹建新博物馆，他精选出一个15人的建筑师名单，从菲利普·约翰逊到戈登·邦沙夫特。"如果菲利普想要的话，他就得到了这个项目。"邦沙夫特拒绝了。他们是优先的人选，"贝聿铭解释说，"我是名单上的第三个人。"参见1996年2月6日贝聿铭与珍妮特·亚当斯·斯特朗的谈话。"一旦你做过了规模非常大的项目，就很难脱身了……所以一方面我足够胜任这种项目，另一方面我没有可以证明这一点的作品。"参见1996年6月18日贝聿铭与珍妮特·亚当斯·斯特朗的谈话。随着二战以后博物馆业在全美如雨后春笋般蓬勃发展，沙利文要求贝聿铭"为雪城设计一些与众不同凡响的作品"。Quote in Dave Ramsey, "I. M. Pei: Everson Architect Created Sculpture in 'the middle of nowhere'"，*Syracuse Herald American Stars*, June 1,1997, 3. See also Russell Lynes，"Museums Playing the Cultural Odds"，*Harper's Magazine*, November 1968: 32ff.

4. 参见1996年2月6日及1996年6月18日贝聿铭与珍妮特·亚当斯·斯特朗的谈话。

5. 这样一来，埃弗森博物馆就有了停车场，而且入口处还有了个顶棚，这对于雪城白雪皑皑的严冬来说特别重要。同样地，贝聿铭试图游说当局把整个博物馆建在一个独立的场地上。"如果只建一部分建筑，这座建筑就没有足够的力量去掌控一个巨大的空地，好好的一座建筑就不可避免地被分成两部分了。但是一座建筑就是一座建筑，它应该是统一的、完整的。"参见1996年6月18日贝聿铭与珍妮特·亚当斯·斯特朗的谈话。结果工程拖了八年，因为其中的100万美元由海伦·S.埃弗森（Helen S. Everson）捐献，剩下的160万美元由社区募集筹措。

6. 参见1996年3月1日威廉·亨德森与珍妮特·亚当斯·斯特朗的谈话。

7. 参见1996年6月18日贝聿铭与珍妮特·亚当斯·斯特朗的谈话。

8. 参见2007年3月6日贝聿铭与珍妮特·亚当斯·斯特朗的谈话。"I. M. Pei: On Museum Architecture"，*Museum News*, September 1972: 14.

9. 参见1996年6月18日贝聿铭与珍妮特·亚当斯·斯特朗的谈话。贝聿铭的发现来自项目经理凯洛格·黄的陈述，参见2007年9月11日凯洛格·黄与珍妮特·亚当斯·斯特朗的谈话。

10. "Stirring Men to Leap Moats"，*Time*, November 1, 1998: 76. 贝聿铭描述："为什么在我的作品中经常用到中庭呢？……当你把一个建筑分开的时候，就像埃弗森博物馆那样的情况，中庭是一个能把不同部分统一起来的元素，不只是从动线的层面，而且是在空间上。"参见1996年6月18日和1996年7月2日贝聿铭与

珍妮特·亚当斯·斯特朗的谈话。

11. 参见1996年7月2日贝聿铭与珍妮特·亚当斯·斯特朗的谈话。See also James Bailey, "Concrete Frames for Works of Art"，*Architectural Forum*, June 1969: 58.

12. 参见1996年6月18日贝聿铭与珍妮特·亚当斯·斯特朗的谈话。

联邦航空管理局航空管制塔台

1. 五角形的设计带来了一个间接的好处，就是对称的同时又能保证全方位的视，能够均衡地面对所有的风力、气候和土地状况。独立的联邦航空管理局航空管制塔台实际上是一种新的建筑形式。

2. 为了给这个新的工业中开发出合适的建筑样本，贝聿铭派出了工作队长迈克尔·弗林（Michael Flynn）到一家加拿大飞机公司考察，在那里他完成了塔台的装配手册，并在钢制外壳方面获得了宝贵的专业知识。关于中控室操作台的讨论以及新形式和早期形式（通常是八面塔台）之间的比较说明，请参阅Bergthor F. Endresen, "Crux of the Matter: Systems to Keep Them Flying"，*AIA Journal*, September 1970: 46。

3. 联邦航空管理局航空管制塔台上塔身的弧线向内弯曲，以获得雕塑效果。别看最后的形式非常简单，但是詹姆斯·伊戈尔·弗里德在其中付出了巨大的努力。弗里德的速写本里有大量的塔身和基础建筑的草图，现在保存在国会图书馆。

4. Quoted by Barbara Goldsmith, "The Agile Eye of I. M. Pei"，*Town and Country*, August 1965: 105.

5. "New Tower to Grace Airports"，*Architectural Forum*, November 1963: 113-114. "我希望能够征明审美和效率并不是相互矛盾的。"贝聿铭说。Quoted in "Our Tower Architect Believes in Beauty, Efficiency"，*The Lawton Constitution & Morning Press*, April 11, 1965: 1. See also Walter McQuade, "A Better View at Airports"，*Fortune*, February 1967: 159.

6. Report to Congress of the United States by the Comptroller General of the United States, June 1966, published by Lois A. Craig "Designs for Technology"，*The Federal Presence: Architecture, Politics, and National Design*, Cambridge, Mass.: MIT Press, 1984.

克里奥·罗杰斯县立纪念图书馆

1. Irwin Miller, quoted by George Vecsey "Columbus, Ind., Grows Used to its Fine Architecture"，*The New York Times*, May 17, 1971.

2. 杰拉德·M.伯恩（Gerald M. Born）写给贝聿铭的信，1964年7月6日。See also Stan Sutton, "Library, Civic Center Plans Explained by Architects"，*The Evening Republic*,

Columbus, Indiana, April 14, 1964.

3. 在20世纪60年代能源消耗巨大的大背景下，图书馆拥有一个创新的保护系统，将华夫饼似的天花板上的灯产生的热量传递到储水箱，这些储水箱能够给建筑物加热好几个小时。See also Wilmington Tower, note 4.

4. 参见1996年8月6日贝聿铭与珍妮特·亚当斯·斯特朗的谈话。

5. 在整个图书馆的计划中，雕塑非常重要，以至于图书馆的竣工时间推迟了三年，直到雕塑到位。See Charlotte Sellers, "Library Dedication Speaker Praises 'Brilliance' of City"，*The Republic*, Columbus, Indiana, April 11, 1971. See also James Baker, "The Making of a Civic Space"，*Architectural Forum*, November 1971: 40-45; Jean Flora Glick, "Camelot in the Cornfields"，*Metropolis*, October 1988: 91ff; Marilyn Wellemeyer, "An Inspired Renaissance in Indiana"，*Life Magazine*, November 17, 1967, 74-88; and Columbus Area Chamber of Commerce, *A Look at Architecture, Columbus, Indiana*, sixth ed., 1991. 作者非常感谢1996年8月23日与项目建筑师凯尼斯·D.B.卡卢塞尔斯（Kenneth D.B. Carruthers）谈话得到的启发，以及1997年1月30日与克里奥·罗杰斯县立纪念图书馆主任约翰·克里奇（John Keach）的谈话。

美国人寿保险公司（威尔明顿塔）

1. 参见2007年10月18日贝聿铭与珍妮特·亚当斯·斯特朗的谈话。

2. I.M.Pei quoted in Sidney C. Schaer, "No Whipped Cream but it Vibrates"，*Wilmington Evening Journal*, undated photocopy in clippings portfolio, 1970, I.M.Pei Archives. 贝聿铭这样解释这个大问题："这个城市的问题是所有的建筑好像没有关联，它们只是一大堆分散的建筑。"I.M.Pei, quoted by George Monaghan, "Architect Glimpses Face Lift in City"，*Wilmington Evening Journal*, October 8, 1970.

3. "Alico Home Office"，*Contact*, June 1966: 2.See also David Guise, "American Life Insurance"，*Design and Technology in Architecture*, New York: John Wiley, 1985: 215, and "Wilmington, Delaware"，*Architecture Plus*, March 1972: 46-47.

4. 参见贝聿铭与珍妮特·亚当斯·斯特朗的谈话。根据寇苏达所说："贝聿铭问我，我们能在美国人寿保险公司大楼里加入空气层吗？一开始我们的设计里面是有的，后来改成了集成系统。"参见1996年1月23日阿拉多·寇苏达与珍妮特·亚当斯·斯特朗的谈话。Araldo Cossutta, "From Precast Concrete to Integral Architecture"，*Progressive Architecture*, October 1966: 196–207.

约翰·菲茨杰拉德·肯尼迪图书馆

1. Christopher Lydon, "Kennedy's Library To Be Most Complete of Its Kind", *The Sunday Star*, Washington, D.C., January 5, 1964. 在肯尼迪的葬礼上，前总统哈里·S.杜鲁门花了些时间去提醒肯尼迪夫人他自己的图书馆募款的错误，并提醒她尽快开始这项工作。约翰·菲茨杰拉德·肯尼迪图书馆项目在接下来的几个星期内就开始了。Harry S.Truman, thirty-third president of the United States(1945-1953), interview by Harold L. Adams(December 6,1963), Arthur Schlesinger Collection, John F. Kennedy Library.

2. 对整个工程中的建筑和设计事项向肯尼迪夫人提供建议的顾问团，包括建筑委员会主席威廉·沃尔顿、建筑师约翰·卡尔·瓦内克（John Carl Warnecke）、麻省理工学院建筑学院院长皮耶特罗·贝鲁斯基、哈佛大学建筑系主任本·汤普森（Ben Thompson）、哈佛大学景观设计系主任佐佐木英夫（Hideo Sasaki）和工业设计师雷蒙德·罗伊（Raymond Lowey），他为肯尼迪机场专门设计了空军1号）。建筑师有路易斯·卡恩、密斯·凡·德·罗、贝聿铭、休·斯塔宾斯（Hugh Stubbins）和保罗·西里（Paul Thiry）。外国建筑师和规划师包括阿尔瓦·阿尔托、斯文·马克里乌斯（Sven Markelius）、巴泽尔·史宾斯爵士（Sir Basil Spense）、丹下健三（Kenzo Tange）和弗兰克·阿尔比尼（Franco Albini）。卢西奥·科斯塔（Lucio Costa）无法参加。Transcript of the Advisory Committee Meetings, April 11-12, 1964, John F. Kennedy Library. Cf. See also Summary of Preliminary Meeting on Arts & Architecture of the Kennedy Library, William Walton Papers , John F. Kennedy Library.

3. 威廉·沃尔顿建议肯尼迪夫人给出五个或六个建筑师的名字作为"备选"。每个人都被要求投出三票支持他最喜欢的前三名建筑师，外国建筑师则坚持应该只考虑美国人。选票就是每位被选出来的建筑师飞往海恩尼斯港的"机票"，结果是，密斯拔得头筹，往后依次是路易斯·卡恩和约翰·卡尔·瓦内克、贝聿铭以及缺席的保罗·鲁道夫和菲利普·约翰逊。沃尔顿称这是一个"非常棒的名单"，并指出这上面所有的人都完全胜任。(Minutes of the Advisory Committee Meetings, april 14, 1964: 50, John F. Kennedy Library.)虽然沃尔顿汇报说他在航空公司机库烧了选票，但他保留了一张手写的票数统计单。File 1, William WaltonCollection, John F. Kennedy Library.

4．Walton, quoted by Donald Graham, "Why Pei?", *Harvard Crimson*, January 8, 1965.

5. 参见1996年6月18日贝聿铭与珍妮特·亚当斯·斯特朗的谈话。

6. 建议的其他选址包括查尔斯顿（Charlestown）的海军基地、昆西市场（Quincy Market）、奥蒂斯空军基地（Otis Air Force Base），以及位于华盛顿特区肯尼迪表演艺术中心（Kennedy Center for Performing Art）未使用的地下停车场。

7. 参见1996年8月20日贝聿铭与珍妮特·亚当斯·斯特朗的谈话。多年后，杰奎琳·肯尼迪·奥纳西斯（Jackie Kennedy Onassis, 奥纳西斯是肯尼迪夫人与希腊船王奥纳西斯再婚后加上的姓氏——译注）在贝聿铭得到国家艺术协会颁发的金质奖章时，写信给他，谈到了图书馆的持久影响力，并补充说："我将永远把它视为你的精神的象征——那是你的善良和坚持不懈。"(Jacqueline Onassis, letter to I.M.Pei, February 4, 1981, I.M.Pei Archives.)

8. 参见1996年8月20日贝聿铭与珍妮特·亚当斯·斯特朗的谈话。以前他也参与竞争图书馆项目的休·斯塔宾斯设计的备选方案与哥伦比亚角的选址公告一起发布。See Nick King, "UMass Gets Kennedy Library", *The Boston Globe*, November 25, 1975: 1, 5.

9. 参见1996年7月2日及12月19日贝聿铭与珍妮特·亚当斯·斯特朗的谈话。贝聿铭在1979年8月15日给图书馆的献词中也表达了相似的情感（打字稿，贝聿铭档案馆）。See also Carter Wiseman, *I. M. Pei: A Profile in American Architecture*, New York: Harry N. Abrams Publishers, 1990, chapter 5, 93–119; Michael Cannell, *I. M. Pei, Mandarin of Modernism*, New York: Carol Southern Books, 1995, chapter 5, 144-172." Complicated Shapes, Moving Experiences", *AIA Journal*, Mid-May 1980, 180-189; William Marlin, "Lighthouse on an Era", *Architectural Record*, February 1980: 81-90.

加拿大帝国商业银行

1. 参见2007年12月15日贝聿铭与珍妮特·亚当斯·斯特朗的谈话。从1965年到1967年，前期的工作重点是流程梳理和为了获得新的地产和扩大场地的权利而进行的谈判。

2. 贝聿铭通常依靠阿拉多·寇苏达和亨利·考伯来建造高层建筑，但到了20世纪60年代中期，出于实践和个人发展的原因，贝聿铭愿意亲自参与工程来负责下这些项目。获得加拿大帝国商业银行的设计委托，部分原因要归功于寇苏达和考伯在蒙特利尔的维尔·玛丽广场（Place Ville Marie）的成功。

3. 加拿大帝国商业银行面临的挑战是要同时应对来自过去和未来两方面的压力，包括帝国商业银行最初的艺术风格建筑（由 York & Sawyer 和当地建筑事务所 Darling & Pearson 于1929—1931年设计建造）以及密斯强有力的新建筑群。贝聿铭的第一反应是要建一个创新的混凝土树结构（脱胎于10年前他设计的双曲面大厦的设计）。"如果我们成功实施了那个计划，那可真是了不起的事！"贝聿铭说，但他最后觉得必须放弃这个想法，"因为客户非常保守。"参见2007年12月15日贝聿铭与珍妮特·亚当斯·斯特朗的谈话。

4. See Adele Freedman, "A Lofty Concept Comes to Grief", *The Globe and Mail*, Toronto, November 19, 1994, C6.4.

5. 在弗利茨·苏尔泽（Fritz Sulzer）的带领下，贝聿铭的团队完善了幕墙和制作工艺以及相关的窗户清洗系统，并安装了不会变形的巨大的不锈钢部件。立面设计保证了在200℉的温度范围内视觉上不会扭曲变形（在阳光直射温度下从 -20~180 ℉）。参见1996年5月15日弗利茨·苏尔泽与珍妮特·亚当斯·斯特朗的谈话。See *Architecture+*, March 1973: 38-41; The Steel Company of Canada's *Trend*, April 1974: 12-15; and *Canadian Building*(August 1972) and Inco Nickel News 8, no. 2(1973); also William Dendy and William Kilbourn, *Toronto Observed*, Toronto: Oxford University Press, 1986: 280-281. 作者非常感谢项目团队成员肯尼斯·卡卢塞斯（1996年8月23日）、弗利茨·苏尔泽（1997年11月10日和2007年12月19日）和亚伯·史顿（Abe Sheiden）（1995年10月26日）的见解。

6. 参见2007年12月15日贝聿铭与珍妮特·亚当斯·斯特朗的谈话。

7. 在1973年，商业广场项目几乎立刻被收入刚完成的多伦多建筑遗产清单（Toronto's Inventory of Heritage Properties），并且被纳入1991年的《安大略省遗产法案》（Ontario Heritage Act）名录。1992年，多伦多市议会将该建筑群整体授予城市设计奖，称其为"精致的绿洲"以及"多伦多最好的现代办公大楼"。Marc Baraness and Larry Richards, eds., *Toronto Places: A Context for Urban Design*, Toronto: University of Toronto Press, 1992: 42.

得梅因艺术中心增建项目

1. 贝聿铭说："除了增建之外，我必须通过某种方式将这两座建筑物很好地结合在一起。"对现代主义者沙里宁的敬仰使他寻求一种能够兼容的解决方案，也就是"第三代现代主义者具有更强烈的自信"的方法"截然相反"。参见1996年8月6日和2007年10月9日贝聿铭与珍妮特·亚当斯·斯特朗的谈话。See also "An Uncommon Vision: Architectural Trinity, 50 Years at the Des Moines Art Center", videotaped panel discussion, Drake University, Des Moines, October 17, 1998; and Jason Alread, AIA, and Thomas Leslie，AIA，"A Museum of Living Architecture: Continuity and Contradiction at the Des Moines Art Center Addition", typescript of unpublished article.

2. 此处作者记述有误，埃罗·沙里宁已于1961年去世。——编注

3. Kruidenier, quoted by Franze Shulze," Architectural Trinity in Des Moines", *Des Moines Art Center: Uncommon Vision*, New York: Hudson Hills Press Inc., 1998, 24 n. 6。

4. 参见1996年8月6日和2007年10月9日贝聿铭与珍妮特·亚当斯·斯特朗的谈话。贝聿铭的新旧结合策略为他在后来的日子里赢得了一些重要的委托，特别是华盛顿国家美术馆和卢浮宫项目。华盛顿国家美术馆馆长 J. 卡特·布朗表示得梅因艺术中心"可能是我们最终在东馆做决定的最重要的依据"。J. Carter Brown，quoted by George T. Henry，"C[edar] R[apids] Architecture Draws High Praise", *Des Moines Sunday Register*，December 17, 1989, 7F.

5. 天窗与贝聿铭在埃弗森博物馆设计的混凝土屋顶相似，但是折叠了起来。

6. Gene Raffensperger，"First Look at Art Center's New Addition"，*Des Moines Register*, October15, 1968: 1. See also Emily Genauer, "On the Arts: They Grow More Than Corn in Iowa", *The New Haven Register*, June 15, 1969. See also Stephen Seplow," A Record Crowd Flocks to Enlarged Art Center", *Des Moines Register*, October 7, 1968: 1.

达拉斯市政厅

1. 参见1999年1月18日斯坦利·马库斯（Stanley Marcus）与珍妮特·亚当斯·斯特朗的谈话。See also "New Landmark for Dallas", *The Dallas Times Herald*, March 20, 1966.

2. 市长琼森任命奢侈品零售商内曼·马库斯（Neiman Marcus）公司的总裁斯坦利·马库斯担任建筑师选拔委员会主席，并安排麻省理工学院人文学院院长约翰·伯查德（John Burchard）为教育委员会成员。几个星期后，保守派希望建造一座"有尊严和有立柱"的建筑，这样就开启了新的可能性。参见斯坦利·马库斯的访谈，同前。

3. 对埃里克·琼森的发言的引用，参见1996年8月28日贝聿铭与珍妮特·亚当斯·斯特朗的谈话。

4. 参见贝聿铭的访谈，同上。达拉斯有190英亩（约77公顷）的停车场，但只有4英亩（约1.6公顷）的公园。贝聿铭以波士顿市政厅为例强调了他的观点，其总体规划带来的直接结果是，数亿美元流入了政府中心，当地土地大大增值，为未来的城市注入了活力。See also Pei, quoted

by Ron Calhoun, "New City Hall to Set Pace", and Carolyn Barta, "City Hall Model: Unique Titled Design Unveiled", *Dallas Times Herald*, April 23, 1969.

5. 参见贝聿铭的访谈，同前。See also "Park Concept Important Too", *Dallas Times Herald*, April 28, 1967: 3. 除了市政厅及其公园外，贝聿铭还推广了当地住宅和相关设施，这里的发展口号是"文化中心，也是生活中心，是每个意义上的中心"。See "Large Downtown Residential Community Proposed", *Dallas Morning News*, June 23, 1966.

6. 参见1996年1月26日丹·基利与珍妮特·亚当斯·斯特朗的谈话。

7. 参见贝聿铭的访谈，同前。这个倾斜的形式与同时期的肯尼迪图书馆早期的"马蹄形"倾斜形制相互影响。在这两个项目上与贝聿铭密切合作的泰德·木硕回忆说："贝聿铭和我画了特别多的素描稿，在波士顿和达拉斯之间来回跑。贝聿铭非常喜欢用他的双手来表达他想做的事情……这样客户就能非常清楚地看明白他在说什么。这座建筑成为了达拉斯市欢迎一位官方来宾的最好的工具。"参见1997年4月24日泰德·木硕与珍妮特·亚当斯·斯特朗的谈话。

8. 在得克萨斯的实验室进行了两年的测试后，终于成功地在浇注接缝之间设置氯丁橡胶垫圈，以最大程度地减少缝隙，使整个墙面像一个整体，解决了约9万立方码（约6.9万立方米）的混凝土的收缩问题。并且用一个复杂的三向的后张系统（three-way post-tensioning systems）实现了重力抗震设计（gravity-defying design），当时在美国还很少有后张结构的建筑物，更不要说在三个方向上的后张了。这个复杂的支撑结构，是用混凝土浇筑的，然后再经过干燥。而在水平、垂直和对角线上的后张结构的复杂安装程序都是由建筑师在现场用手绘草图设计出来的，那时还没有计算机。这一切都来自贝聿铭的决心，那时候没有任何迹象表明现场使用过任何特殊的硬件或设备。参见1996年1月16日丹尼斯·伊根（Dennis Egan）与珍妮特·亚当斯·斯特朗的谈话。贝聿铭允许"我们在这座建筑物中运用所有我们已知的关于混凝土的构筑方法"。See also John Morris Dixon, "Connoisseurs of cast-in-place", *Progressive Architecture*, September 1974: 90-93.

9. 参见贝聿铭的访谈，同前。See also Carter Wiseman, *I. M. Pei: A Profile in American Architecture*, New York: Harry N. Abrams Publishers, 1990, chapter 6, 121-137. See also "Dallas", *Architecture+*, March 1973: 52-55.

10. 达拉斯市政厅的影响力远远超过了达拉斯这一城市一地，在系列电影《机械战警》（Robocop，1987）中作为未来主义的背景出现，而其"强

劲、干净的线条"是国际时装设计师鲁本·坎波斯（Ruben Campos）的高级时装的灵感来源。Michele Weldon, "Chilean Designer Takes Cue from Dallas Skyline", *Dallas Times Herald*, May 25, 1988. See John Pastier, "Bold Symbol of a City's Image of Its Future", *AIA Journal*, mid-May 1978: 112-117, and Peter Papademetriou, "Angling for a Civic Monument", *Progressive Architecture*, May 1979: 102-105.

贝德福德-史蒂文森超级街区

1. "To Save a Slum", *Newsweek*, November 20, 1967: 48. See also "RFK's Favorite Ghetto", *Architectural Forum*, April 1968: 47ff; Fred Powledge, "New York's Bedford Stuyvesant: Rare Urban Success Story", *AIA Journal*, May 1976: 41ff; and Kilvert Dun Gifford, "Neighborhood Development Corporations: The Bedford-Stuyvesant Experiment", *Agenda for a City: Issues Confronting New York*, Lyle C. Fitch and Annmarie Hauck Walsh eds. Sage Publications: Thousand Oaks, Calif., 1970: 421-450; Robert A. M. Stern, Thomas Mellins, and David Fishman, *New York 1960: Architecture and Urbanism between the Second World War and the Bicentennial*, New York: Monacelli Press, 1995: 91-93, 917-919.

2. 参见1997年10月7日贝聿铭与珍妮特·亚当斯·斯特朗的谈话。交通证实了内部的估计，30%的街道封闭后，将不会影响车流量。

3. 参见1997年10月7日和1996年7月24日贝聿铭与珍妮特·亚当斯·斯特朗的谈话。

4. 奥古斯特·中川（August Nakagawa）给贝聿铭的内部报告，1974年3月18日。

5. 贝聿铭为布鲁克林富尔顿街（Fulton Street）的商业和公共项目准备了初步方案。这个项目最后没有执行，但是在其中的中央天窗的设计中，人们可以看到一个在不知不觉中留存下来的想法，贝聿铭多年来一直在探索几何形状，并且大约20年后在卢浮宫的主入口和倒金字塔中重新呈现出来。

赫伯特·F. 约翰逊艺术馆

1. Wolf von Eckardt, "Heart, Hand and the Power of His Talents", *Washington Post*, September 15, 1973: C1.

2. 2006年博物馆游客在年平均游客量8.3万人基础上增加了50%左右。See Katherine Graham, "Johnson Museum receives $150K for Expansion", *Ithaca Journal*, July 25, 2006.

3. 参见2007年10月4日贝聿铭与珍妮特·亚当斯·斯特朗的谈话。See also "Cornell", *Architecture+*,

January-February 1974: 52-60；"I. M. Pei's Newest Museum", *Museum News*, September 1974; and "Art and Building, Ithaca, New York", *Architecture+*, March 1973: 59.

4. John L. Sullivan III, "The Design of the Herbert F. Johnson Museum of Art, A Recollection", typescript, September 26, 1997.

5. Jane Marcham, "Museum is Special to Architect", *Ithaca Journal*, May 27, 1973.

6. 参见1996年6月18日贝聿铭与珍妮特·亚当斯·斯特朗的谈话。See also Ada Louise Huxtable, "Pei's Bold Gem—Cornell Museum", *The New York Times*, June 11, 1973: 47.

7. 塞缪尔·C. 约翰逊（Samuel C. Johnson）认为这座建筑是博物馆奉献给公众的艺术品。See "A Museum Comes Alive", *Cornell Alumni News*, July 1973: 18.

8. 参见沃尔夫·冯·埃卡特（Wolf von Eckardt）的文章，同前。康奈尔大学最近决定扩建博物馆，才意识到贝聿铭在大约40年前就留出了一块单独可以去掉的嵌板。

国家美术馆东馆

1. "在这种情况下你无法削减太多角落……如果要成为国家美术馆的一部分就必须做得完美。"参见保罗·梅隆与罗伯特·鲍恩（Robert Bowen）于1988年7月26日、27日和11月10日的谈话，华盛顿国家美术馆，画廊档案馆（Gallery Archives）。即使在20世纪70年代经济滞胀，建筑成本飙升，梅隆也没有动摇。贝聿铭回忆说："他从来没有说过'我们没有钱，我们不能那么做'。他一项一项地单独采取了每个子项目的情况，在他不确定或涉及大笔费用的事情上，他会问我那样做是不是很重要。如果我说是，梅隆先生就会来批准。所以我从不轻易回答。在这种事上我特别谨慎，必须确保我的回答是对的。"参见1996年9月26日贝聿铭与珍妮特·亚当斯·斯特朗的谈话。"事实上我们最后建成了这么高品质的建筑要归功于雅各布森，他负责全面监督这项工程。参见2008年2月12日贝聿铭与珍妮特·亚当斯·斯特朗的谈话。雅各布森反过来感谢工人们："也许人们会认为是理所当然的：他们在工作中表现出与设计团队一样的对完美性和永久性的追求。"参见贝聿铭合伙事务所的国家美术馆东馆建筑图纸。1968—1978年不断变化的草图、渲染图和模型现藏于亚当斯·戴维森画廊（Adams Davidson Galleries），华盛顿特区，1978年。这座建筑树立起了大理石建造的最高标准，成为日后这个领域的操作指南。"大理石之间的接缝是1/16英寸（约0.16厘米），因此接头的一侧是1/32英寸。"项目经理说，"制作一个正确尺寸的铝模板（并将其放在每一块大理石

上）。如果您能感受到差异，这块大理石就不能用。这就是你的容忍度。"参见威廉·曼恩（William Mann）1992年3月26日和4月14日与安妮·G. 里奇（Anne G. Ritchie）的谈话，华盛顿国家美术馆，画廊档案馆。

2. Paul Mellon with John Baskett, *Reflections in a Silver Spoon: A Memoir*, New York: William Morrow and Company, 1992: 378. 随着卡特·布朗（Carter Brown）的到来，梅隆将成为贝聿铭最特殊的客户之一，并且有机会完成最好的建筑。这个筹备委员会用了长达一年的时间解决寻找建筑师的问题，当时受托人的顾问皮耶特罗·贝鲁斯基推荐了12位主要候选人，其中包括路易斯·I. 卡恩、菲利普·约翰逊和凯文·洛奇（Kevin Roche）。梅隆、布朗与几位董事会成员一起参观了这些候选建筑师的代表性建筑，包括贝聿铭的国家大气研究中心。"那里散发着浓浓的研究和学术气氛，让你忍不住想立刻走到办公桌边，马上开始工作。我们爱上了那座建筑！"参见J. 卡特·布朗2001年1月9日与珍妮特·亚当斯·斯特朗的谈话。作为现有地标建筑的增建部分，这种认识敏锐性非常强，使得梅因艺术中心的增建"可能是最主要的单一影响因素，促使我们最后为'东馆'拍板下决心"。Brown Quoted by George T. Henry, "C[edar] R[apids] Architecture Draws High Praise", *Des Moines Sunday Register*, December 17, 1989: 7F.

3. J. Carter Brown, "The Designing of the National Gallery of Art's East Building", *The Mall in Washington 1791-1991*, Richard Longstreth, ed., Washington, D.C.: National Gallery of Art, 1991: 280. 另见J. 卡特·布朗1994年2月7日与安妮·G. 里奇的谈话，华盛顿国家美术馆，画廊档案馆。

4. 参见J. 卡特·布朗与珍妮特·亚当斯·斯特朗的谈话。贝聿铭和布朗在希腊、意大利、德国、丹麦、法国和英国对18个博物馆做了巡回考察。后来的很多设计思想，关于最佳观赏条件、自然采光，以及室内外联络线的确定主要来自这次旅行。

5. 建筑物的不同角度，包括刀锋一样锐利的船头（角度为19°28'68"），需要开发特殊的工具，以方便那些平常习惯于直角施工的工人操作。正如贝聿铭解释的那样，"几何形状是这样的，一旦你有了基本形，你就被限制住了。你无法做任何其他相悖的事情"。参见1996年9月26日贝聿铭与珍妮特·亚当斯·斯特朗的谈话。使用三角形构图就像"学习一门全新的语言。就像演员突然被告知，从现在起咱们不再用单面的舞台，改用环绕的场地，一圈都是观众，演员肯定有这种感觉"。See also Paul Richard, "A New Angle on The Mall", *The Washington Post*,

December 18, 1977: L1, 12; "Pope + Pei", *Skyline*, June 1, 1978: 6; "P/A on Pei: Round Table on a Trapezoid", *Progressive Architecture*, October 1978: 49-59.

6. See Ada Louise Huxtable, "Geometry with Drama", *The New York Times Magazine*, May 7, 1978: 59-60; J. Carter Brown: "A Step-by-Step Guide to Designing a New Arty Neighbor for the Mall", *Potomac Magazine, The Washington Post*, May 16, 1971: 10-13, 62; See also James Carlton Starbuck, "Pei's East Building Addition to the National Gallery of Art", Vance Bibliographies, Architecture Series: #A 123, 1979; and National Gallery of Art, Center for Advanced Study in the Visual Arts, "The East Building in Perspective", abstracts of symposium, April 30-May 1, 2004.

7. 参见 1998 年 1 月 21 日贝聿铭与珍妮特·亚当斯·斯特朗的谈话。

8. 参见 J. 卡特·布朗与珍妮特·亚当斯·斯特朗的谈话。

9. 参见 1996 年 9 月 26 日贝聿铭与珍妮特·亚当斯·斯特朗的谈话。

10. 这项委托成就了奥里斯的事业，后来他在贝聿铭对卢浮宫的设计中时扮演了类似的角色。"就我而言，这是我做过的最好的项目。我无法想象一个比国家美术馆项目更有效率、更顺利、更愉快的过程。"参见 1996 年 3 月 11 日保罗·史蒂文森·奥里斯与珍妮特·亚当斯·斯特朗的谈话。

11. 参见威廉·佩德森在 1996 年 5 月 3 日与珍妮特·亚当斯·斯特朗的谈话。

12. 参见威廉·佩德森在 1996 年 6 月 18 日与珍妮特·亚当斯·斯特朗的谈话。贝聿铭将这些建筑描述为 "Rubato（音乐术语，表示节奏自由。——译注）……打破常规"。See Sally Quinn, "Celebrate Non-Celebrity", *The Washington Post*, May 14, 1978: F1, 14. 关于他骨子里的中国风格，贝聿铭承认说："我总是喜欢惊喜，这不是西方传统。西方传统通常是直接的、非常开放的、非常对称的，特别是花园，例如凡尔赛宫……中国园林则正好相反。它非常小，非常个性化，充满了惊喜……处处都是令人惊喜的元素，或者说人性化的尺度……如果有什么东西影响了我的设计，那就是这个。"参见 1993 年 2 月 22 日贝聿铭与安妮·G. 里奇的谈话，画廊档案馆。

13. 参见汤姆·施密特（Tom Schmitt）在 1996 年 5 月 17 日与珍妮特·亚当斯·斯特朗的谈话。

14. 参见伊森·莱昂纳多在 1995 年 6 月 23 日与珍妮特·亚当斯·斯特朗的谈话。

15. 随着贝聿铭的密切参与，委托制作了一些大型的艺术品以适应中庭的巨大规模。See Richard

McLanathan, *East Building, National Gallery of Art: A Profile*, Washing D.C., National Gallery of Art，1978. 另见 1993 年 8 月 26 日戴维·W. 斯科特（David W. Scott）与安妮·G. 里奇的谈话。华盛顿国家美术馆，画廊档案馆以及国家美术馆口述历史项目的相关访谈。

16. 参见贝聿铭在 1999 年 2 月 12 日与珍妮特·亚当斯·斯特朗的谈话。"在那些日子里，"贝聿铭继续说道，"中庭仍然是一个相当新鲜的事物。这其实是一个户外空间，顶部有一个覆盖物。三座塔楼非常重要；这就是我晚上点亮它们的原因。你向上看，透过天窗能看到它们。塔楼围绕着这个空间。没有它们这个空间就不会那么有趣，只不过是一个三角形的开口罢了。"

17. 参见贝聿铭在 1996 年 9 月 26 日与珍妮特·亚当斯·斯特朗的谈话。

18. 在与建筑物的亲密接触中，游客们还在博物馆入口大厅的青铜感谢板上擦亮了贝聿铭的名字。贝聿铭回忆那个 "刀刃" 的角度时说："我不得不想办法去对抗这个尖锐的地方。石头制造商从来没有做过这样的事情，他们一直坚持说这样不行，会碎掉。相反，他们建议我们把边缘缩进一些，靠减少几英寸来磨圆边缘，这样就能得到更稳固耐用的小平面。绝对不行！19°的锐角是整个设计的关键。我愿意承担这个风险。很高兴我这么做了。"参见贝聿铭在 1999 年 2 月 12 日与珍妮特·亚当斯·斯特朗的谈话。See also Joseph Giovannini, "Getting in Touch with Favorite Buildings", *The New York Times*, August 23, 1988: 30.

19. "到目前为止，在这个项目以前，我的大部分建筑都是用的建筑混凝土，主要是因为预算有限，也因为我在这个领域变得非常专业。但当时艺术委员会是不会接受混凝土建筑的。梅隆先生可以为我提供大理石。就这么简单。"参见贝聿铭在 1996 年 9 月 26 日与珍妮特·亚当斯·斯特朗的谈话。

20. 为了模拟原来老馆的承重墙，3 英寸（约 7.6 厘米）厚的大理石板被切割成相同大小，成为 2 英尺 ×5 英尺（约 0.6 米 ×1.5 米）的部件，用来包镶每一个角落，这样整个建筑看上去更为坚固。"整体上要显得特别耐用，这座建筑是为了永恒而建造的。"参见理查德·卡特尔（Richard Cutter）1996 年 9 月 10 日与珍妮特·亚当斯·斯特朗的对话。东馆里所有复杂的机械系统和基础设施都隐藏在精细琢的石墙和紧密的连接点背后（内部 1/16"，外部 1/8"）。空气系统小心地沿着连桥、地板和上部中庭墙的边缘集成起来，引导空气流向顶棚，驱动考尔德的动态雕塑能够旋转起来。在楼梯踏板和石头长凳下面隐藏着出风口。

21. 为了努力改变人们脑海里对混凝

土根深蒂固的成见，一般认为混凝土总是深灰色的、粗糙的，那是勒·柯布西耶著名的粗糙混凝土引发的热潮，贝聿铭带着法国承包商来参观东馆。他最初不相信光滑如丝的墙面其实是混凝土造的，承包商当即认为是东馆是（混凝土浇筑方面）最高的标准。See "I.M. Pei Speaks Out for Concrete", *Concrete International*, August 1979: 25-27.

22. 贝聿铭曾经希望增加地下二层以创造更多的空间备用，但却被地下水位和高昂的挖掘成本限制住了。旧建筑和新建筑的静载造成巨大的升力，威胁到两座楼中间没有沉重建筑的开放广场，可能会被挤开。于是运用了一种操作，就像在水上扎木筏一样，广场由约 570 根高强度钢带固定，每根长 40～60 英尺（约 12～18 米），固定在一个专制的防水的 6 英尺（约 1.8 米）厚混凝土地基垫层上。See "Concrete in Use: National Gallery of Art Expansion", *Journal of the American Concrete Institute*, October 1975: 513-520.

23. "这真的非常不同，"贝聿铭坚持说，"首先，华盛顿的玻璃棱镜是反光的、不透明的，所以你可以向外看，但是向内是看不见的。而且，它们并不是绝对的几何形状。这是一些不同尺寸的天窗，其中一些非常小，最大的也只有 2 米，而卢浮宫金字塔有一个约 20 米（66 英尺）高的主入口。所以功能是不同的，就像形状和视觉冲击力也是不同的。我认为它们之间没有任何关系。"1989 年哥伦比亚广播电台访谈节目的部分打字稿，贝聿铭档案馆收藏。

24. 参见贝聿铭在 1996 年 9 月 26 日与珍妮特·亚当斯·斯特朗的谈话。

保罗·梅隆艺术中心

1. 参见贝聿铭在 1999 年 2 月 12 日与珍妮特·亚当斯·斯特朗的谈话。"Headmaster Discloses Future Ideas for Arts Program", *The Choate News*, October 21, 1967:1.

2. 参见西摩·圣约翰（Seymour St. John）在 1997 年 3 月 26 日与珍妮特·亚当斯·斯特朗的谈话中引用的米勒牧师的话。在 7 月，校长给贝聿铭写信说："我们已经和很多建筑师谈过了。他们所有人能力都很强，都能建一座很好的房子。但是我遇见的人里，只有一位能建造出我们梦想中的房子。"西摩·圣约翰写给贝聿铭的信，1967 年 7 月 17 日，贝聿铭档案馆。

3. 参见拉尔夫·海瑟尔在 1999 年 5 月 26 日与珍妮特·亚当斯·斯特朗的谈话中引用的贝聿铭的话。

4. "Gateway to the Arts", *Building Progress*, March 1974: 8. See also Edward King, "An Arts Center Designed to Excite Students" and J. Ernest Gonzales, "Choate to Dedicate New Gift of Mellon", *The New Haven Register*, May 7, 1972; "The Choate

Arts Center", *Choate Alumni Bulletin*, May 1970: 16-22; and "An Arts Center by I.M. Pei Designed To Be a Gateway and Campus Center linking Two Prep Schools", *Architectural Record*, January 1973: 113-118.

5. I.M.Pei, quoted by Andrea Oppenheimer Dean, "Refining a Familiar Vernacular", *Architecture*, September 1983: 43-48. See also *World Architects in Their Twenties: Renzo Piano, Jean Nouvel, Ricardo Legorretta, Frank O. Gehry, I. M. Pei*, Dominique Perrault, Ando Tadao Laboratory, Department of Architecture, Graduate School of Engineering, The University of Tokyo, originally publsishing Japan in 1999. 中文译本：花城出版社，2003 年，第 129—150 页。

6. 参见 1999 年 2 月 25 日贝聿铭与珍妮特·亚当斯·斯特朗的谈话。See also "Nervous Dance between a Blissful Dreamer and a Master of Control", *The New York Times*, Februay 17, 1999: 2.

华侨银行中心

1. 参见 1998 年 12 月 17 日贝聿铭与珍妮特·亚当斯·斯特朗的谈话。

2. 贝聿铭与珀欣·黄（Pershing Wong）密切合作，在一个五边形的地块上为崇侨银行设计了一座大跨度的五边形塔楼。——原注
此处作者的叙述可能有误。崇侨银行为新加坡胡文虎家族产业，1971 年为大华银行集团收购。李光前创办的是华商银行，1932 年与另两家银行合并为华侨银行，李光前由此被尊称为"华侨银行之父"。1954 年，李光前退休，1967 年 6 月去世。因此 1967 年李光前不太可能担任崇侨银行总裁，而 1967 年华侨银行的总裁可能是陈振传。此处作者可能是将崇侨银行与华侨银行或者这两家银行的高管人员弄混了。——编注

3. "OCBC Centre", *Building Materials & Equipment Southeast Asia*, September 1976: 28.

4. 同上，第 31 页。

5. 参见 2007 年 10 月 18 日贝聿铭与珍妮特·亚当斯·斯特朗的谈话。

6. 参见 2007 年 10 月 18 日贝聿铭与珍妮特·亚当斯·斯特朗的谈话。See "Steel and Concrete Ladder-frame Straddles Four-story-high Lobby", *Engineering News Record*, June 19, 1975: 57-58; "Bank Headquarters Symbolic of 'New' Singapore", *Architectural Record*, April 1980: 118-121; *Building Materials & Equipment Southeast Asia*, September 1976: 28-82; and "Aspects of Modern Architecture: A Detailed and Comprehensive Interview with I. M. Pei", *Development and Construction*, Singapore, September 10, 1976: 53-59.

7. "Henry Moore: 1938-Reclining Figure", eight-page dedication

brochure, Oversea-Chinese Banking Centre: Singapore, 1985. See also "The Perfect Piece for the Plaza", *The Sunday Times*, Singapore, October 27, 1985.

来福士城

1. 参见 1996 年 11 月 19 日贝聿铭与珍妮特·亚当斯·斯特朗的谈话。

2. 参见 2007 年 7 月 17 日贝聿铭与珍妮特·亚当斯·斯特朗的谈话。 See also Teh Cheang Wan, Minister for National Development, "A New Supercity", *Asiaweek*, August 22, 1980, 21ff. "Exclusive Interview with I.M.Pei", *Southeast Asia Building*, March-April 1975: 6-7, and Southeast Asia Building（Februay 1985, August 1986, January 1987 issues）; "Aspects of Modern Architecture: A Detailed and Comprehensive Interview with I. M. Pei", *Development and Construction*, Singapore, September 10, 1976: 53-59.

3. 1960—1969 年九年的和平时期过后，新一代人已经成长起来。新加坡人认为他们不再需要，也不想要来自外部的帮助。之所以聘请贝聿铭，是因为人们相信他做出的设计可以带来巨大的经济效益，尽管后来设计发生了重大变化。

4. 参见 1998 年 12 月 17 日贝聿铭与珍妮特·亚当斯·斯特朗的谈话。贝聿铭不愿意接受大规模的商业地产开发项目，因为多年来一直在努力摆脱他最初的房地产开发商的角色。"（但）我们在美国能接到的工作很少，"贝聿铭回忆说，"所以我们不得不出国去找机会。我不喜欢做这些大的商业开发项目，但我们很擅长这一行。我们有专业人才和项目经验能够快速分析复杂的城市环境。而且我们需要这些项目。这些项目使我们能够维持公司运营。我只是希望我能用所有的时间和精力去做更具艺术性的事情。"

5. 参见 1996 年 11 月 19 日贝聿铭与珍妮特·亚当斯·斯特朗的谈话。

劳拉·斯佩尔曼·洛克菲勒学生宿舍

1. 这项研究由贝聿铭的合伙人亨利·考伯负责。计划分四个阶段，要求建造各种社交中心 / 餐厅、学生和社区住房、新的学院、地下停车场、新的医院、大学商店和小卖部，街道需要重新规划，火车站需要搬迁。Interim reports to Trustee Committee on Grounds and Buildings, January 17, 1970. See also Michelle Neuman, "Building Educational Opportunity: The Impact of Coeducation on Architecture and Campus Planning at Princeton University", January 10, 1995, http: etcweb.princeton.edu/ CampusWWWW / Studentdocs / Coed.html。到了 1969 年，贝聿铭的公司在校园建设方面拥有了丰富的

经验，贝聿铭本人头一年被任命为哥伦比亚大学校园建筑师，之前曾在中国台湾营建东海大学，在萨拉索塔（Sarasota）设计新学院。

2. 贝聿铭在社交场合上认识了劳伦斯·洛克菲勒。一年后，斯佩尔曼宿舍竣工，劳伦斯的祖父约翰·D.洛克菲勒（John D. Rockefeller）邀请贝聿铭在纽约设计建造亚洲之家（Asia House，未建成）。For Spelman Halls, see William Marlin, "Pei at Princeton", *Architectural Record*, January 1976: 123-130; Raymond P. Rhinehart, *The Campus Guide: Princeton University*, New York: Princeton Architectural Press, 1999.

3. 参见 2007 年 12 月 12 日贝聿铭与珍妮特·亚当斯·斯特朗的谈话。贝聿铭将在香山饭店项目采用相似的拆分方案保护树木。

4. 最终选择预制混凝土作为最高效、经济的施工方法。参见 A·普勒斯顿·摩尔（A. Preston Moore）（1998 年 9 月 14 日）和哈罗德·弗雷登伯格（2008 年 2 月 27 日）的谈话。

波士顿美术馆，西翼及翻修

1. 参见 1997 年 3 月 4 日霍华德·约翰逊与珍妮特·亚当斯·斯特朗的谈话。

2. 参见霍华德·约翰逊的访谈，同前。See also Thatcher Freund, "Art & Money", *New England Monthly*, October 1987: 49-57ff and Kay Larson, "At the Boston Museum of Fine Arts: A Giddy Program of Rebirth and Renewal", ARTnews, November 1979: 110-116.

3. 参见霍华德·约翰逊的访谈，同前。约翰逊解释说，贝聿铭的计划比经费紧张的博物馆能想象到的情况更复杂，成本也更高。"这花了我们不少时间（筹集 3 000 万美元），但我们最终做到了。"

4. 贝聿铭写给波士顿美术馆委员会（MFA trustees）的亲笔信，无日期，贝聿铭档案馆。

5. 参见 1996 年 12 月 12 日贝聿铭与珍妮特·亚当斯·斯特朗的谈话。See also Robert Taylor, "The mfa's West Wing: Bridge to the Future", *The Boston Globe Magazine*, December 20, 1981, 10ff; Donald Canty, "An Addition of Space, Light—and Life", *AIA Journal*, Mid-May 1982: 188-195; Ada Louise Huxtable, "Pei's Elegant Addition to Boston's Arts Museum", *The New York Times*, July 12, 1981: 23, 26; Franz Schulze, "A Temple of Cultural Democracy", *ARTnews*, November 1981: 132, 134; "The Talk of the Town", *The New Yorker*, August 24, 1981: 23-25; "Museums", *Architectural Record*, Fubruary 1982: 90-97.

6. 贝聿铭所希望的教育中心从未建造，而西翼难看的外墙"一直未完工，

这就是为什么我希望有一天教育中心能建在那里"。参见 2003 年 10 月 7 日贝聿铭与珍妮特·亚当斯·斯特朗的谈话。

IBM 办公大楼

1. Michael Meaney, "Nestlé Arrives in Purchase", *Reporter-Dispatch*, White Plains, New York, November 2, 1979.

2. Carleton Knight III, "Geometric Plan in a Suburban Setting", *Architecture*, May 1986: 215.

3. 那座塔楼位于第 57 街和麦迪逊大道（Madison Avenue）的交会处，爱德华·拉勒比·巴恩斯最终拿下了这座大楼，建造了这座大楼。这是一次精彩的职业道德展示，一开始巴恩斯拒绝接受，直到他与贝聿铭谈过以后。"贝聿铭让我给他一个星期考虑。一个星期后，他回电说：'这个项目是你的了。'"参见 1996 年 1 月 23 日爱德华·拉勒比·巴恩斯与珍妮特·亚当斯·斯特朗的谈话。

4. 参见 1997 年 1 月 13 日亚瑟·赫奇与珍妮特·亚当斯·斯特朗的谈话。See Mary McAleer Vizard, "Marketing Opulent Waifs Abandoned by Austerity", *The New York Times*, January 23, 1994: 15.

5. 参见 2007 年 11 月 17 日贝聿铭与珍妮特·亚当斯·斯特朗的谈话。

得克萨斯商业银行

1. Quoted by Ann Holmes, "Innovative Designer Comes to Town", *Houston Chronicle*, undated article in clippings file, c.1978, I.M.Pei Archives. See also "Texas Commerce Reaches for the Sky", *Corporate Design*, March-April 1983: 58-63.

2. William K. Stevens, "Houston's Face-Changing Building Boom May be Abating", *The New York Times*, July 23, 1978: 20.

3. "The 'Tower': Houston's Tallest Building", *Building Stone Magazine*, Jan-Feb 1981: 26-28. 得克萨斯商业银行大楼是世界上最高的复合结构建筑。混凝土是用泵推到指定高度（而不是吊装上去的），所以塔楼上面 72 层楼的建造仅仅用了 11 个月。See "Pumped Concrete Lift s Highest Pour", *Concrete Products*, April 1982: 21-23; also Scott S. Pickard "Ruptured Composite Tube Design for Houston's Texas Commerce Tower", *Concrete International*, July 1981: 13-19.

4. I.M.Pei, "Introduction", *Texas Commerce Tower at United Energy Plaza*, leasing brochure, n.d.

5. 参见 2007 年 11 月 17 日贝聿铭与珍妮特·亚当斯·斯特朗的谈话。一开始贝聿铭选的是别的雕塑作品，但是遇到了施工问题，于是就选择了结构更稳定的米罗的新作《人与鸟》。See Laura Coyle, William Jeff ett, Joan

Punyet Miró, *The Shape of Color: Joan Miró's Painted Sculpture*, London: Corcoran Gallery of Art, catalogue published in association with Scala Publishers, 2002, 53–57.

6. "Let People Come to Surface", *Houston Chronicle*, November 19, 1978: 31.

威斯纳大楼，艺术与媒体技术中心

1. 这项实验的部分资金来自麻省理工学院的"艺术百分比项目"（Percent for Art Program），以及国家艺术基金会（National Endowment）公共场所艺术项目（Art in Public Places Program）所给予的最大的资金支持。See Robert Campbell, "Pei in Harmony with a Trio of Artists", *Architecture*, Fuburay 1986: 39-43; Calvin Tomkins, "The Art World", *The New Yorker*, March 21, 1983: 92; Andrea Truppin," Northeast Revival Teamwork", *Interiors*, April 1986: 160-167; Douglas C. McGill, "Sculpture Goes Public", *The New York Times Magazine*, April 27, 1986: 42-45ff; Kay Wagenknecht-Harte, *Site + Sculpture: The Collaborative Design Process*, New York: Van Nostrand Reinhold, 1989, 9ff; Stewart Brand, *The Media Lab: Inventing the Future at MIT*, New York: Viking Press, 1987.

2. 参见 2007 年 7 月 19 日贝聿铭与珍妮特·亚当斯·斯特朗的谈话。在他自己的探索中，贝聿铭解释说威斯纳大楼"是我有意识的尝试……建立一个可以进行激动人心的活动的地方和空间的实验室……那座大门就是我的一个声明……如果没有那个通往东校区的门户，那座建筑就立不住"。"Arts interviews I. M. Pei' 40", *The Tech*, March 5, 1985: 8.

3. I.M.Pei, quoted in "Interview: I. M. Pei & Partners", MIT Committee on the Visual Arts, *Artists and Architects Collaborate: Designing the Wiesner Building*, Cambridge, Mass.:MIT Press, 1986: 52. See also in same volume "Art in Architecture" by Robert Campbell and Jeffrey Cruikshank.

4. 贝聿铭承认他对麻省理工学院的忠诚，他说："如果换成是另一个机构，我觉得我不会这样做。"*Artists and Architects Collaborate: Designing the Wiesner Building*, 52.

香山饭店

1. 当电视和报纸记者出现在人民大会堂时，贝聿铭意识到他的邀请人突然要召开新闻发布会，探究在学术圈子和其他先进领域悄悄传播的思想。他很明智地解释道："我更容易表达某些想法，然后就等着，看看会发生什么。如果达成了某种协议，当权者就会介入。而这正是当时的真实情况。"参见 1997 年 11 月 26 日贝聿铭与珍妮特·亚当斯·斯

特朗的谈话。

2. Lise Friedman, "I. M. Pei, Architecture Rooted in Time", *Vis à Vis*, September 1987: 74. See also Carter Wiseman, *I. M. Pei: A Profile in American Architecture*, New York: Harry N. Abrams Publishers, 1990: chapter 9, 185-207; Michael Cannell, *I. M. Pei: Mandarin of Modernism*, New York: Carol Southern Books, 1995: chapter 12, 264-297; Thomas Hoving, "More than a Hotel", *Connoisseur*, February 1983: 68-81.

3. 每到秋天，香山红叶是北京的顶级景观之一。那里有许多历史悠久的寺庙、宫殿、靠近明陵、颐和园和长城（其实距离很远——译注）。毛泽东在进北京的路上，曾经住在这里。事实上，这样的特殊地段可以保留下来"简直就是一个奇迹"，贝聿铭说，"那里曾经被一个带户外管道的廉价'酒店'所占据，简直是可怕！自然如此美丽，人造建筑是一种耻辱。当我看到那些高大的树木时，我知道这就是我想要造房子的地方"。参见1996年2月27日贝聿铭与珍妮特·亚当斯·斯特朗的谈话。以前的建筑物只保留了挡土墙的部分。在20世纪70年代后期，政府鼓励外国投资者短时间内匆忙规划了数十万间酒店客房，以满足预计将要到来的旅游业的需求。贝聿铭接触了香港的开发商，他们与凯悦（Hyatt）一起想要建造2.5万个房间，但他并没有在中国建造千篇一律的单元房，而是决定设计一个优秀的建筑物，可以作为其他建筑的设计标准。参见1997年11月26日贝聿铭与珍妮特·亚当斯·斯特朗的谈话。

4. 参见1997年11月26日贝聿铭与珍妮特·亚当斯·斯特朗的谈话。贝聿铭说中国建筑只有三种类型：宫殿、寺庙和住宅。由于住宅是唯一一种具有持续活力的建筑，"人们居住在那里，富人和穷人，人们会在这里找到所谓的中国建筑语言"。See also Christopher Owen, "Exploring a New Vernacular", *Architecture*: 34-42; Paul Goldberger, "I. M. Pei Rediscovers China", *The New York Times Magazine*, January 23, 1983: 26ff; William Walton, "New Splendor for China", *House & Garden*, April 1983: 95-98; "A Conversation with I. M. Pei", *Building Journal* (Hong Kong), June 1985: 47-51.

5. I.M.Pei, in a letter to Frederick S. Roth, January 8, 1946, I.M.Pei Archives. See also "Museum for Chinese Art, Shanghai, China", *Progressive Architecture*, February 1948: 50-52. 在麻省理工学院，贝聿铭的论文主要研究在中国的重建中，"严格遵守传统建造方法"使用标准化可移动的竹制结构。I.M.Pei., "Standardized Propagation Units for Wartime and Peacetime China", June 1940, MIT Institute Archives.

6. 设计团队调查了宋代和唐代的建筑，中国的黄金时代和受到它的建筑风格影响的日本建筑，并且扩大了调查领域，研究了一些风格上相通的建筑，菲利波·布鲁内莱斯基（Filippo Brunelleschi）早期文艺复兴时期的建筑，所有这些建筑都简化了墙面色彩，和细节形成鲜明对比。"由于当时没有人对中国特别了解，我们必须学习，"贝聿铭说，"我们开始不是研究中国建筑，而是研究中国文化、历史、风俗和传统，了解人们如何生活。建筑反映了人们的生存状况，如果你不了解人们的生活方式，他们这样生活的根源是什么，那么你能提供的就只有技术了。生活是第一位的，技术只能排第二。"参见2001年10月21日贝聿铭与珍妮特·亚当斯·斯特朗的谈话。

7. See also "I. M. Pei: is Exploring the Chinese Way in Architecture", *China Reconstucts*, February 1983: 23ff.

8. 古老的水迷宫（曲水流觞）在历史上是诗人聚会的地方，他们相互挑战，要在一杯漂在水面上的小酒杯流到曲折的165英尺（约50米）长小水槽的末端之前作完一首诗文。利用植物、水和石头做成微型盆景模拟大千世界是贝聿铭故乡的文化遗产。当时的情况看上去就是一个年轻但是非常认真的学生，在香山上向园林大师陈从周教授学习。几个世纪以来，贝聿铭的家族在苏州坐拥狮子林（贝家买下狮子林是1918年的事，并无几个世纪之久——译注），在那里，他有三个夏天在花园里出名的石头假山中捉迷藏。

9. 贝聿铭差不多花了一年的时间寻找合适的石头，在一次晚宴上，他向当时的领导人谈起了他的困难，然后获得了这位领导的支持。虽然石林是一项禁止开发的国宝，但是他们允许贝聿铭挑选了230美吨（约209吨）的岩石，这些岩石被从陡峭的山峰上切下来，装上火车运到北京。"这些岩石非常美丽，"贝聿铭说，"非常具有雕塑感，就像大自然塑造的亨利·摩尔的作品。"参见2001年10月21日贝聿铭与珍妮特·亚当斯·斯特朗的谈话。See also Hoving, op.cit.:77. 关于岩石的重要性和贝聿铭关于传统种石的讨论，请参阅William Marlin, "The Sowing and Reaping of Shape", *The Christian Science Monitor*, March 16, 1978: 32-33.

10. 见戈德贝热（Goldberger）的文章，同前，第32页。另参见2001年10月21日贝聿铭与珍妮特·亚当斯·斯特朗的谈话。

11. "I. M. Pei on the Past and Future", *The Christian Science Monitor*, April 29, 1985. See also Tao Zongzheng, "Architect Seeks Chinese Style in Hotel Designing", *China Daily*, May 13, 1983: 5l。具有讽刺意味的是，香山饭店的"中国风格"导致了它走向末路，因为酒店主要用于政府的政治活动，而来访的中国客人觉得这里比北京新建的西式酒店更舒适。于是贝聿铭拒绝回去，以敦促政府采取行动。"接下来会发生什么，"他说，"就完全取决于中国人了。"参见1996年11月8日戴尔·凯勒（Dale Keller）与珍妮特·亚当斯·斯特朗的谈话。关于香山饭店的情况，see Orville Schell, "The New Open Door", *The New Yorker*, November 23, 1984: 88. 参见1997年11月26日贝聿铭与珍妮特·亚当斯·斯特朗的谈话。

莫顿·H.梅尔森交响乐中心

1. 委员会主席斯坦利·马库斯解释了让委员会失望的原因："因为我们认为贝聿铭是最适合这项工作的。但我们必须接受现实。如果他不想接这个项目，我们就必须找到其他人选。"参见1999年1月18日斯坦利·马库斯与珍妮特·亚当斯·斯特朗的谈话。See also Laurie Shulman, *The Meyerson Symphony Center*, Denton, Texas: University of North Texas Press, 2000; Carter Wiseman, *I. M. Pei: A Profile in American Architecture*, New York: Harry N. Abrams Publishers, 1990: 267-286; Michael Cannell, *I. M. Pei: Mandarin of Modernism*, New York: Carol Southern Books, 1995: 352-360.

2. 参见1998年11月18日贝聿铭与珍妮特·亚当斯·斯特朗的谈话。

3. 参见1999年3月9日莱昂纳多·斯通与珍妮特·亚当斯·斯特朗的谈话。

4. 参见斯坦利·马库斯的访谈，同前。

5. 参见1996年6月14日拉塞尔·约翰逊与珍妮特·亚当斯·斯特朗的谈话。这位声学家解释了他的准备工作："我们准备了一个基本设计，展示了将有多少个包厢，每个包厢有多少个座位，包厢是什么形状的，如何塑造房间的软包，舞台的大小，舞台的形状，合唱队所在的位置，管风琴所在的位置……我们还研究了墙壁和天花板的肌理。这被我们称为微观塑造……"

6. 参见1999年3月23日玛丽·麦克德尔莫特与珍妮特·亚当斯·斯特朗的谈话。

7. 贝聿铭回忆说，他参观了维也纳爱乐协会音乐厅（Musikvierensaal，著名的金色大厅就坐落在这里），这是世界上最伟大的音乐厅之一，人们在这里欣赏音乐，但是"在中场休息期间挤进一个小小的厅里，像烟囱一样地吸烟"，于是他确定梅尔森交响乐中心的大厅必须是不一样的。为了找到灵感，他把目光投向了巴黎歌剧院，那里"非常喜庆，人们聚集在楼梯下的那些壮观的吊灯下，这让你几乎非常期待中场休息"！然而，贝聿铭非常反感对那些买低价演出票的观众的苛刻对待。他们不得不爬上黑暗、危险的楼梯到他们最高处的看台，还要在顶上狭窄的楼梯和通道间坚持到最后——"找到自己的座位应该是一种乐趣。"参见1997年1月2日贝聿铭与珍妮特·亚当斯·斯特朗的谈话。

8. 贝聿铭在艺术区使用石灰石进行衔接，石头从采石场垂直切割下来，用钢丝刷处理以强调其自然纹理，就如同加速了风化过程。

9. 参见1996年9月26日贝聿铭与珍妮特·亚当斯·斯特朗的谈话。

10. 在211块玻璃窗中没有一个是相同的，因为整个曲面是一个倾斜的圆锥体的一部分（不同于冰激凌圆锥，冰激凌是对称的）。贝聿铭与工程师莱斯利·罗伯逊一起解决圆锥的问题，罗伯逊建议在他们讨论的图纸上加一条对角线来得到额外的支持。"贝聿铭马上就赞同这个主意，罗伯逊回忆说，"并在几秒钟后，就把整个设计结合起来，画出倾斜的'赛车条纹似的'整体设计'。他将麻烦转化成了优势。"参见1996年3月28日莱斯利·罗伯逊与珍妮特·亚当斯·斯特朗的谈话。

11. "在这里，"贝聿铭说，"我记住了埃弗森博物馆的一个重要教训……大多数人直接从停车场过来。在这里，地下入口特别大，这相当不错。"参见1996年9月26日贝聿铭与珍妮特·亚当斯·斯特朗的谈话。

12. 从一开始，贝聿铭就设想在楼梯尽头放置雕塑，但它们是成本削减的牺牲品。在建筑物快要接近完工时，他才说服委员会，使他们相信放置灯笼的重要性，那样才能营造出合适的氛围。直到玛丽·麦克德尔莫特的25万美元的礼物到位，贝聿铭和他的同事克里斯·兰德（Chris Rand）才匆忙地完成了灯笼（共11个）部分，迎接揭幕式。他们前往意大利，确保他们可以由制造音乐厅里的玛瑙灯的同一个大夫妻团队制作完成在音乐厅里的烛台。在巴黎歌剧院和约瑟夫·霍夫曼（Josef Hoffman）的分离主义（Secessionist）设计的影响下，这些灯笼延续了具有雕塑感的悠久传统。贝聿铭公司的定制照明可以追溯到为罗斯福购物广场（Roosevelt Field, 1951—1956）开发的多层灯具，这几乎成为贝聿铭早期项目的标志。

13. 由于音乐厅位于爱之地（Love Field）繁忙的飞行航线之下，因此隔音效果是一个关键问题。它的墙壁由12英寸（约30厘米）厚的混凝土砖包裹了两层，每个孔洞都用砂浆涂抹填实，隔绝声音和光线。而且音乐厅与可能产生噪音的区域（如琴房和服务区）也隔离开来。

14. 网格在房屋的底部开始很小，间距非常窄，然后向上扩展到混响室的底部。从那里开始，它作为一个开放的架子向上延伸，为整个房间的表面带来了秩序感。"像这样的房间至关重要的就是照明，"查尔斯·杨解释道，"从某种意义上说，在这样的空间里，你可不希望清楚地看到一切，所以解决问题的唯一方法就是隐藏那些不需要看到的。我们使用了灯光、颜色和不同材质来强调你想看到的部分,并且弱化那些你不喜欢的部分。"参见 1996 年 11 月 12 日查尔斯·T. 杨与珍妮特·亚当斯·斯特朗的谈话。

15. 参见 1997 年 1 月 2 日贝聿铭与珍妮特·亚当斯·斯特朗的谈话。

16. 同上。

17. 大卫·霍克尼(Hockney)、迪本科恩(Diebenkorn)、斯特拉(Stella)和凯利的作品都曾经被考虑作为放置在大楼梯上的主要作品,但最终决定委托埃尔斯沃斯·凯利(Ellsworth Kelly)创作大胆的彩色色块用在东大厅。而爱德华多·奇利达(Eduardo Chillida)设计了一个 15 英尺(约 4.6 米)高的不锈钢雕塑《音乐》(De Musica)放置于建筑物的对面。

18. 参见 1997 年 1 月 2 日贝聿铭与珍妮特·亚当斯·斯特朗的谈话。

中银大厦

1. 贝祖诒曾担任中国银行广州分行经理。由于他拒绝将银行资产交给当地军阀,被迫与家人一起在夜幕的掩护下出逃,他 2 岁的儿子贝聿铭在他们乘船逃往香港时就绑在奶妈的背上。贝祖诒在英国政府的保护下重新建立了银行,后来被调到位于上海的中国银行总部任职。他升迁得很快,专门负责外币兑换以及中国过时的货币体系转变为银本位制。贝祖诒的签名还出现在银行票据上。贝祖诒遍布全球的人脉将成为他儿子的重要资源。See Carter Wiseman, *I. M. Pei: A Profile in American Architecture*, New York:Harry N. Abrams Publishers, 1990: chapter 12, 262ff; and Michael Cannell, *I. M. Pei: Mandarin of Modernism*, New York: Carol Southern Books, 1995: chapter 13, 327ff.

2. 贝祖诒将决定权留给了儿子贝聿铭。尽管这项委托非常重要,但贝聿铭仍然态度谨慎,持保留意见,他一再拖延,直到那一年晚些时候在香港进行另一个项目的时候,才见了中国银行香港分行的行长。这是一位精明的在西方接受过教育的人,他说服贝聿铭接受了这份工作。后来这个家族与中国银行的渊源延续到了第三代,1994 年,贝聿铭与他的儿子贝建中和贝礼中合作的贝氏建筑设计事务所承接了新建中国银行北京总部的项目。

3. 参见 1999 年 7 月 8 日贝聿铭与珍妮特·亚当斯·斯特朗的谈话。贝聿铭的合伙人伊森·莱昂纳多试图涨价,将收费调整到超过在九龙海边建造 10 层公寓楼的标准建筑师费率,"但是客户是不会让步的"。在进行了漫长的谈判之后,恼羞成怒的莱昂纳多抛出了最后的理由:"但是你们想要的是很特别的东西!"客户回答说:"是啊。你们是得做出特别的东西,但是要按照标准的费率来做。"参见 1996 年 11 月 5 日伊森·莱昂纳多与珍妮特·亚当斯·斯特朗的谈话。

4. 中国银行为这 2 英亩(约 0.8 公顷)的场地付出的费用与建筑物造价相等。在中环这样的地段轻易就能买下如此大的地块,原因之一是这块地本身地势上有许多难以处理的问题,另外一个原因是这里血腥的历史,这里在第二次世界大战时期曾是警察局,日本人曾经在这里折磨中国囚犯。人们认为这里风水不好。

5. I.M.Pei.,quoted by Fredrica A. Birmingham, "In Search of the Best of All Possible Worlds: I. M. Pei", *Museum Magazine*, May-June 1981: 65. 另见 1997 年 2 月 18 日贝聿铭与珍妮特·亚当斯·斯特朗的谈话。高架桥交会在一起,从三个方向把建筑物隔离了,而陡峭倾斜的第四面落在了一个同样难以进入的市政区域中,而且还靠着山。贝聿铭与伯纳德·莱斯(Bernard Rice)、凯洛格·黄一起努力,劝说当局,新建横向道路对大家都有好处,因为它能释放城里以前被封锁住的内部地产,同时也能给这座银行独立的出入口。自从英国公务员预计香港回归以来,谈判进行了九个月,因为这些改动不适合复杂的新情况。See also "Bank of China Tower", *Building Journal*, June 1990: 52-60.

6. 参见贝聿铭香港演讲的打印稿件,未注明日期,贝聿铭档案馆。据一开始就参与这个项目的贝礼中回忆说,他的父亲要求他让模型店店磨制四个三角形的棍,"根本没告诉我他脑子里设想的是什么——我父亲总是这样。他喜欢让别人自己去体会他的意图。我们根本没有坐下来进行纸面工作,或者画任何东西。这只是一种形式构成的游戏,虽然后来我意识到这可能是他一段时间以来一直在思考的想法。我用橡皮筋和封箱胶带把棍子捆起来,代表后来加入建筑物的对角支撑架"。参见 1997 年 1 月 17 日贝礼中与珍妮特·亚当斯·斯特朗的谈话。See also William H. Jordy, "Bank of China Tower", *A + U*, June 1991: 42-97, 98-124.

7. 参见 1999 年 7 月 13 日和 2007 年 10 月 13 日贝聿铭与珍妮特·亚当斯·斯特朗的谈话。莱斯利·罗伯逊解释说:"贝聿铭做事情可以非常专注地持续很长时间,因此他能够进入建筑物的灵魂,这对于大多数建筑师来说都非常困难……他的思维方式完全是建筑师式的……他可以看到内部结构,然后还能理解它。在这个项目里,结构是至关重要的,因为如果我们不能让建筑的成本实施这项项目,房子就盖不成。"参见 1996 年 3 月 20 日莱斯利·A. 罗伯逊与珍妮特·亚当斯·斯特朗的谈话。大厦的建筑时间和材料非常经济实惠,比汇丰银行高出 20 层,造价却只有汇丰银行的四分之一。事实上,使用的钢材很少,贝聿铭经常对这座建筑被广泛使用在钢材的广告中感到惊讶。See *Nikkei Architecture*, December 26, 1988: 157-172. See also "Tower, like bamboo, reaches high simply", *Engineering News Record*, September 13, 1984: 10-11; Virginia Fairweathe, "Record High-rise, Record Low Steel", *Civil Engineering*, August 1986: 42-45; Janice Tuchman and Robina Gibb, "Architect's Vision, Bank's Visibility", *Engineering News Record*, October 13, 1988: 36ff; Janice Tuchman, "Man of the Year:Leslie E. Robertson", *Engineering News Record*, February 23, 1989: 38-44; Peter Blake, "Scaling New Heights", *Architectural Record*, January 1991; Forrest Wilson, "Star of the East", *Blueprints*, Fall 1991: 5-6.

8. 最初的计划是使用空腹桁架(vierendeel trusses),为满足力学和法律的要求,每十三层要设立一个"避险层"(refuge floors)。去除水平线可以让人看到旋转的方块或钻石,而不是十三层一摞的包裹,每个包裹上打个八叉。同时也消除了所有规模感,实现了更为纯粹的雕塑形式。巧妙的钻石结构在某种程度上有助于抵消关于大厦风水不好的传言。虽然中国银行的官员们不相信这些迷信,但是私下里,他们也会暗暗担心。贝聿铭经常被批评说他设计之前没有咨询当地的风水师。他辩解说:"所有的建筑师在一定程度上都是风水专家。他们必须是。每当设计一座建筑物的时候,我都必须处理这些问题。其中大部分是常识……"参见 1997 年 2 月 18 日贝聿铭与珍妮特·亚当斯·斯特朗的谈话。

9. 参见 1997 年 2 月 18 日贝聿铭的访谈,同前。See also Kellogg Wong, "The Bank of China Tower— The Architect's Perspective", *Proceedings of the Fourth International Conference on Tall Buildings*, Y. K. Cheung & P.K.K. Lee, Hongkong & Shanghai, April/May 1988: 216-223. See also in the same proceedings "Structural Systems for the New Bank of China Building, Hong Kong" (p.85-90) and "Wind Engineering Study for the Bank of China" (p.143-147).

10. 由于倾斜的位置不同,上面两个角柱比底部的两个角柱短,贝聿铭把它们比作"一个人两条腿不一样长。那怎么可能呢!"为了理顺这一点,我选择了斜坡地——那整个都是岩石——我雕凿了它,做成了地基"。参见贝聿铭的访谈,同前。

11. 贝聿铭 1985 年在麻省理工学院发表的一个演讲的打字稿,题为"贝聿铭作品中的四个主题"(Themes in the Work of I. M. Pei),*MIT Tech*,1986 年 5 月到 6 月。贝聿铭在 1997 年 2 月 18 日和 2007 年 10 月 13 日与珍妮特·亚当斯·斯特朗的谈话中曾经详细阐述过。中银大厦是贝聿铭的建筑生涯中对建筑结构的集大成之作,但这不是结束,仅仅是一个开始。他开发了一种新的类型,给未来高层建筑的建造带来了巨大的潜力,他希望能够证明他的结构理论是普遍适用的。在 1990 年,贝聿铭迎来了新的机会。当时他发挥了两个"接吻塔"(kissing towers)的潜力,让它们在第 32 层楼的一个点上连接起来,这本来应该是西班牙毕尔巴鄂的标志性建筑,但遗憾的是并未开工建造,这使贝聿铭非常失望。

乔特-罗斯玛丽科学中心

1. Mellon, quoted in Jacob Brownowski, *The Visionary Eye*, Cambridge, Mass.: MIT Press, 1978. "Remarks by Paul Mellon" delivered by Thomas H. Beddell, *The Choate Rosemary Hall Magazine*, Winter 1990: 6. See also Amy Ash Nixon, "Pei Building Dedicated at Choate Rosemary", *Hartford Courant*, October 22, 1989, and Marc Wortman, "Choate Center", *New Haven Register*, October 22, 1989: D1, 10.

2. "Remarks by I. M. Pei", Ibid:8.(与前注不符,疑为《保罗·梅隆的评论》。——译注)

3. 参见 1999 年贝聿铭与珍妮特·亚当斯·斯特朗的谈话。"这座桥非常重要,"贝聿铭继续说,"因为再没有更多的地方了;要想发展只能朝这个方向……我们在沼泽地上的建造遇到了一些问题,但最后还是找到了解决办法。我认为科学中心是一座非常好的建筑。"See also Michael J. Crosbie, "Bridging Science with Art", *Architecture*, February 1990: 51-54.

创新艺人经纪公司

1. 贝聿铭回忆说:"那些日子里,电影非常精彩。平·克劳斯贝(Bing Crosby)穿着他印着字母的毛衣……我特别喜欢贝蒂·格拉布尔(Betty Grable)。"参见 2007 年 12 月 6 日贝聿铭与珍妮特·亚当斯·斯特朗的谈话。

2. 参见 2003 年 3 月 25 日迈克尔·奥维茨与珍妮特·亚当斯·斯特朗的谈话。他们共同的朋友艾恩·格里姆谢尔(Arne Glimcher)是纽约佩斯画廊(Pace Gallery)的主人,为他们牵线介绍了贝聿铭。但是贝聿铭由于太忙,不准备接这个项目。奥维茨没有气馁,他邀请贝聿铭在他的家里与西德尼·波拉克(Sydney Pollack)、芭芭拉·史翠珊(Barbra Streisand)、达斯汀·霍夫曼(Dustin Hoffman)以及其他创新艺人经纪公司的名人共进晚餐。"这里是好莱坞的中心!"格里姆谢尔找到时机突然笑着说,"贝聿铭离开的时候已经同意接这个项目了!"参见 2003 年 3 月 26 日艾恩·格里姆谢尔与珍妮特·亚当斯·斯特朗的谈话。

3. 参见 2007 年 12 月 17 日贝聿铭与珍妮特·亚当斯·斯特朗的谈话。

4. 参见迈克尔·奥维茨的访谈,同前。"我个人认为(创新艺人经纪公司)

是我做过的最好的事情，"奥维茨说，"他（贝聿铭）做了整体设计，贝礼中与父亲一起努力工作。我认为贝礼中功不可没。"

5. Paul Goldberger, "Refined Modernism Makes a Splash in the Land of Glitz", *The New York Times*, December 17, 1989: 44. See also Carter Wiseman, "Mr. Pei Goes to Hollywood", *New York*, May 21, 1990: 73-74; Julie Goodman, "Instant Stardom: Creative Artists Agency by I. M. Pei", *Designers West*, January 1990: 56-59; John Sailer, "Prominent Stone on a Prominent Site", *Stone World*, February 1990: 38ff.

6. Leon Whiteson, "Pei Masterpiece: Too Elegant Here?", *Los Angeles Times*, October 22, 1989, K1, 19.

7. 在这些新建筑中，包括贝聿铭的合作伙伴亨利·考伯和詹姆斯·伊尔·弗里德的建筑。他们建造了洛杉矶最高和最长的建筑，分别是第一州际世界中心（First Interstate World Center）和洛杉矶会展中心扩建工程（Los Angeles Convention Center Expansion）。同时期，贝聿铭完成了他职业生涯中最小的一项建筑工程。

8. 参见迈克尔·奥维茨的访谈，同前。See Peter J. Boyer, "Hollywood King Cashes Out", *Vanity Fair*, February 1991: 105ff. See also Connie Bruck, "Leap of Faith", *The New Yorker*, September 9, 1991: 38ff.

摇滚名人堂博物馆

1. 1963年贝聿铭和泽肯多夫制订了伊利湖景（Erieview）重建计划，使克利夫兰市中心获得了重生。See Encyclopeida of Clevelend History, http://ech.case. edu/ech.cgi/article. pl?d=LJM1.

2. 摇滚名人堂于1983年由一群音乐行业高管构思出来，他们为建造这幢建筑募集了资金，并邀请感兴趣的城市参与竞争，来决定建造的地点。克利夫兰最终击败其他竞争城市，其中甚至包括纽约和芝加哥。See Benjamin Forgey, "Just One Look is All It Took: The Rock and Roll Hall of Fame is an Instant Hit for I. M. Pei", *The Washington Post*, August 27, 1995, G1; Thomas Hine, "I. M. Pei's glass "tent" enshrines rock's best", *The Philadelphia Inquirer*, August 27, 1995; Blair Kamin, "Rock 'n' roll shrine is here to stay", *Chicago Tribune*, August 27, 1995, sec.13: 9-10; Herbert Muschamp, "A Shrine to Rock Music with a Roll All Iits Own", *The New York Times*, September 3, 1995: 30.

3. 参见2007年12月17日贝聿铭与珍妮特·亚当斯·斯特朗的谈话。

4. 同上。

5. 这个博物馆最初计划在主城区（Terminal City）附近的一个架高的地点建设，那里有装卸货物的码头，类似于默西塞德郡（Merseyside）利

物浦。虽然贝聿铭非常喜欢这个选址，但地产成本令人望而却步，最终还是将地址改为北岸港口（North Coast Harbor）。

6. 参见贝聿铭的访谈，同前。

7. 同上。

8. 参见贝聿铭的访谈，同前。把贝聿铭吸引到这个项目上来的是他很喜欢的甲壳虫乐队、他们同时代的人和他们的前辈。

1983—2008: 贝聿铭与历史的挑战

1. 参见2008年4月22日，贝聿铭与菲利普·朱迪狄欧的谈话。

2. 同前。

3. 参见2006年11月4日，贝聿铭与菲利普·朱迪狄欧的谈话。

4. 参见2008年4月22日，贝聿铭与菲利普·朱迪狄欧的谈话。

大卢浮宫

1. I.M.Pei, quoted in *Le Grand Louvre*, Paris: Hatier, 1989.

2. 菲利普·奥古斯特从1180年起任法国国王，直到去世。

3. 法兰西第二帝国是拿破仑三世建立的政权，时间从1852年到1870年。在此期间，卢浮宫增建了19世纪的最后一部分。

4. François Mitterrand, quoted in *Le Grand Louvre*, Paris: Hatier, 1989.

5. 参见2007年5月29日贝聿铭与菲利普·朱迪狄欧的谈话。

6. 法国的弗朗索瓦一世（François I, 1494—1547）于1515年在兰斯大教堂（cathedral at Reims）登基加冕，并统治直至去世。

7. 凯瑟琳·德·美第奇——乌尔比诺公爵（duke of Urbino）洛伦佐二世·德·美第奇（Lorenzo II de Medici）和布洛涅伯爵夫人（countess of Boulogne）马德莱娜·德·拉图尔·德·奥弗涅（Madeleine de la Tour d'Auvergne）所生的女儿，1547—1559年为法国国王亨利二世的王后。

8. For this proposal, Louis Ernest L'Heureux（1827-1898）, *Projet de Monument à la Gloire de la Révolution Française*, 1889, watercolor, Musée d'Orsay.

9. Emile Biasini, *Grands Travaux, de l'Afrique au Louvre*, Paris: Editions Odile Jacob, 1995.

10. I.M.Pei, quoted in Robert Ivy, "At the twilight of his career, I. M. Pei shows few signs of slowing down", *Architectural Record*, June 2004. See http://archrecord.construction. com / people / interview / archives / 0406IMPei-1.asp(accessed October 10,2007).

11. 1993年11月18日弗朗索瓦·密特朗在爱丽舍宫为卢浮宫黎塞留馆的落成典礼致辞。见 www.psinfo.net/ entretiens/mitterrand/richelieu.html。

12. Emile Biasini, *Grands Travaux,de l'Afrique au Louvre*, Paris: Editions

Odile Jacob, 1995.

13. 同上。

14. 参见2007年11月20日贝聿铭与菲利普·朱迪狄欧的电话录音。

15. 老纪尧姆·库斯图（Guillaume Coustou the Elder, 1677—1746）的雕塑由国王路易十四在1743年委托，最初为马利的离宫（Abreuvoir at Marly）而作，之后被安放在香榭丽舍大街的入口上，后来出于保护的目的，搬到了卢浮宫。

16. 参见2007年11月20日贝聿铭与菲利普·朱迪狄欧的电话录音。

17. Jean Lebrat in "Le Louvre", a special issue of *Connaissance des Arts*, Paris, 1997.

18. I.M.Pei., quoted in Robert Ivy, "At the twilight of his career, I. M. Pei shows few signs of slowing down", *Architectural Record*, June 2004.

19. Shiro Matsushima with Spiro Pollalis, "The Grand Louvre", Center for Design Informatics, Harvard University Graduate School of Design, Cambridge, MA, 2003. http://cdi.gsd. harvard.edu/(该网站现已停止使用）。

20. 弗朗索瓦·密特朗在卢浮宫金字塔落成典礼上接受采访，法国国家电视二台(Antenne 2), 1989年3月4日。

21. 2003年，贝聿铭因为建筑技术创新获得亨利·C.透纳奖时，参加圆桌访谈的打字稿，对谈的人有卡罗林·布洛迪(Carolyn Brody)、大卫·柴尔茨（David Childs）、托马斯·莱珀特（Thomas Leppert）、贝聿铭、莱斯利·罗伯逊、卡特尔·威斯曼和诺伯特·扬（Norbert Young），华盛顿特区国家建筑博物馆藏，2003年4月15日。见 http://www.nbm. org/Events/ transcripts.html（2007年10月10日访问）。

22. François Mitterrand, quoted in *Le Grand Louvre*, Paris: Hatier, 1989. 有些人在金字塔中看到了密特朗效忠的共济会（Masonic）的标志，但这不值一提，因为没有文献能够证明任何这样的灵感来源。

23. 2003年，贝聿铭因为建筑技术创新，获得亨利·C.透纳奖时，参加圆桌访谈的打字稿，华盛顿特区国家建筑博物馆藏，2003年4月15日。

24. I.M.Pei., Preface, *Le Grand Louvre*, Paris: Hatier, 1989.

25. 参见2007年11月20日贝聿铭与菲利普·朱迪狄欧的电话录音。

26. 2003年，贝聿铭因为建筑技术创新获得亨利·C.透纳奖时，参加圆桌访谈的打字稿，华盛顿特区国家建筑博物馆藏，2003年4月15日。

27. 1993年11月18日弗朗索瓦·密特朗在爱丽舍宫为卢浮宫黎塞留馆的落成典礼致辞。见 www.psinfo.net/ entretiens/mitterrand/richelieu.html。

28. 玛格丽特·尤瑟纳尔是法国小说家玛格丽特·德·凯扬古尔（Marguerite Cleenewerck de Crayencour, 1903—1987）的笔名。她最著名的小说是《哈德良回忆录》

（*Mémoires d'Hadrien*），首次出版于1951年。

29. 1993年11月18日，弗朗索瓦·密特朗在爱丽舍宫为卢浮宫黎塞留馆的落成典礼致辞。见 www.psinfo.net/ entretiens/mitterrand/richelieu.html。

30. 参见贝聿铭于2008年1月28日写给菲利普·朱迪狄欧的一份说明。法国荣誉勋位勋章（Légion d'honneur）或国家荣誉军团勋章（Ordre national de la Légion d'monneur）是在1802年5月19日拿破仑·波拿巴担任法兰西第一共和国首席执政官时设立的。荣誉勋位勋章是法国的最高荣誉，共有五个级别：骑士（Chevalier）、长官（Officer）、指挥官（Commandeur）、总长（Grand Officier）和大十字勋章（Grand-Croix）。很少有人能在没拥有骑士这个级别的时候直接得到长官封号——这样的特殊待遇证明密特朗对于贝聿铭的态度非同一般。

31. 弗朗索瓦·密特朗在大卢浮宫金字塔落成典礼上接受采访，法国国家电视二台，1989年3月4日。

32. I.M.Pei., quoted in "Les propositions de Pei pour modifier 'son' Louvre", *Le Monde*, June 26, 2006.

33. 参见2007年11月20日贝聿铭与菲利普·朱迪狄欧的电话录音。

34. I.M.Pei., quoted in "Les propositions de Pei pour modifier 'son' Louvre", *Le Monde*, June 26, 2006.

35. 参见2007年11月11日贝聿铭与菲利普·朱迪狄欧的谈话。

36. 参见2007年11月20日贝聿铭与菲利普·朱迪狄欧的电话录音。

37. I.M.Pei., quoted in "Les propositions de Pei pour modifier 'son' Louvre", *Le Monde*, June 26, 2006.

38. "Le Louvre voit encore plus grand", *Le Figaro*, February 8, 2008.

39. Emile Biasini, *Grands Travaux, de l'Afrique au Louvre*, Paris: Editions Odile Jacob, 1995.

40. Robert Hughes, *The Shock of the New*, New York: McGraw Hill, 1991.

41. 参见2007年3月27日贝聿铭与菲利普·朱迪狄欧的谈话。

42. 1989年时，保罗·戈德贝热是《纽约时报》的建筑评论家。

43. 参见2006年11月11日贝聿铭与菲利普·朱迪狄欧的谈话。

44. 参见2006年11月11日贝聿铭与菲利普·朱迪狄欧的谈话。

45. I.M.Pei, quoted in Robert Ivy, "At the twilight of his career, I. M. Pei shows few signs of slowing down, *Architectural Record*, June 2004.

46. François Mitterrand, "Preface", *Le Grand Louvre du Donjon à la Pyramide*, Paris: Hatier, 1989.

四季酒店

1. 贝氏合伙人建筑设计事务所，《四季酒店》，由贝氏合伙人建筑设计

事务所提供。

2. 参见 2007 年 5 月 29 日贝聿铭与作者的谈话。

3. 贝氏合伙人建筑设计事务所，《四季酒店》，由贝氏合伙人建筑设计事务所提供。

4. 同前。

"天使的喜悦" 钟塔

1. 神慈秀明会：神慈是神圣的爱，秀明意味着至高无上的光，而会是日语中的组织的意思。神慈秀明会致力于追求神圣的爱和至高无上的光。在他们的信仰中，将艺术和自然之美视为促进和平、战胜冲突的方法，冈田茂吉的目标是让世界摆脱贫困、疾病和冲突。

2. 参见 http://www.shumei.org/artand-beauty/misono_tour.html。

3. 参见 1997 年 1 月 21 贝聿铭与菲利普·朱迪狄欧的谈话。

美秀美术馆

1. 参见 1997 年 1 月 21 日贝聿铭与菲利普·朱迪狄欧的谈话。

2. 同前。

3. 同前。

4. Tim Culbert, in "Miho Museum", a special issue of *Connaissance des Arts*, 1997.

5. 同前。

6. 同前。

7. 同前。

8. 参见 http://www.iabse.ethz.ch/association/awards/ostrac/mihomu.php。

9. 参见 http://www.iabse.ethz.ch/association/awards/ostrac/mihomu.php。

10. 陶渊明：《桃花源记》，4 世纪。

11. 参见 http://www.shumei.org/art-andbeauty/misono_tour.html。

12. 埃及，大约为第 19 王朝早期，公元前 1295—前 1213 年。银、金、青金石、水晶及埃及蓝（硅酸铜混合物——译注）；高 41.9 厘米，重 16.5 千克。

13. Tim Culbert, in "Miho Museum", a special issue of *Connaissance des Arts*, 1997.

中国银行总部大楼

1. Frank J. Prial, "Tsuyee Pei, Banker in China for Years", *New York Times*, December 29, 1982.

2. 参见 2007 年 5 月 29 日贝聿铭与菲利普·朱迪狄欧的谈话。

3. 贝氏合伙人建筑设计事务所，《中国银行总部大楼》，由贝氏合伙人建筑设计事务所提供。

4. 石林占地 115 平方英里（约 300 平方公里），位于昆明市东南部。它曾经是一处海床，绵延的石灰岩柱和石笋从地面上突然升起，因此得名。

5. 参见 2002 年 11 月 3 日贝聿铭与菲利普·朱迪狄欧的谈话。

让大公现代艺术馆（穆旦艺术馆）

1. 参见 2006 年 6 月 24 日贝聿铭与菲利普·朱迪狄欧的谈话。

2.《穆旦美术馆》，揭幕新闻通稿，2006 年 6 月 24 日。

3. 参见 2006 年 6 月 24 日贝聿铭与菲利普·朱迪狄欧的谈话。

4. 同前。

5. 同前。

6. 同前。

7. 同前。

德意志历史博物馆（军械库）

1. 普鲁士的弗雷德里克是霍亨索伦王朝的统治者，从 1688 年到 1713 年是勃兰登堡的选帝侯，也是普鲁士的第一任国王，从 1701 年开始执政，直到去世。

2. 贝聿铭设计的德意志历史博物馆的增建部分，位于新哨所附近，新哨所是卡尔·弗雷德里希·申克尔在柏林的第一座建筑，建于 1816—1818 年，是德国古典主义的主要作品之一。

3. 参见 2002 年 11 月 3 日贝聿铭与菲利普·朱迪狄欧的谈话。

4. 参见 2008 年 1 月 21 日贝聿铭给菲利普·朱迪狄欧的一份说明。

5. 庭院的玻璃顶棚是与位于斯图加特的工程公司史莱克-贝格曼合伙事务所（Schlaich, Bergermann, and Partner）共

同开发的。

6. 参见 2008 年 1 月 21 日贝聿铭给菲利普·朱迪狄欧的一份说明。

7. 参见 2002 年 11 月 3 日贝聿铭与菲利普·朱迪狄欧的谈话。

8. 同前。

9. "Berlin's new Meisterwerk", see http://www.expatica.com。

奥尔亭

1. 参见 2002 年 11 月 3 日贝聿铭与菲利普·朱迪狄欧的谈话。

2. 同前。

3. 2003 年，贝聿铭因为建筑技术创新，获得亨利·C. 透纳奖时，参加圆桌访谈的打字稿，华盛顿特区国家建筑博物馆藏，2003 年 4 月 15 日。http://www.nbm.org/Events/transcripts.html（2007 年 10 月 10 日访谈）。

4. 参见 http://www.timothymowl.co.uk/wiltshire.htm。

5. 参见 http://www.georgiangroup.org.uk/docs/awards/winners.php?id=4:36:0:6。

苏州博物馆

1. 坐落于苏州的拙政园位列中国四大名园。

2. 春秋时期是中国的一个历史时期。年代上大致等于东周的前半段，从公元前 8 世纪下半叶到公元前 5 世纪上半叶，得名于史书《春秋》。《春秋》这部书记录了鲁国从公元前 722 年到公元前 481 年的编年史，相传是孔子编纂而成。

3. 参见 2006 年 11 月 4 日贝聿铭与作者的谈话。

4. 文徵明（1470—1559），明代著名画家、书法家和诗人。

5. "UNESCO Advisory Board Evaluation", UNESCO, 1997. See http://whc.unesco.org/en/list/813/documents。

6. "The classical gardens of Suzhou（extension）", UNESCO, 1999. See http://whc.unesco.org/en/list/813/documents。

7. "Suzhou: Shaping an Ancient City for the New China", an EDAW/ Pei Workshop, Washington: Spacemaker Press, 1998.

8. 参见 2006 年 11 月 4 日贝聿铭与菲利普·朱迪狄欧的谈话。

9. 参见 2008 年 1 月 21 日贝聿铭与菲利普·朱迪狄欧的谈话。

10. 同前。

11. 参见 2008 年 1 月 21 日贝聿铭写给菲利普·朱迪狄欧的一份说明。

12. 元朝，1271—1368 年，前承宋朝，后接明朝。

13. 米芾（1051—1107），诗人、书法家和画家，中国艺术的主导人物。

14. 参见 2006 年 11 月 4 日贝聿铭与菲利普·朱迪狄欧的谈话。

15. 参见贝氏合伙人建筑设计事务所的建筑师林兵（Bing Lin）写给作者的信，2007 年 6 月 3 日。苏州博物馆在 2003 年 8 月 18 日致信贝聿铭告知此事。

16. 多哈伊斯兰教艺术博物馆本拟比苏州博物馆早建成，但是直到 2008 年 3 月都没有竣工。

17. Tessa Keswick, "Cultural Renaissance in China's Venice", *The Spectator*, November 11, 2006.

伊斯兰教艺术博物馆

1. 参见 2006 年 3 月 23 日贝聿铭与菲利普·朱迪狄欧的谈话。

2. 同前。

3. 同前。

4. 同前。

5. 参见 2006 年 11 月 4 日贝聿铭与菲利普·朱迪狄欧的谈话。

6. 参见 2006 年 12 月 15 日让-米歇尔·威尔莫特与菲利普·朱迪狄欧的谈话。

7. 同前。

8. 参见 2007 年 6 月 20 日萨比哈·阿勒·海米尔与菲利普·朱迪狄欧的谈话。

9. 参见 2008 年 1 月 28 日贝聿铭写给菲利普·朱迪狄欧的一份说明。

作 品 全 编

缩写表

A	Administration，	管理员
AP	Administration Principal，	主管
C	Concrete，	混凝土
CA	Construction Administration，	施工管理
CD	Contract Documents，	合同文件
CW	Curtain Wall，	幕墙
CWP	Curtain Wall Principal，	幕墙主管
D	Drawings，	图纸
DA	Design Architect，	建筑设计师
DP	Design Principal，	设计主管
FA	Field Architect，	现场建筑师
G	Glazing，	玻璃窗
Gr	Graphics，	制图
H	Hardware，	五金
I	Interiors，	室内设计师
L	Landscape，	景观
M	Model Maker，	模型制作师
P	Planner，	规划师
PA	Project Architect，	项目建筑师
PM	Project Manager，	项目经理
PP	Principal Planner，	规划主管
Pr	Production，	制作
RA	Resident Architect，	驻场建筑师
S	Specifications，	规范管理
SA	Staff Architect，	初级建筑师
SF	Space Frame，	空间框架
Sk	Skylight，	天窗
T	Technology，	技术
TP	Technology Principal，	技术主管

螺旋公寓
美国，纽约州，纽约市
1948—1949 年（未建成）
占地面积：19 万平方英尺（约 17 652 平方米）
贝聿铭（DP）

海湾石油公司办公大楼
美国，佐治亚州，亚特兰大市
1949—1950 年
占地面积：5 万平方英尺（约 4 645 平方米）
项目组：贝聿铭（DP）和韦斯·戈耶尔（Wes Goyer）（SA）；助理建筑师：斯蒂文斯（Stevens）和威尔金森（Wilkinson）

韦伯奈普公司总裁办公室
美国，纽约州，纽约市
1949—1952 年
占地面积：43 300 平方英尺（约 4 023 平方米）
项目组：贝聿铭（DP），尤里克·弗兰森（Ulrich Franzen），亨利·N. 考伯，唐·佩奇（Don Page），伊拉·凯斯勒（Ira Kessler）和伊森·H. 莱昂纳多（代表威廉·莱斯卡兹［William Lescaze］）

罗斯福购物广场
美国，纽约州，加登城（Garden City）
1951—1956 年
占地面积：115 万平方英尺（约 106 838 平方米）
贝聿铭（DP）

富兰克林国民银行
美国，纽约州，加登城，罗斯福广场（Roosevelt Field）
1951—1957 年
占地面积：17.1 万平方英尺（约 15 886 平方米）
项目组：贝聿铭（DP）及珀欣·黄（DA）

希利尔大厦（HILLYER BUILDING）
沃尔格林外立面改造（WALGREEN'S FACADE RENOVATION）
美国，佐治亚州，亚特兰大市
1952 年
贝聿铭（DP）

贝氏宅邸
美国，纽约州，卡托纳
1952 年
占地面积：1 150 平方英尺（约 107 平方米）
贝聿铭（DP）

里高中心
美国，科罗拉多州，丹佛市
1952—1956 年
占地面积：48.99 万平方英尺（约 45 513 平方米）
项目组：贝聿铭（DP），伊森·H. 莱昂纳多（PM），亨利·N. 考伯（办公室大堂 / 公共空间），珀欣·黄（DA），尤里克·弗兰森（展览大楼），莱昂

纳多·雅各布森驻场建筑师（RA）；助理建筑师：卡恩（Kahn）和雅各布斯，纽约州，纽约市，以及 G. 梅雷迪斯·穆西克（G. Meredith Musick），科罗拉多州，丹佛市

华盛顿西南区城市改造
美国，华盛顿特区
1953—1962 年
占地面积：522 英亩（约 211 公顷）
项目组：贝聿铭（PP）及哈里·韦斯（Harry Weese）（P/ 顾问 consultant）

市中心大厦（TOWN CENTER PLAZA）
美国，华盛顿特区，西南区
1953—1961 年
占地面积：54.85 万平方英尺（约 50 957 平方米）
项目组：贝聿铭（DP），伊森·H. 莱昂纳多（AP），A·普勒斯顿·摩尔（A. Preston Moore）（PM），查尔斯·萨顿（Charles Sutton）（DA），克劳斯·克拉特（Klaus Klatt）（FA），以及威廉·斯莱顿（William Slayton）（A）

泽肯多夫住宅酒窖（ZECKENDORF RESIDENCE WINE CELLAR）
美国，康涅狄格州，格林威治市
1953 年
项目组：贝聿铭和亨利·N. 考伯

东海大学校园规划
中国，台湾，台中市
1954 年
占地面积：345 英亩（约 140 公顷）
项目组：贝聿铭（PP），张肇康（Chang Chao-Kang）（SA），陈其宽（SA）

双曲面大厦
美国，纽约州，纽约市
1954—1956 年（未建成）
占地面积：3 810 942 平方英尺（约 354 048 平方米）
项目组：贝聿铭（DP），弗里德·M. 泰勒（Fred M. Taylor）（DA），L. 布鲁克斯·弗里曼（L. Brooks Freeman）（DA），小保罗·E. 克罗克（Paul E. Crocker, Jr.）（M），及维克多·罗明（Victor Roming）（M）

西侧铁路场发展研究（WEST SIDE RAILYARDS DEVELOPMENT STUDY）
美国，纽约州，纽约市
1955 年
贝聿铭（规划主管 /PP）

路思义纪念教堂
中国，台湾，台中市，东海大学
1956—1963 年
占地面积：5 140 平方英尺（约 478 平方米）
项目组：贝聿铭（DP）及张肇康（DA）
助理建筑师：陈其宽，台湾，台北市；项目工程师：Fong Heou-san，纽约州，纽约市及台湾台北市；结构工程师：罗伯茨谢弗公司（Roberts & Schaefer Company），纽约州，纽约市

大学花园（UNIVERSITY GARDENS），海德公园总体规划（HYDE PARK MASTER PLAN）
美国，伊利诺伊州，芝加哥市
1956—1961 年
占地面积：548 650 平方英尺（约 50 971 平方米）
项目组：贝聿铭（P，联排别墅设计）及哈里·韦斯（顾问）

基普斯湾大厦
美国，纽约州，纽约市
1957—1962 年
占地面积：1 216 290 平方英尺（约 112 997 平方米）
项目组：贝聿铭（DP），嘉伯·艾克斯（Gabor Acs）（DA），L. 布鲁克斯·弗里曼（DA），弗里德·M. 泰勒（DA），詹姆斯·伊戈尔·弗里德（DA），爱德华·弗里德曼（Edward Friedman）（混凝土 /C），A·普勒斯顿·摩尔（PA），马蒂·米尔斯坦因（Mattie Millstein）（SA），T.J. 帕尔默（T.J. Palmer）（SA），及约翰·拉斯科斯基（John Laskowski）（SA）

哈特福德再开发计划（HARTFORD REDEVELOPMENT）
美国，康涅狄格州，哈特福德市
1957 年
项目组：贝聿铭（PP）及 A. 普勒斯顿·摩尔（A. Preston Moore）（P）

华盛顿广场东部城市更新计划（WASHINGTON SQUARE EAST URBAN RENEWAL PLAN）
美国，宾夕法尼亚州，费城
1957 年
占地面积：16 英亩（约 6.5 公顷）
贝聿铭（PP）

社团山
美国，宾夕法尼亚州，费城
1957—1964 年
占地面积：1 044 250 平方英尺（约 97 013 平方米）
项目组：贝聿铭（DP），嘉伯·艾克斯（DA），莱昂纳多·雅各布森（PM），A. 普勒斯顿·摩尔（PA，塔楼），欧文·艾弗特雷斯（Owen Aftreth）（PA，联排别墅），威廉·雅克贝克（William Jakabek）（JC，JC 原著未指明——译注。联排别墅）及迪恩·麦克卢尔（Dean McClure）（P）

多伦多市政厅竞标（TORONTO CITY HALL COMPETITION）
加拿大，安大略省，多伦多市
1958 年（未建成）
占地面积：13 英亩（约 5.25 公顷）
项目组：贝聿铭（DP）及阿拉多·寇苏达（DA）

华盛顿大厦公寓——一期工程，矮楼（WASHINGTON PLAZA APART-MENTS—PHASE I，LOWER HILL）
美国，宾夕法尼亚州，匹兹堡市
1958—1964
占地面积：543 210 平方英尺
（约 50 456 平方米）
项目组：贝聿铭（DP）及 A. 普勒斯顿·摩尔（PA）

塞西莉和艾达地球科学系绿色中心
美国，马萨诸塞州，剑桥市，麻省理工学院
1959—1964
占地面积：130 500 平方英尺
（约 12 124 平方米）
项目组：贝聿铭（DP），阿拉多·寇苏达（DA），沃尔纳·万德梅耶（Werner Wandelmaier）（PM），詹姆斯·默里斯（RA）和迈克尔·维斯谢里（Michael Vissichelli）（JC）

美国大使馆（CHANCELLERY FOR UNITED STATES EMBASSY）
乌拉圭，蒙特维的亚
1959—1969
占地面积：85 800 平方英尺
（约 7 971 平方米）
项目组：贝聿铭（DP）及珀欣·黄（PA）；助理建筑师（施工文件）：约翰·洛品托（John LoPinto）及助理，纽约州，纽约市

大都会塔（METROPOLITAN TOWER）
美国，夏威夷州，火奴鲁鲁
1960 年（未建成）
占地面积：40 万平方英尺
（约 37 161 平方米）
项目组：贝聿铭（DP）及珀欣·黄（DA）

东西方中心
美国，夏威夷州，马努阿，夏威夷大学
1960—1963 年
占地面积：22.55 万平方英尺
（约 20 949 平方米）
项目组：贝聿铭（DP），伊森·H. 莱昂纳多（AP），阿拉多·寇苏达（DA），珀欣·黄（DA），莱昂纳多·雅各布森（PM），迪恩·麦克卢尔（P），查尔斯·萨顿（SA），Kyu Lee（SA），及罗伯特·林（Robert Lym）（SA）；助理建筑师：McAuliffe，Young & Associates，夏威夷州，火奴鲁鲁，以及 Park & Associates，Inc.，夏威夷州，火奴鲁鲁

伊利湖社区重建计划（ERIEVIEW GENERAL NEIGHBORHOOD REDEVELOPMENT PLAN）
美国，俄亥俄州，克利夫兰市
1960 年
占地面积：168 英亩（约 67.9 公顷）
项目组：贝聿铭（PP）及威廉·斯莱顿（AP）

伊利湖一期城市改造计划（ERIEVIEW I URBAN RENEWAL PLAN）
美国，俄亥俄州，克利夫兰市

1960 年
占地面积：96 英亩（约 38.8 公顷）
项目组：贝聿铭（PP）及威廉·斯莱顿（AP）

大学广场
美国，纽约州，纽约市，纽约大学
1960—1966 年
占地面积：74.7 万平方英尺
（约 69 399 平方米）
项目组：贝聿铭（DP），伊森·H. 莱昂纳多（AP），詹姆斯·伊戈尔·弗里德（DA），A. 普勒斯顿·摩尔（PM），西奥多·安伯格（Theodore Amberg）（FA），威廉·嘉卡贝克（William Jakabek）（JC）和保罗·维德（Paul Veeder）（SA）；艺术家：巴勃罗·毕加索；制作者：卡尔·奈斯贾尔；捐赠者：Mr. & Mrs. Allan D. Emil

国家航空航站楼
美国，纽约州，纽约市，约翰·F. 肯尼迪国际机场
1960—1970
占地面积：35.2 万平方英尺
（约 32 702 平方米）
项目组：贝聿铭（DP），伊森·H. 莱昂纳多，（AP），莱昂纳多·雅各布森（PM），凯洛格·黄（DA，仅在竞标阶段），凯尼斯·D.B. 卡卢塞尔斯（Kenneth D.B. Carruthers）（DA），威廉·嘉卡贝克（PA），保罗·维德（FA）和弗利茨·苏尔茨（玻璃窗/G）

政府中心（GOVERNMENT CENTER：GNRP）
美国，马萨诸塞州，波士顿
1960—1961
占地面积：64 英亩（约 26 公顷）
项目组：贝聿铭（PP）及亨利·N. 考伯（P）

韦伯斯特山城市改造计划（WEYBOSSET HILL URBAN RENEWAL PLAN）
美国，罗得岛州 普罗维登斯市（Providence）
1960—1963
占地面积：55 英亩（约 22.3 公顷）
项目组：贝聿铭（P）及 A. 普勒斯顿·摩尔（P）

市区北部社区改造计划（DOWNTOWN NORTH GENERAL NEIGHBORHOOD RENEWAL PLAN）
美国，马萨诸塞州，波士顿
1961 年
占地面积：400 英亩（约 162 公顷）
项目组：贝聿铭（PP）及亨利·N. 考伯（P）

新闻学院
（SCHOOL OF JOURNALISM）
S. I. 纽豪斯通讯中心（S. I. NEW-HOUSE COMMUNICATIONS CENTER）
美国，纽约州，雪城，雪城大学

1961 年
占地面积：7 万平方英尺（6 503 平方米）
项目组：贝聿铭（DP），沃尔纳·万德梅耶（PM），珀欣·黄（DA），及凯洛格·黄（PA）；助理建筑师：King and King，纽约州，雪城

世纪城公寓
（CENTURY CITY APARTMENTS）
美国，加利福尼亚州，洛杉矶市
1961—1965 年
占地面积：73.83 万平方英尺
（约 68 590 平方米）
项目组：贝聿铭（DP），莱昂纳多·雅各布森（PA），及 Kyu Lee（DA）；助理建筑师：Welton Becket and Asso-ciates，加利福尼亚州，洛杉矶市

国家大气研究中心
美国，科罗拉多州，博尔德市
1961—1967 年
占地面积：24.3 万平方英尺
（约 22 575 平方米）
项目组：贝聿铭（DP），詹姆斯·P. 默里斯（RA），唐纳德·戈尔曼（Donald Gorman）（PA），阿尔维德·克莱恩（Arvid Klein）（PA），理查德·米克森（Richards Mixon）（DA），弗朗西斯·维克汉姆（Francis Wickham）（SA），Lo-Yi Chan（SA），以及罗伯特·林（I）；景观建筑师：丹·基利，佛蒙特州，夏洛特市

埃弗森博物馆
美国，纽约州，雪城
1961—1968 年
占地面积：5.68 万平方英尺（约 5 276 平方米）
项目组：贝聿铭（DP），凯洛格·黄（PM/DA），威廉·亨德森（William Henderson）（DA）和雷金纳德·休（Reginald Hough）（C/RA）；助理建筑师：Pederson，Hueber，Hares & Glavin，纽约州，雪城市，和穆雷·休伯（Murray Hueber）以及罗伯特·马耶夫斯基（Robert Majewski），纽约州，雪城

哈米迪纳/诺迪娅
（HAMEDINA/NORDIA）
以色列，特拉维夫市
1961 年（未建成）
占地面积：161.07 万平方米
（约 149 639 平方米）
项目组：贝聿铭（DP）以及阿拉多·寇苏达（DA）

布什奈尔大厦（BUSHNELL PLAZA）
美国，康涅狄格州，哈特福德市
1961 年
占地面积：29.14 万平方英尺（27 072 平方米）
项目组：贝聿铭（DP），A. 普勒斯顿·摩尔（PA）和文森特·庞特内（Vincent Ponte）（P）；助理建筑师：亨利·F. 鲁道夫（Henry F. Ludorf），康涅狄格州，哈特福德市

美国联合大学小礼拜堂（INTER-AMERICAN UNIVERSITY CHAPEL）
波多黎各
1961 年（未建成）
占地面积：1.5 万平方英尺（约 1 394 平方米）
贝聿铭（DP）

联邦航空管理局航空管制塔台
美国，不同地区
1962—1965 年
占地面积：0.35 万—1.7 万平方英尺，（约 325—1 579 平方米）
项目组：贝聿铭（DP），詹姆斯·伊戈尔·弗里德（DA），迈克尔·D. 弗林（Michael D. Flynn）（中控室），雷金纳德·休（混凝土/C），詹姆斯·纳什（James Nash）（SA），以及约翰·拉斯科斯基（SA）

霍夫曼礼堂（HOFFMAN HALL）
美国，加利福尼亚州，洛杉矶市，南加利福尼亚州立大学
1963—1967
占地面积：8.8 万平方英尺（约 8 175 平方米）
项目组：贝聿铭（DP）以及莱昂纳多·雅各布森（PA）；助理建筑师：Welton Becket and Associates，加利福尼亚州，洛杉矶市

克里奥·罗杰斯县立纪念图书馆
美国，印第安纳州，哥伦布市
1963—1971 年
占地面积：5.25 万平方英尺（约 4 877 平方米）
项目组：贝聿铭（DP），凯尼斯·D. B. 卡卢塞尔斯（DA），罗伯特·H. 蓝斯曼（Robert H. Landsman）（PA），约翰·拉斯科斯基（FA），弗利茨·苏尔泽（SA，窗户），以及罗伯特·林（I）；艺术家：亨利·摩尔

美国人寿保险公司（威尔明顿塔）
美国，特拉华州，威尔明顿市
1963—1971 年
占地面积：21.05 万平方英尺
（约 19 446 平方米）
项目组：贝聿铭（DP），阿拉多·寇苏达（DA），珀欣·黄（PA），迈克尔·维斯谢里（PM），詹姆斯·P. 默里斯（SA），以及 Lien Chen（SA）

中央商务区发展计划（CENTRAL BUSINESS DISTRICT DEVELOPMENT PLAN）
美国，俄克拉何马州，俄克拉何马市
1963 年
占地面积：500 英亩（约 202 公顷）
项目组：贝聿铭（P），伊森·H. 莱昂纳多（A），以及奥古斯特·中川（P）

新学院（NEW COLLEGE）
美国，佛罗里达州，萨拉索塔市（Sarasota）
1963—1967 年
占地面积：98 295 平方英尺（约 9 132 平方米）

项目组：贝聿铭（DP）以及谢尔顿·皮德（Shelton Peed）（PA）

卡米尔·爱德华·德雷夫斯化学大楼
美国，马萨诸塞州，剑桥市，麻省理工学院
1964—1970 年
占地面积：13.77 万平方英尺
（约 12 793 平方米）
项目组：贝聿铭（DP）、沃尔纳·万德梅耶（Werner Wandelmaier）（PM）、珀欣·黄（DA）、弗利茨·苏尔泽（PA/CW），以及罗伯特·蓝斯曼（PA）

友邦保险总部大楼竞标（AIA HEADQUARTERS COMPETITION）
美国，华盛顿特区
1964 年（未建成）
项目组：贝聿铭（DP）以及阿拉多·寇苏达（DA）

基督教科学中心——总体规划（CHRISTIAN SCIENCE CENTER—MASTER PLAN）
美国，马萨诸塞州，波士顿市
1963—1964 年
占地面积：32 英亩（约 13 公顷）
项目组：贝聿铭（PP）以及阿拉多·寇苏达（P）

约翰·菲茨杰拉德·肯尼迪图书馆
美国，马萨诸塞州，多尔切斯特市
1964—1979 年
占地面积：11.3 万平方英尺
（约 10 498 平方米）
项目组：贝聿铭（DP）、伊森·H. 莱昂纳多（AP）、沃尔纳·万德梅耶（A）、西奥多·J. 木硕（DA）、罗伯特·米尔本（Robert Milburn）（PM）、哈里·巴罗涅（Harry Barone）（RA）、劳埃德·威尔（Lloyd Ware）（混凝土/C，预制）、弗利茨·苏尔泽（CW，空间框架），以及理查德·W. 史密斯（Richard W. Smith）（S）；景观建筑师：Kiley、Tyndall、Walker，佛蒙特州，夏洛特市

加拿大帝国商业银行
加拿大，安大略省，多伦多市，商业广场
1965—1973 年
占地面积：2 475 125 平方英尺
（约 229 947 平方米）
项目组：贝聿铭（DP）、伊森·H. 莱昂纳多（AP）、凯尼斯·D.B. 卡卢塞尔斯（DA）、巴塞洛谬·D. 沃森哲（Bartholomew D. Voorsanger）（A）、亚伯·史顿（Abe Sheiden）（Pr）、拉尔夫·海瑟尔（Ralph Heisel）（DA）、弗利茨·苏尔泽（CW），以及弗莱德·K.H. 方（Fred K. H. Fang）（SA）；室内设计：维克多·马勒（Victor Mahler）、罗伯特·林，以及沃尔特·帕顿（Walter Patton）；助理建筑师：Page and Steele, Architects（业主的顾问公司），加拿大，安大略省，多伦多市；结构工程师：Weiskopf & Pickworth，纽约州，纽约市，和 C.D. Carruthers & Wallace Consultants Ltd.

（业主的顾问公司），加拿大，安大略省，多伦多市

坦迪实博物馆（TANDY HOUSE MUSEUM）
美国，得克萨斯州，沃斯堡（Fort Worth）
1965—1969 年
占地面积：18 750 平方英尺（约 1 742 平方米）
项目组：贝聿铭（DP）以及达尔·布赫（Dale Booher）（DA）

宝丽来办公室和制造综合中心（POLAROID OFFICE and MANUFACTURING COMPLEX）
美国，马萨诸塞州，沃尔瑟姆市（Waltham）
1965—1970 年
占地面积：36.5 万平方英尺
（约 33 910 平方米）
项目组：贝聿铭（DP）以及拉尔夫·海瑟尔（Ralph Heisel）（DA）

华盛顿邮报
美国，华盛顿特区
1965—1969 年（未建成）
项目组：贝聿铭（P）、雅恩·韦穆斯（Yann Weymouth）（DA），以及詹姆斯·伊戈尔·弗里德（DA）

得梅因艺术中心增建项目
美国，艾奥瓦州，得梅因市
1965—1968 年
占地面积：2.13 万平方英尺
（约 1 979 平方米）
项目组：贝聿铭（DP）、理查德·米克森（Richards Mixon）（DA）、格雷姆·A. 怀特劳（Graeme A. Whitelaw）（PM）、詹姆斯·默里（PA）、罗伯特·林（I），以及雷金纳德·休（C）

达拉斯市政厅
美国，得克萨斯州，达拉斯市
1966—1977 年
占地面积：771 104 平方英尺
（约 71 638 平方米）
项目组：贝聿铭（DP）、伊森·H. 莱昂纳多（AP）、西奥多·J. 木硕（DA）、西奥多·A. 安博格（Theodore A. Amberg）（PA）、乔治·吴（George Woo）（助理 Assoc. PA）、哈里·巴罗涅（RA）、汤姆·K. 巴隆（Tom K. Barone）（Assoc. RA）、弗利茨·苏尔泽（G）、丹尼斯·伊根（Dennis Egan）（SA）、沃尔特·帕顿（I），以及玛丽安·桑托（Marianne Szanto）（D）；助理建筑师：Harper and Kemp，得克萨斯州，达拉斯市；景观建筑师：丹·基利，夏洛特市，佛蒙特州；艺术家：亨利·摩尔

宝丽来选址研究（POLAROID SITE SELECTION STUDY）
美国，波士顿都会区
1966 年

贝聿铭（PP）

基里亚特，艾萨克爵士沃尔夫森发展计划（KIRYAT SIR ISAAC WOLFSON DEVELOPMENT PLAN）
以色列，耶路撒冷
1966 年
占地面积：8 英亩（约 3.2 公顷）
项目组：贝聿铭（DP）以及詹姆斯·伊戈尔·弗里德（DA）

贝德福德-史蒂文森超级街区
美国，纽约市，布鲁克林区
1966—1969 年
项目组：贝聿铭（DP）、雅恩·韦穆斯（DA）、奥古斯特·中川（P），以及迪恩·麦克卢尔（P）；景观建筑师：Paul Friedberg Associates，纽约州，纽约市；交通顾问：Travers Associates，新泽西州，克里夫兰市

弗莱什曼大厦，国家大气研究中心
美国，科罗拉多州，博尔德市
1966—1968 年
占地面积：4 320 平方英尺（约 401 平方米）
项目组：贝聿铭（DP）以及拉尔夫·海瑟尔（PA）

赫伯特·F. 约翰逊艺术馆
美国，纽约州，伊萨卡市，康奈尔大学
1968—1973 年
占地面积：6 万平方英尺（约 5 574 平方米）
项目组：贝聿铭（DP）、约翰·L. 沙利文三世（John L. Sullivan III）（DA）、弗洛伊德·G. 布里泽瓦（Floyd G. Brezavar）（PM）、罗伯特·H. 蓝斯曼（PM，A）、弗利茨·苏尔泽（CW），以及雷金纳德·休（C）；景观建筑师：丹·基利团队，夏洛特市，佛蒙特州；承包商/混凝土：William C. Pahl Construction Co.，纽约州，雪城

罗伯特·弗朗西斯·肯尼迪居住区，阿灵顿国家公墓
美国，弗吉尼亚州，阿灵顿市
1968—1971 年
项目组：贝聿铭（DP）以及 F. 托马斯·施密特（F. Thomas Schmitt）（DA）

派恩街 88 号（88 PINE STREET）
美国，纽约州，纽约市
1968—1973 年
占地面积：57.1 万平方英尺（约 5 574 平方米）
项目组：贝聿铭（DP）以及詹姆斯·伊戈尔·弗里德（DA）

国家美术馆东馆
美国，华盛顿特区
1968—1978 年
占地面积：60.4 万平方英尺
（约 56 113 平方米）
项目组：贝聿铭（DP）、伊森·H. 莱昂纳多（AP）、莱昂纳多·雅各布森（PA）、雅恩·韦穆斯（DA）、威廉·佩德森（William Pederson）

（DA）、F. 托马斯·施密特（DA）、欧文·J. 艾弗特雷斯（Marble）、威廉·嘉卡贝克（JC）、迈克尔·D. 弗林（Michael D. Flynn）（空间框架/space frame）、弗利茨·苏尔泽（G）、理查德·卡特尔（Richard Cutter）（FA）、马丁·道姆（Martin Daum）、马克·弗斯特（Mark Forster）、约翰·格沃特（John Gewalt）、J. 伍德森·莱尼（J. Woodson Rainey）、克林顿·谢尔（Clinton Sheer）、理查德·史密斯（Richard Smith）、克劳斯·沃格尔（Klaus Vogel）、卡尔·韦恩布罗尔（Carl Weinbroer）和 W. 斯蒂芬·伍德（W. Stephen Wood）；结构工程师：Weiskopf & Pickworthy，纽约州，纽约市；地基：Mueser、Rutledge、Johnston & DeSimone，纽约州，纽约市；业主工程顾问：Morse/Diesel, Inc.，纽约州，纽约市；大理石：Malcom Rice，新罕布什尔州，康科德市；天窗，玻璃幕墙：Antoine-Heitmann & Associates，密苏里州，柯克伍德

保罗·梅隆艺术中心
美国，康涅狄格州，沃灵福德，乔特学校
1968—1973 年
占地面积：6.7 万平方英尺（约 6 225 平方米）
项目组：贝聿铭（DP）、拉尔夫·海瑟尔（DA）、约翰·斯卡拉塔（PM）、保罗·维德（PM）、穆雷·卡伦德（Murray Kalender）（RA）和彼伯特·林（I）

哥伦比亚大学综合总体规划（COLUMBIA UNIVERSITY COMPREHENSIVE MASTER PLAN）
美国，纽约州，纽约市
1968—1969 年
占地面积：28 英亩（约 11 公顷）
项目组：贝聿铭（PP）、亨利·N. 考伯（P）、奥古斯特·中川（P）和艾伦·霍格兰德（Allen Hogland）（P）

崇侨银行
新加坡
1969 年（未建成）
占地面积：42 万平方英尺
（约 39 206 平方米）
项目组：贝聿铭（DP）以及珀欣·黄（DA）

来福士国际中心（RAFFLES INTERNATIONAL CENTER）
新加坡
1969—1972 年
占地面积：160 英亩（约 65 公顷）
项目组：贝聿铭（DP）、伊森·H. 莱昂纳多（AP）、奥古斯特·中川（P）、拉尔夫·海瑟尔（DA），以及凯洛格·黄（PA）

宝丽来-肯德尔广场（POLAROID-KENDALL SQUARE）
美国，马萨诸塞州，剑桥市，
1969 年（未建成）

占地面积：25 万平方英尺（约 23 226 平方米）

项目组：贝聿铭（DP）以及亨利·N. 考伯（P）

IBM 办公大厦（IBM OFFICE TOWER）
美国，纽约州，纽约市
1969 年（未建成）
占地面积：50 万平方英尺（约 46 450 平方米）
项目组：贝聿铭（DP）以及詹姆斯·伊戈尔·弗里德（DA）

国防部大楼（TÊTE DE LA DÉFENSE）
法国，巴黎
1970—1971 年（未建成）
占地面积：3.5 英亩（约 1.4 公顷）贝聿铭（DP）：second scheme

华侨银行中心
新加坡
1970—1976 年
占地面积：92.9 万平方英尺（约 86 307 平方米）
项目组：贝聿铭（DP）、伊森·H. 莱昂纳多（AP）、凯洛格·黄（PA）、伯纳德·P. 莱斯（Bernard P. Rice）（SA），以及珀欣·黄（SA）；结构工程师：Ove Arup & Partners，新加坡，以及 Mueser，Rutledge，Wentworth & Johnson，纽约州，纽约市；艺术家：亨利·摩尔

来福士城
新加坡
1969—1986 年
占地面积：4 207 700 平方英尺（约 390 908 平方米）
项目组：贝聿铭（DP）、伊森·H. 莱昂纳多（AP）、拉尔夫·海瑟尔（DA）、凯洛格·黄（PA）、迈克尔·维斯谢里（PM）、弗利茨·苏尔泽（CW）、哈里·巴罗涅（FA）、克莱格·达马斯（Craig Dumas）（RA），克里斯托弗·兰德（Christopher Rand）（SA）、克莱格·罗兹（Craig Rhodes）（SA），彼得·阿荣（Peter Aaron）（PA）、威廉·坎宁汉姆（William Cunningham）（PA）、赫伯特·奥古斯特（Herbert August）（SA）、约翰·本茨文嘉（John Bencivenga）（S）、罗伯特·林（I）、让·皮埃尔·穆汀（Jean Pierre Mutin）、罗伯特·哈特维格（Robert Hartwig）、多萝西·希尔（Dorothy Hill）、帕特里克·奥玛利（Patrick O'Malley）、大卫·威廉姆斯（David Williams），以及狄波拉赫·坎普贝尔（Deborah Campbell）；部分 1973 年项目团队：奥古斯特·中川（P）、伯纳德·莱斯（PA）、约翰·L. 沙利文三世（DA）、保罗·维德（SA）、帕特里克·莱斯汀（Patrick Lesting）、理查德·史密斯（Richard Smith）（S）；助理建筑师：Architects 61，新加坡；结构工程师：Weiskopf & Pickworth，纽约州，纽约市；机械，电气工程师：

Cosentini Associates，纽约州，纽约市

劳拉·斯佩尔曼·洛克菲勒学生宿舍
美国，新泽西州，普林斯顿市，普林斯顿大学
1971—1973 年
占地面积：6.65 万平方英尺（约 6 178 平方米）
项目组：贝聿铭（DP）、哈罗德·弗雷登伯格（Harold Fredenburgh）（DA）、A. 普勒斯顿·摩尔（PM）、安杰伊·戈尔金斯基（Andrzej Gorczynski）（DA）和帕特里克·莱斯汀（SA）

拉尔夫·朗道化工大楼
美国，马萨诸塞州，剑桥市，麻省理工学院
1972—1976 年
占地面积：13.1 万平方英尺（约 12 171 平方米）
项目组：贝聿铭（DP）、沃尔纳·万德梅耶（PM）、约翰·L. 沙利文三世（DA），以及罗伯特·兰斯曼（PA）

卓越教育大学村（UNIVERSITY VILLAGE, EXCELLENCE IN EDUCATION）
美国，得克萨斯州，达拉斯市
1973 年
占地面积：945 英亩（约 382 公顷）
贝聿铭（PP）

长滩市博物馆（LONG BEACH MUSEUM）
美国，加利福尼亚州，长滩市
1974—1979 年（未建成）
占地面积：7.5 万平方英尺（约 6 968 平方米）
项目组：贝聿铭（DP）以及 W. 斯蒂文·伍德（W. Steven Wood）（DA）

亚洲之家（ASIA HOUSE）
美国，纽约州，纽约市
1974 年（未建成）
占地面积：12 万平方英尺（约 11 150 平方米）
项目组：贝聿铭（DP）以及珀欣·黄（DA）

克莱尔码头/来福士广场发展研究计划（COLLYER QUAY/RAFFLES PLACE DEVELOPMENT STUDY）
新加坡
1974 年
占地面积：3 英亩（约 1.2 公顷）
贝聿铭（P）

卡帕萨德住宅（KAPSAD HOUSING）
伊朗，德黑兰
1975—1978 年（未建成）
占地面积：36 英亩（约 14.5 公顷）
项目组：贝聿铭（DP）、伊森·H. 莱昂纳多（AP）、詹姆斯·伊戈尔·弗里德（PA），以及阿拉多·寇苏达（DA）

新加坡河发展计划（SINGAPORE RIVER DEVELOPMENT）
新加坡

1975 年
占地面积：40 英亩（约 16 公顷）
项目组：贝聿铭（DP）、西奥多·J. 木硕（DA）、凯洛格·黄（PA）、珀欣·黄（SA），以及奥古斯特·中川（P）

弥敦道概念设计（NATHAN ROAD CONCEPT）
新加坡
1975 年
占地面积：12 英亩（约 5 公顷）
项目组：贝聿铭（DP）以及珀欣·黄（PA）

乌节路平面规划（ORCHARD ROAD SITE PLAN）
新加坡
1975 年
占地面积：5 英亩（约 2 公顷）
项目组：贝聿铭（DP）以及珀欣·黄（PA）

工业信贷银行（INDUSTRIAL CREDIT BANK）
伊朗，德黑兰市
1976 年（未建成）
占地面积：64 万平方英尺（约 59 458 平方米）
项目组：贝聿铭（DP）以及詹姆斯·伊戈尔·弗里德（DA）

萨拉姆大厦（AL SALAAM）
科威特，科威特城
1976—1979 年（未建成）
占地面积：28 英亩（约 11 公顷）
项目组：贝聿铭（DP）以及哈罗德·弗雷登伯格（Harold Fredenburgh）（DA）

波士顿美术馆，西翼
美国，马萨诸塞州，波士顿
1977—1981 年（1977—1986 年翻修）
占地面积：36.67 万平方英尺（约 34 068 平方米）
项目组：贝聿铭（DP）、莱昂纳多·雅各布森（AP）、威廉·雅卡贝克（JC）、弗利茨·苏尔泽（Sk）、贝建中（DA）、理查德·卡特尔（RA）、莱昂纳多·玛什（Leonard Marsh）（PA，翻修），以及保罗·维德

IBM 办公大楼
美国，纽约州
1977—1984 年
占地面积：76.4 万平方英尺（约 70 978 平方米）
项目组：贝聿铭（DP）、伊森·H. 莱昂纳多（AP）、莱昂纳多·雅各布森（AP）、约翰·L. 沙利文三世（DA）、理查德·戴梦德（Richard Diamond）（PM）、迈克尔·D. 弗林（CW，Sk）、凯尔·约翰逊（Kyle Johnson）（PM）、雷金纳德·休（C）、弗利茨·苏尔泽（H）、温斯洛·科西尔（Winslow Kosior）（SA，CW/Sk）、雅克林·汤姆森（Jacqueline Thompson），以及奥古斯特·中川（P）；室内设计：约翰·L. 沙利文三世、沃尔特·帕顿，以及斯蒂芬芬玛利斯（Stephanie Mallis）；景观建筑师：

汉娜/奥林（Hanna/Olin），宾夕法尼亚州，费城

阿克佐那集团总部（AKZONA CORPORATE HEADQUARTERS）
美国，北卡罗来纳州，阿什维尔市（Asheville）
1977—1981 年
占地面积：14.04 万平方英尺（约 13 044 平方米）
项目组：贝聿铭（DP）以及查尔斯·T. 杨（Charles T. Young）（DA）

苏宁广场（SUNNING PLAZA）
中国，香港
1977—1982 年
占地面积：45.7 平方英尺（约 42 457 平方米）
项目组：贝聿铭（DP）、伯纳德·莱斯（DA）、凯洛格·黄（PA）和珀欣·黄（SA）

得克萨斯商业银行
美国，得克萨斯州，休斯敦市，联合能源广场（United Energy Plaza）
1978—1982 年
占地面积：200.5 万平方英尺（约 186 271 平方米）
项目组：贝聿铭（DP）、哈罗德·弗雷登伯格（DA）、沃尔纳·万德梅耶（AP）、迈克尔·D. 弗林（CW），以及安杰伊·戈尔金斯基（DA）；建筑制作：3D/ International Architects（业主顾问），得克萨斯州，休斯敦市；结构工程师：CBM Engineers Inc.，得克萨斯州，休斯敦市；艺术家：胡安·米罗（Joan Miró）以及 Helena Hernmarck

麻省理工学院东北校区（MIT NORTHWEST AREA）
美国，马萨诸塞州，剑桥市
1978 年
占地面积：155 英亩（约 63 公顷）
贝聿铭（PP）

威斯纳大楼，艺术与媒体技术中心
美国，马萨诸塞州，剑桥市，麻省理工学院
1978—1984 年
占地面积：111 430 平方英尺（约 10 352 平方米）
项目组：贝聿铭（DP）、莱昂纳多·雅各布森（AP）、迈克尔·D. 弗林（CW）、贝礼中（DA）、大卫·马丁（PM）、汤姆·吴（Tom Woo）（PM），以及斯科特·柯尼科（Scott Koniecko）（SA）

得克萨斯州商业中心（TEXAS COMMERCE CENTER）
美国，得克萨斯州，休斯敦市
1978—1982 年
占地面积：120 万平方英尺（约 111 484 平方米）
项目组：贝聿铭（DP）以及哈罗德·弗雷登伯格（DA）

香山饭店
中国，北京
1979—1982 年
占地面积：39.68 万平方英尺
（约 36 864 平方米）
项目组：贝聿铭（DP）、A. 普勒斯顿·摩尔（PM）、凯洛格·黄（A/pre-construction）、贝建中（DA）、大卫·马丁（PA）、弗莱德·K. H. 方（SA）、特雷西·特纳（Tracy Turner）（Gr）、卡尔文·曹（Calvin Tsao）、凯伦·凡·蓝根（Karen Van Lengen）和 Wang Tian-Xi；室内设计：Dale Keller & Associates，香港

雅各布·K. 贾维茨会展中心（JACOB K. JAVITS CONVENTION CENTER）
美国，纽约州，纽约市
1979—1986 年
占地面积：168.89 万平方英尺
（约 156 904 平方米）
项目组：贝聿铭（P）以及詹姆斯·伊戈尔·弗里德（DP）

阿根廷南方航空（AUSTRAL LINEAS）
阿根廷，布宜诺斯艾利斯
1980 年（未建成）
占地面积：7.5 万平方英尺（约 6 968 平方米）
项目组：贝聿铭（DP）以及 W. 斯蒂文·伍德（DA）

东湾发展计划（EAST COVE DEVELOPMENT）
美国，纽约州，纽约市
1980—1981 年
占地面积：275 万平方英尺
（约 255 483 平方米）

联合工程 / 罗伯森码头发展概念设计（UNITED ENGINEERS/ ROBERTSON QUAY DEVELOPMENT CONCEPT）
新加坡
1980 年
占地面积：30 英亩（约 12 公顷）
贝聿铭（PP）

港威大厦（THE GATEWAY）
新加坡
1981—1990 年
占地面积：147.9 万平方英尺
（约 137 404 平方米）
项目组：贝聿铭（DP）、凯洛格·黄（管理员，管理员 /A）、珀欣·黄（DA）、以及伯纳德·莱斯（PM/design）

物业改造（IMMOBILIARIA REFOTIB）
墨西哥，墨西哥城
1981 年（未建成）
占地面积：92 万平方英尺
（约 85 471 平方米）
项目组：贝聿铭（DP）以及 W. 斯蒂文·伍德（DA）

莫顿·H. 梅尔森交响乐中心
美国，得克萨斯州，达拉斯市
1981—1989 年
占地面积：48.5 万平方英尺

（约 45 058 平方米）
项目组：贝聿铭（DP）、沃纳·万德梅耶（AP）、乔治·H. 米勒(George H. Miller)(AP)、查尔斯·T. 杨(concert hall)、西奥多·A. 安博格（RA）、迈克尔·D. 弗林（幕墙 CWP）、拉尔夫·海瑟尔（DA）、伊恩·巴德（Ian Bader）（助理 Asst. DA）、迈克尔·维斯谢里（PM）、佩里·秦（Perry Chin）（CW）、艾比·萨克尔（Abby Suckle）（I）、蒂姆·卡利冈（Tim Calligan）、科克·科诺弗（Kirk Conover）、凯尔·约翰逊（Kyle Johnson）、大卫·马丁、克里斯·兰德（Chris Rand）、沃尔特·凡·格林（Walter Van Green）、以及戈登·华莱士（Gordon Wallace）；声学 / 艺术顾问：拉塞尔·约翰逊（Russell Johnson）（principal）；结构：Leslie E. Robertson Associates，纽约州，纽约市；艺术家：埃德沃尔多·契里达（Eduardo Chillida）和艾尔沃斯·凯莉（Ellsworth Kelly）

美国大使馆土地使用要求提案（UNITED STATES EMBASSY LAND USE REQUIREMENTS PROPOSAL）
中国，北京
1981 年
占地面积：23 英亩（约 9.3 公顷）
贝聿铭（PP）

中银大厦
中国，香港
1982—1989 年
占地面积：140 万平方英尺
（约 130 064 平方米）
项目组：贝聿铭（DP）、伊森·H. 莱昂纳多（AP）、迈克尔·D. 弗林（CWP）、凯洛格·黄（A，L）、亚伯·史翘（I）、伯纳德·莱斯（DA）、罗伯特·海恩特盖斯（Robert Heintges）（CW）、贝礼中（DA）、卡尔文·曹（L）、塞南·维纳 - 德 - 莱昂（Senen Vina-de-Leon）（Cores）、威廉·坎宁汉姆（JC）、汤姆·吴（RA）、吉安尼·奈里（Gianni Neri）（CA）、理查德·戈尔曼（Richard Gorman）（S）、大卫·利茨（David Litz）（RA）、帕特·奥马利（RA）、珍妮弗·阿德勒（Jennifer Adler）、保罗·贝内特（Paul Bennett）、陈昆成（Quin-Cheng Chen）、威灵顿·陈（Wellington Chen）、莫妮卡·考尔（Monica Coe）、奥里斯特·德拉帕卡（Oreste Drapaca）、乔恩·迪尼恩（Jaon Dineen）、阿里·吉德法（Ali Gidfar）、克里斯塔·吉塞克（Christa Giesecke）、多萝西·希尔斯、黄晴玲（Ching-Ling Huang）、岩本和明（Kazuaki Iwamoto）、威利·莱斯安娜（Willie Lesane）、大卫·林（David Ling）、斯蒂芬妮·玛利斯（Stephanie Mallis）、亚历山德拉·瑙乌姆（Alexandra Naoum）、斯蒂芬·诺曼（Stephen Norman）、艾玛·帕泰尔（Hema Patel）、希蒙·皮尔特泽（Shimon Piltzer）、玛西

莫·派蒙蒂（Massimo Piamonti）、罗伯·罗杰斯（Rob Rogers）、加里·席林（Gary Schilling）、琳达·什温克（Linda Schwenk）、南茜·孙（Nancy Sun）、玛丽安·桑托（Marianne Szanto）、杰拉德·司托（Gerald Szeto）、（劳尔·特兰（Raul Teran）、约斯·瓦尔德斯（Jose Valdes）、晶·黄（King Wong）、珀欣·黄，以及约翰·袁（John Yuan）；助理建筑师：Kung & Lee 助理建筑师，香港；结构工程师：Leslie E. Robertson Associates，纽约州，纽约市，以及瓦伦蒂诺（Vallentine）、劳里（Laurie）以及戴维斯（Davies），香港

IBM 总部入口接待处（IBM HEADQUARTERS ENTRANCE PAVILION）
美国，纽约州，阿蒙克市（Armonk）
1982—1985 年
占地面积：8 900 平方英尺（约 827 平方米）
贝聿铭（DP）以及西奥多·J. 木硕（DA）

大卢浮宫——一期工程
法国，巴黎市
1983—1989 年
占地面积：667 255 平方英尺
（约 61 990 平方米）
项目组：贝聿铭（DP）、莱昂纳多·雅各布森（AP）、雅恩·韦穆斯（DA）、贝建中（建筑设计师，A）、迈克尔·D. 弗林（Michael D. Flynn）、（金子塔幕墙主管）、伊冯娜·司托（Yvonne Szeto）（金子塔幕墙）、诺曼·杰克森（Norman Jackson）、阿尔诺·普维斯·德·夏凡纳（Arnaud Puvis de Chavannes）（Pr）、贝阿特利丝·莱曼（Beatrice Lehman）（CD）、伊恩·巴德、卜藏正和（Masakazu Bokura）、安杰伊·戈尔金斯基（Andrzej Gorczynski）、安娜·穆汀（Anna Mutin）、克里斯·兰德（Chris Rand）、以及史蒂芬·拉斯托（Stephen Rustow）；助理建筑师：米歇尔·玛卡里（Michel Macary），法国，巴黎市；卢浮宫的首席建筑师：乔治·杜瓦尔以及盖伊·尼科；金子塔结构设计顾问：Nicolet Chartr and Knoll, Ltd，加拿大，蒙特利尔市；金字塔结构，建设阶段：莱斯·弗朗西斯·里特希（Rice Francis Ritchie），法国，巴黎市；艺术：铅铸仿制乔凡尼·洛伦佐·贝尼尼的路易十四

古根海姆亭子，西奈山医学中心（GUGGENHEIM PAVILION，MOUNT SINAI MEDICAL CENTER）
美国，纽约州，纽约市
1983—1992 年
占地面积：90 万平方英尺
（约 83 613 平方米）
项目组：贝聿铭（DP）以及贝建中（DA）

乔特-罗斯玛丽科学中心
美国，康涅狄格州，沃灵福德市
1985—1989

占地面积：4.7 平方英尺（约 4 366 平方米）
项目组：贝聿铭（DP）、乔治·H. 米勒（George H. Miller）（AP）、伊恩·巴德（DA）、罗伯特·麦德（Robert Madey）（PA）、弗利茨·苏尔泽（CW）、罗伯特·罗杰斯、詹妮弗·萨杰（Jennifer Sage）、黄晴玲、狄波拉赫·坎普贝尔，以及艾比·萨克尔

创新艺人经济公司
美国，加利福尼亚州，贝弗利山
1986—1989 年
占地面积：7.5 万平方英尺（约 6 967 平方米）
项目组：贝聿铭（DP）、贝礼中（DA）、迈克尔·D. 弗林（CWP）、迈克尔·维斯谢里（Pr）、文森特·波尔斯内里（Vincent Polsinelli）（PM）、佩里·秦（CW）、杰拉德·斯托（Gerald Szeto）、罗莎娜·古铁雷兹（Rossana Gutierrez）、岩本和明、艾比·萨克尔（I）；执行建筑师：Langdon Wilson Architects Planners，加利福尼亚州，洛杉矶市；艺术家：乔尔·夏皮罗（Joel Shapiro）以及罗伊·李希滕斯坦（Roy Lichtenstein）

摇滚名人堂博物馆
美国，俄亥俄州，克利夫兰市
1987—1995 年
占地面积：14.3 万平方英尺
（约 13 285 平方米）
项目组：贝聿铭（DP）、莱昂纳多·雅各布森（AP）、迈克尔·D. 弗林（AP，T）、理查德·戴梦德（A）、珍妮弗·萨齐（DA）、温斯洛·科西尔（Winslow Kosior）（CW）、理查德·戈尔曼（S）、玛丽安娜·罗（Marianne Lau）、霍普·达娜（Hope Dana）、斯蒂文·德拉斯默（Steven Derasmo）、大卫·德怀特（David Dwight）、Mahasti Fakourbayat、凯文·约翰斯（Kevin Johns）、桑德拉·鲁特斯（Sandra Lutes）、克里斯汀·玛霍尼（Christine Mahoney）、乔安尼·内里（Gianni Neri）以及克里斯塔·威廉姆斯（Krista Williams）；
项目组（1987-1990）：贝聿铭（DP）、莱昂纳多·雅各布森（AP）、迈克尔·D. 弗林（AP，T）、查尔斯·T. 杨（DA）、安杰伊·戈尔金斯基（DA）、克莱格·罗兹（Craig Rhodes）、克里斯·兰德（Chris Rand）、让·克里斯托弗·杜伯埃（Jean Christophe DuBois）和索菲娅·格鲁迪斯（Sophia Gruzdys）；展览设计：The Burdick Group，加利福尼亚州，旧金山市；结构工程师（structural engineers）：Leslie E. Robertson Associates，纽约州，纽约市

"天使的喜悦"钟塔
日本，滋贺县，信乐町，神苑
1988—1990 年
项目组：贝聿铭（DP）以及克里斯·兰德（DA）；结构顾问：Prof. Yoshikatsu Tsuboi, Nihon Architects,

Engineers & Consultants，东京；总承包商：Shimizu Corporation，日本，东京，以及 Royal Eijabouts Bell Founders，荷兰

科克林诊所，阿拉巴马大学卫生服务基金会（THE KIRKLIN CLINIC, UNIVERSITY OF ALABAMA HEALTH SERVICES FOUNDATION）
美国，亚拉巴马州，伯明翰市
1988-1992 年
占地面积：75 万平方英尺
（约 69 677 平方米）
项目组：贝聿铭（DP）以及贝建中（PA）

四季酒店（FOUR SEASONS HOTEL）
美国，纽约州，纽约市
1989—1993 年
占地面积：53.2 万平方英尺
（约 49 424 平方米）
项目组：贝聿铭（DP）、伊森·H.莱昂纳多（AP）、莱昂纳多·雅各布森（AP）、迈克尔·D.弗林（TP）、凯洛格·黄（AP）、W.斯蒂文·伍德（W. Steven Wood）(DA)、彼得·阿荣（PA）、伯纳德·莱斯（PM）、弗利茨·苏尔泽（G）、贝礼中（DA）、珍妮弗·阿德勒（DA），Young Bum Lee（PM），以及阿尔伯特·亨宁斯（Albert Hennings）；助理建筑师：Frank Williams & Associates，纽约州，纽约市；室内设计：Chhada Siembieda & Partners，加利福尼亚州，长岛市，以及 Betty Garber Design Consultant，加利福尼亚州，贝弗利山

大卢浮宫——二期工程
法国，巴黎市
1989—1993 年
占地面积：16.79 万平方英尺
（约 15 598 平方米）
项目组：贝聿铭（DP）、莱昂纳多·雅各布森、迈克尔·D.弗林（TP）、雅恩·韦穆斯（DA）、史蒂芬·拉斯托（DA）、贝建中（PA）、安杰伊·戈尔金斯基，克劳德·劳特（Claude Lauter）、瓦莱里·布姆（Valerie Boom）、大卫·哈蒙（David Harmon）、岩本和明，罗伯特·克莱派特（Robert Crepet）、玛德莲·法瓦（Madeline Fava）、马科·佩内霍特（Marco Penenhoat）、马休·维德曼（Matthew Viderman），以及让·克里斯托弗·维洛特（Jean Christophe Virot）；助理建筑师：Agence Macary，巴黎市，Agence Wilmotte，巴黎市，以及 Agence Nicot，巴黎市；自然光研究，绘画厅，天窗，以及庭院：Ove Arup International，伦敦市；天窗，以及画廊：RFR，巴黎市；照明：Claude R. Engle，华盛顿特区以及 Observatoire，巴黎市

巴克老年研究所（BUCK INSTITUTE FOR AGE RESEARCH）
美国，加利福尼亚州，马林县（Marin County）
1989—1999 年

占地面积：16.5 万平方英尺
（约 15 329 平方米）
项目组：贝聿铭（DP）、乔治·H.米勒（George H. Miller）（AP）、贝礼中（DA）、佩里·秦（T），以及哈里·唐（Harry Toung）（DA）；景观建筑师：丹·基利，佛蒙特州，夏洛特市

毕尔巴鄂标志性建筑（BILBAO EMBLEMATIC BUILDING）
西班牙，毕尔巴鄂
1990—1992 年（未建成）
占地面积：130.8 万平方英尺
（约 121 517 平方米）
项目组：贝聿铭（DP）、贝建中（DA）、贝礼中（DA），以及鲍伯·海恩特齐斯（Bob Heintges）（CW）；结构：Leslie E. Robertson Associates，纽约州，纽约市

美秀美术馆
日本，滋贺县，信乐町，神苑
1991—1997 年
占地面积：19.8 万平方英尺
（约 18 395 平方米）
项目组：贝聿铭（DP）、蒂姆·卡尔伯特（Tim Culbert）（DA）、佩里·秦（T），以及克里斯·兰德（DA）；助理建筑师：Kibowkan International，东京，Osamu Sato，以及 Hiroyasu Toyokawa，日本；景观建筑师：Kohseki 以及 Akenuki Zoen，Noda Kenetsu；结构工程师：Leslie E. Robertson Associates，纽约州，纽约市；结构工程师：Aoki Structural Engineers，东京，Nakata & Associates，东京，以及 Whole Force Studio

SENTRA BDNI 商业中心
印度尼西亚，雅加达市
1992—1998 年（未建成）
占地面积：330 万平方英尺
（约 306 580 平方米）
项目组：贝聿铭（DP）与贝氏合伙人建筑设计事务所合作；结构：Leslie E. Robertson Associates，纽约州，纽约市

拉卡萨（LA CAIXA）
西班牙，巴塞罗那市，圣库加特（Sant Cugat）
1993—1998 年（未建成）
占地面积：919 760 平方英尺
（约 85 449 平方米）
项目组：贝聿铭（DP）、乔治·H.米勒（George H. Miller）（AP），以及贝礼中（PA）

巴塞尔和爱丽丝·古兰瑞斯现代艺术博物馆（BASIL & ELISE GOULANDRIS MUSEUM OF MODERN ART）
希腊，雅典
1993—1997 年（未建成）
占地面积：20.45 平方英尺（约 1.9 万平方米）
项目组：贝聿铭（DP）、彼得·阿荣（PA），以及安德烈斯·皮塔拉斯

（Andres Petallas）（SA）

中国银行总部大楼
中国，北京
1994—2001 年
占地面积：180 万平方英尺
（约 167 225 平方米）
项目组：贝聿铭建筑事务所与贝氏合伙人建筑设计事务所合作，贝聿铭、贝建中，贝礼中，拉尔夫·海瑟尔（DA）、杰拉德·斯托（PM），莫平（Ping Mo）（RA）、迈克尔·维斯谢尔（Pr）；设计公司：China Academy of Building Research，北京；curtainwall & stonework Consultant：P.Y. Chin，纽约州，纽约市；室内设计：George C.T. Woo & Partners，达拉斯市，得克萨斯州

让大公现代艺术馆（穆旦艺术馆）
卢森堡，基希贝格
1995—2006 年
占地面积：11.3 万平方英尺
（约 10 498 平方米）
项目组：贝聿铭（DP）、乔治·H.米勒（AP）、迈克尔·D.弗林（TP），以及前原人志（Hitoshi Maehara）（PA）；助理建筑师：Georges Reuter Architectes s.a.r.l.，Luxembourg and Christiane Flasche（制图 /D，RA）；项目经理：AT Osborne S.A.，卢森堡；结构工程师：RFR，巴黎市以及 Schroeder & Associés，卢森堡

韩国常驻联合国代表处（REPUBLIC OF KOREA PERMANENT MISSION TO THE UNITED NATIONS）
美国，纽约州，纽约市
1995—1999 年
占地面积：7.9 万平方英尺（约 7 339 平方米）
项目组：贝聿铭（DP）、乔治·H.米勒（AP）、克里斯·兰德（DA）、Young Bum Lee（PM）和 Winslow Kosior（CW）

德意志历史博物馆（军械库）
德国，柏林
1996—2003 年
占地面积：96 875 平方英尺（约 9 000 平方米）
项目组：贝聿铭（DP）、乔治·H.米勒（AP）、布莱恩·迈克纳里（Brian McNally）（PM）、克里斯蒂安娜·弗拉谢（Christiane Flasche）（D，PA，RA）、佩里·秦（技术 /T）、斯蒂法诺·帕齐（Stefano Paci）（SA）、凯蒂·奥佳瓦（Kathy Ogawa）（SA），以及威廉·科利尔（William Collier）（SA）；助理建筑师：Eller + Eller Architekten，柏林；结构工程师：Kunkle & Partner KG，柏林以及 Leslie E. Robertson Associates，纽约州，纽约市

奥尔亭
英国，威尔特郡
1999—2003 年

占地面积：2700 平方英尺
（约 251 平方米）
项目组：贝聿铭（DP）、佩里·秦（PA）、珍妮弗·阿德勒（图纸 /D），以及谷村元（Hajime Tanimura）（技术 /T）；助理建筑师：Digby Rowsell Associates，威尔特郡；室内设计：John Stefanidis Ltd. Architecture & Design，伦敦

苏州博物馆
中国，苏州
2000—2006 年
占地面积：16.2 平方英尺（约 15 050 平方米）
项目组：贝聿铭建筑事务所与贝氏合伙人建筑设计事务所合作，贝聿铭（DP）、贝建中（AP）、杰拉德·斯托（PM）、林兵（Bing Lin）（FA）、理查德·李（Richard Lee）（DA）、凯文·马（Kevin Ma）（T），以及谷村元（T）；当地建筑设计所：苏州建筑设计院，苏州；结构工程师：Leslie E. Robertson Associates，纽约州，纽约市；外部设计顾问：P. Y. Chin Architect，纽约州，纽约市；城市规划：贝定中，AICP，纽约州；艺术：蔡国强的《春秋》，徐冰的《背后的故事三》，贝聿铭的《叠石》，灵感来自米芾的《云山图》

伊斯兰教艺术博物馆
卡塔尔，多哈
2000—2008 年
占地面积：30 万平方英尺（约 27 871 平方米）
项目组：贝聿铭（DP）、佩里·秦（PM）、冈本博（FA），以及 Toh Tsum Lim（JC）；室内设计，展厅设计：J. M. Wilmotte，Architecte，巴黎；助理建筑师：Qatari Engineer & Associates，多哈；结构工程师：Leslie E. Robertson Associates，纽约州，纽约市；照明顾问：Fisher Marantz Stone，纽约州，纽约市

中华人民共和国驻美国大使馆
美国，华盛顿特区
2000—2008 年
占地面积：34.55 万平方英尺
（约 32 098 平方米）
项目组：贝聿铭建筑事务所与贝氏建筑事务所合作，贝聿铭（设计顾问）

澳门科学中心
中国，澳门
2002—2009 年
占地面积：225 960 平方英尺
（约 20 992 平方米）
项目组：贝聿铭建筑事务所与贝氏建筑事务所合作，贝聿铭（设计顾问）

致 谢

我要感谢贝聿铭先生，在整本书的编写过程中，他和蔼、耐心又慷慨地拿出了时间，提供了思路，要知道，这本书花了超过十年的时间。相比其他任何建筑师，在他的作品里，非常突出的一点就是建筑作品反映出建筑师的个性。还要感谢南希·罗宾逊，在很多方面，是她的努力使这本书顺利完成。

——菲利普·朱迪狄欧

我非常感谢贝聿铭先生的信心，以及他多年来慷慨贡献的时间和最坦诚的讨论，还要感谢南希·罗宾逊和雪莉·里普利（Shelley Ripley），她们是贝聿铭先生的得力助手。我要感谢菲利普·朱迪狄欧，是她最先提出了写这本书的想法，然后是瑞佐力出版社（Rizzoli）的查尔斯·迈尔斯（Charles Miers），他扩大了这本书涵盖的范围，使本书囊括了卢浮宫之前的项目，麦考尔公司（McCall Associates）贴心的设计，以及我的编辑唐·恩戈（Dung Ngo），特别是米拉·迪恩（Meera Deean），他提出了很好的建议，又有很强的能力，帮我理顺了文字。我很感谢贝聿铭-考伯-弗里德合伙人事务所提供了视觉材料，以及给我带来更多的机会从内部了解这个非凡的公司。特别感谢凯洛格·黄，他慷慨和明智的建议对我来说非常珍贵。感谢南希·格罗森（Nancy Goeschel）对关键部分的批判性阅读和富有洞察力的质疑，以及特里·哈特福德（Terry Hackford）的宝贵建议。还要特别感谢贝聿铭-考伯-弗里德合伙人事务所的詹姆斯·鲍尔高（James Balga）和贝氏合伙人建筑设计事务所的那迦·莱昂纳德（Nadja Leonard）给予的帮助。

还有一些单个项目，也得到了大家的帮助，我特别感谢美国国家大气研究中心的档案管理员黛安·拉布森（Diane Rabson）、埃德温（Edwin）和玛丽·安德鲁斯·沃尔夫（Mary Andrews Wolff），他们热情地分享了他们的回忆；建筑师林若敏（Jou Min Lin）和东海大学建筑系的工作人员，使我能够访问路思义教堂，查阅耶鲁神学院（Yale Divinity School）图书馆中的亚洲基督教高等教育联合委员会（United Board for Christian Higher Education in Asia）档案；感谢麻省理工学院博物馆的建筑收藏馆馆长金博利·希尔兰（Kimberly Shilland）；感谢马努阿夏威夷大学东西方中心的信息研究专家菲利斯·塔布萨（Phyllis Tabusa）；约翰·菲茨杰拉德·肯尼迪剧院的主管马蒂·迈尔斯和东西方中心的助理建筑师克里福德·杨；联邦航空管理局前局长纳吉·哈拉比，史密森学会（Smithsonian Institution）图书馆分馆，国家航空航天博物馆（National Air and Space Museum）的信息技术专家菲尔·爱德华兹（Phil Edwards）；克里奥·罗杰斯县立纪念图书馆馆长约翰·克里奇；波士顿马萨诸塞大学前校长罗伯特·伍德（Robert Wood），教育总监约翰·斯图尔特（John Stewart）和约翰·菲茨杰拉德·肯尼迪图书馆的工作人员；得梅因艺术中心助理馆长劳拉·伯克浩特（Laura Burkhalter）；得克萨斯州达拉斯市主管乔治·史莱德；贝德福德-史蒂文森复兴集团（Bedford-Stuyvesant Restoration Corporation）前任总裁兼首席执行官富兰克林·托马斯（Franklin Thomas），景观设计师保罗·弗雷德伯格（Paul Freidberg）；国家美术馆主任J.卡特尔·布朗和首席档案管理员梅格尼·丹尼尔斯（Maygene Daniels）；乔特学校校长西摩·圣约翰（Seymour St. John）；波士顿美术博物馆前馆长霍华德·约翰逊和前运营总监罗斯·法拉约（Ross Farrar）；IBM公司房地产和建筑部门前总裁小亚瑟·J.赫奇（Arthur J. Hedge, Jr.），以及爱德华·拉勒比·巴恩斯；米罗基金会（Fundació Joan Miró）保护部艾伦纳·埃斯克勒·卡尼勒（Elena Escolar Cunillé）；达拉斯交响乐团（Dallas Symphony）执行总监莱昂纳多·斯通（Leonard Stone），莫顿·H.梅尔森，斯坦利·马库斯，玛丽·麦克尔尔莫特·库克，Artec的拉塞尔·约翰逊；创新艺人经纪公司的前任主席迈克尔·奥维茨和纽约佩斯画廊总监阿尼·格林姆谢（Arnie Glimcher）。我还要感谢贝聿铭的朋友和顾问，包括小威廉·泽肯多夫、尼古拉斯·萨尔果（Nicolas Salgo）、莱斯·鲁波斯顿（Les Robertson）和索·提恩（Saw Teen），景观设计师丹·基利，交通顾问沃伦·贾维茨（Warren Travers），室内设计师戴尔·凯勒（Dale Keller），理查德·萨韦格纳诺（Richard Savignano）和威廉·L.斯莱顿。为了更好地了解贝聿铭身上的中国情怀的精微之处，我要感谢他多年的老朋友亨利·唐（Henry Tang）、杨世轩（Shixuan Yang），以及从前的雇员，后来成为新加坡住房发展委员会和城市重建局（Housing Development Board and Urban Redevelopment Authority in Singapore）局长的刘太格（Liu Thai-ker）。

我还要感谢与哥伦比亚大学国会图书馆（Library of Congress）、艾弗瑞建筑图书馆（Avery Architectural Library）以及许多公共图书馆愉快的合作研究，它们包括：亚特兰大、波士顿、克利夫兰、哥伦布、印第安纳、达拉斯、丹佛、得梅因、休斯敦、洛杉矶、纽约、雪城、华盛顿特区和威尔明顿。特别感谢克兰福德公共图书馆（Cranford Public Library）的弗兰·豪斯顿（Fran Housten）帮助我完成细节信息。

在工作中，我采访到了许多公司从前和现在的员工，他们慷慨地分享了见解。我由衷地感谢彼得·阿荣、西奥多、A.安博格、伊恩·巴德、亨利·巴罗涅（Harry Barone）、雷西亚·布莱克（Leicia Black）、狄波拉赫·坎普贝尔、凯尼斯·D.B.卡卢塞尔斯、陈其宽、佩里·秦、亨利·N.考伯、阿拉多、寇苏达、理查德·卡特尔、理查德·戴梦得、克莱格·达马斯、丹尼斯·伊根、弗莱德·K.H.方（Fred K. H. Fang）、迈克尔·D.弗林、尤里克·弗兰森、哈罗德·弗雷登伯格（Harold Fredenburgh）、詹姆斯·伊戈尔·弗里德、爱德华·弗里德曼（Edward Friedman）、拉尔夫·海瑟尔、威廉·亨德森、雷金纳德·休、胡安·雅各布森、英拉·凯瑟勒（Ira Kessler）、阿维德·克雷恩（Arvid Klein）、伊莱·H.莱昂纳多、罗伯特·莱姆（Robert Lym）、莱昂纳多·玛什·迪恩、麦克卢尔、罗伯特·米尔本、乔治·H.米勒、理查德·米克森（Richards Mixon）、A.普勒斯顿·摩尔、西奥多·J.木硕、戴尔·纳格勒、奥古斯特·中川、唐·佩奇、T.J.帕尔默（T. J. Palmer）、贝建中、贝礼中、文森特·庞特内（Vincent Ponte）、克里斯·兰德、克莱格·罗兹、玛丽安·桑托（Marianne Szanto）、F.托马斯·施密特（F. Thomas Schmitt）、威廉·佩德森、J.伍德森·莱尼（J. Woodson Rainey）、詹妮弗·萨齐（Jennifer Sage）、亚伯·史顿（Abe Sheiden）、理查德·W.史密斯（Richard W. Smith）、约翰·L.沙利文三世、弗利茨·苏尔泽、杰拉斯·斯托、卡尔文·曹、特雷西·特纳、凯伦·凡·蓝根（Karen Van Lengen）、保罗·维德、巴塞罗谬·D.沃森哲、沃尔纳、万德梅耶、理查德·韦恩斯坦（Richard Weinstein）、珀欣·黄、乔治·吴（George Woo）、汤姆·吴（Tom Woo）、雅恩·韦穆斯和查尔斯·T.杨。

最后，我要感谢朋友和家人，特别是布鲁斯（Bruce）、亚历克斯（Alex）和贝内特（Bennett）的忍耐和支持。

——珍妮特·亚当斯·斯特朗

图片来源

由贝聿铭—考伯—弗里德合伙事务所提供：27、31、32（上部及下部）、34、35（左侧及右侧）、39（上部及下部）、43（上部及下部）、47（左侧及右侧）、50、51、55、56（左侧及右侧）、59、60、62（左侧及右侧）、64、65、66（上部左侧，上部右侧及下部）、67（上部及下部）、68（上部及下部）、69、71、75、79、83（上部）、84（下部）、88（下部）、93（上部，中间及下部）、97（上部及下部）、98（上部及下部）、103（上部及下部）、107（下部）、111（上部及下部）、112（下部）、116（左侧及右侧）、117（左侧及右侧）、118（中间及下部）、121、126（下部）、129、130（左侧及右侧）、132、135（上部及下部）、136（下部）、137、139（上部及下部）、144（左侧及右侧）、145（上部）、147（下部）、156（下部）、159（上部及下部）、163（上部）、164（上部左侧及下部左侧）、167（上部及下部）、169（下部）、172（下部左侧及右侧）、173（下部）、175（左侧）、179（下部）、180（下部）、183（上部及下部）、187（上部及下部）、192（右侧）、193、200（下部）、202、205、206（左侧及右侧）、208（左侧及右侧）、213（下部）、214（上部及下部）、217（下部）、218（上部）、221（上部及下部）、223（下部左侧）、231、232（左侧）、233（上部及下部）、234（上部及下部）、236、237（上部）、240、243（上部及下部）、249（上部及下部）、250、251、253（下部）、258、262、268（右侧）、271、272、275、280（上部，下部左侧及右侧）、290（上部右侧及下部右侧）、298、307（下部）、308（上部右侧及下部左侧）、310（右侧）、312（下部）、318、319、321（右侧）。由 Gil Amiaga 提供的图片：134、136（上部）。由 Gabriel Benzur 提供的图片：36（上部，下部右侧及下部左侧）、37。由 © Luc Boegly/ARTEDIA 提供的图片：252。由 © Dennis Brack 提供的图片：128、131（上部）。由 Fons F. Català-Roca-Arxiu Fotogràfic AHCOAC 提供的图片：184（上部右侧）。© Eric Chenal / Agence Blitz for Mudam：封面。由 © Peter Cook 提供的图片：200（上部）、304、310（左侧）、311、312（上部）、313。由 © Stéphane Couturier/ARTEDIA 提供的图片：249（右侧）、253（上部）、259。George Cserna/ 图片由纽约哥伦比亚大学（Columbia University in the City of New York）艾弗瑞建筑和艺术图书馆（Avery Architectural and Fine Arts Library）提供：53、58、61、72（左侧）、73、76（右侧）、77、82、84、85、86（上部）、88、102、104（左侧及右侧）、105、110、112、137（上部）、172（上部左侧）、173（上部）。由 Robert Damora 提供的图片：33、42、44、45（上部及下部）、70、101、113。Ara Derderian/ 图片由贝聿铭—考伯—弗里德合伙事务所（PCF&P）提供：

87（左侧及右侧）。Lionel Freedman/ 图片由贝聿铭—考伯—弗里德合伙事务所（PCF&P）提供：54、57。Allen Freeman/ 图片由贝聿铭—考伯—弗里德合伙事务所（PCF&P）提供：142。由 © Michael Freeman 2008 提供的图片：325、332、333、335。由 © Owen Franken 提供的图片：244、246、247、254（左侧及右侧）。Shuichi Fujita/ 图片由贝聿铭—考伯—弗里德合伙事务所（PCF&P）提供：270、273。Andrew Garn：268（左侧）。由 Eddie Hausner/ The New York Times/Redux 提供的图片：115（上部）。Koji Horiuchi/ 图片由贝聿铭—考伯—弗里德合伙事务所（PCF&P）提供：241、242。Kiyohiko Higashide：274、277、278、279、284（左侧）、288、289、295、297、299、300、301、302、303（上部及下部）、304、305。Timothy Hursley：220、222、223（上部及下部右侧）、224、225、276、281、282、283、284（右侧）、285、286、287。由 Werner Huthmacher, Berlin 提供的图片：296、307（上部）、308（左侧）、309。由 Kerun Ip 提供的图片：290（左侧）、291、292、293、294（上部及下部）、320、322、323、324、326、327、329、330、331、334。约翰·菲茨杰拉德·肯尼迪图书馆，"注释"（1）文件夹，William Walton 论文，第3章，约翰·菲茨杰拉德·肯尼迪总统图书馆：115（下部）。由 © Balthazar Korab, Ltd 提供的图片：106、107、108（左侧及右侧）、109（左侧及右侧）、120、123。Shang Wei Kouo/ 图片由贝聿铭—考伯—弗里德合伙事务所（PCF&P）提供：162、165、166、168、169（上部）。由 Lois Lammerhuber 提供的图片：239、257、264、265。© Robert C. Lautman：133、145（下部）、149、155。图片由国会图书馆（The Library of Congress）/ 印刷品和照片部门（Prints and Photographs Division）提供：51（右侧）。Frank Lerner/ 图片由贝聿铭—考伯—弗里德合伙事务所（PCF&P）提供：74。由 Erich Lessing/Art Resource, NY 提供的图片：230（左侧）。由 © Thorney Lieberman 提供的图片：76（左侧）、92、114、118、119、131（下部）、138、140、141（上部及下部）、160（左侧）、161、170、171、185、198、269。Joseph Molitor/ 纽约哥伦比亚大学艾弗瑞建筑和艺术图书馆（Avery Architectural and Fine Arts Library）：158、160（右侧）。John Nicolais/ 图片由贝聿铭—考伯—弗里德合伙事务所（PCF&P）提供：146（上部）。John Nye/ 图片由贝聿铭—考伯—弗里德合伙事务所（PCF&P）提供：207。Paul Stevenson Oles, faia/ 图片由贝聿铭—考伯—弗里德合伙事务所（PCF&P）：235。Paul Stevenson Oles/ 图片由华盛顿国家美术馆（National Gallery of Art）提供：148（上部左侧，上部右侧及下部）。由 © Victor Z. Orlewicz 提供的图片：63、266。由 ©

Rondal Partridge 提供的图片：90。由 Richard Payne, FAIA 提供的图片：182、184（左侧及下部右侧）、199、201（下部）。贝建中 / 图片由贝聿铭—考伯—弗里德合伙事务所提供：191。由 Benoit Perrin 提供的图片：238。由 Réunion des Musées Nationaux/Art Resource, NY 提供的图片：230（右侧）。由 © Marc Riboud 提供的图片：190、192（左侧及右侧）、194（上部；下部右侧及左侧）、195、196、197、237（右侧下方）、256（左侧）。由 Cervin Robinson 提供的图片：83（右侧）。由 ©（1981）Steve Rosenthal 提供的图片：174、175（右侧）、176（上部及下部）、177（上部及下部）。由 ©（1985）Steve Rosenthal 提供的图片：178、179（上部）、180（上部右侧及左侧）、181、186、188（上部及下部）、189。由 ©（1989）Steve Rosenthal 提供的图片：212、213（上部）、214（middle）、215。由 Samir N. Saddi, Arcade 提供的图片：336、350、351。由 Deidi von Schaewen 提供的图片：228、255。由 James L. Stanfield/National Geographic Image Collection 提供的图片：261。由 Courtesy Ralph Steiner Estate 提供的图片：40（右侧）。由 Morley Von Sternberg 提供的图片：314、315、316、317（左侧及右侧）、337、341、342、343、344、346、349。Ezra Stoller © Esto. 保留一切权利：30、38、40（左侧）、41、46、48（左侧及右侧）、49、94（上部及下部）、95、96、99（上部及下部）、100、122（左侧及右侧）、124、125、126（上部左侧及右侧）、127、143、146、150、151、152（下部左侧）、153、154、156（上部）、157。由 Wayne Thom Photography 提供的图片：163（下部）。由 2008 © University Corporation for Atmospheric Research 提供的图片：91。由 © Paul Warchol 提供的图片：201（上部）、203、204、209、210（上部及下部）、211、216、217（上部）、218（下部）、219。图片由 Wilmotte & Associés S.A. 提供：338。Alfred Wolf：229、256（右侧）。Wurts Brothers Photography Collection/ 图片由 National Building Museum 提供：72（右侧）。James Y. Young/ 图片由贝聿铭—考伯—弗里德合伙事务所（PCF&P）提供：78、80（上部及下部）、81（上部及下部）。由 ©Keiichi Tahara (Doha) and K. Higashide's (Miho) 提供的图片：10、11、12、13、14、15。由 Marc Riboud/Fonds Marc Riboud au MNAAG/Magnum Photos/IC photo 提供的图片：3（上、下）、6。由 Elliott Erwitt/Magnum Photos/IC photo 提供的图片：2。

Rizzoli International Publications 已经为本书中的所有图片找出并联系版权所有者，包括所有照片和插图。尽管进行了彻底的研究，但仍无法取得全部版权。如果今后发现任何不准确之处，将在以后的版本中加以更正。

出版后记

在中文世界里，贝聿铭可能是最为著名的华裔建筑师，游走在东西方文化之间，堪称是建筑界的一个特殊的存在。他始终坚持现代主义风格，善用钢材、混凝土、玻璃和石材等现代建筑材料，同时又为其注入东方的诗意。他设计的建筑因此有了温度，有了人格化的特点，其中很多成了艺术品。在现代建筑的历史上，贝聿铭被称为"最后一位现代主义大师"，他应该当之无愧。

贝聿铭的作品以公共建筑、文教建筑为主，这是大多数人对他的建筑作品的一般印象。然而，他早期的一些小型住宅项目和社区规划项目，比如他的私邸、圆形螺旋公寓、华盛顿西南区城市改造、贝德福德-史蒂文森超级街区等，则展现了其不为人熟知的另一个面向。虽然有些是低成本小型住宅，也有些最终并未建成，只呈现为设计图纸，但它们表现出了贝聿铭在设计作品时始终怀着社区规划的意识，以及对建筑与周边环境相融合的关注。他的很多作品，仿佛是从当地"长"出来一样，与当地环境融为一体。或许，这正体现了他受到中国传统的"和谐"理念的影响。

《贝聿铭全集》向读者展现一系列优秀的建筑设计作品，既有如美国国家美术馆东馆、苏州博物馆这样闻名世界的大型公共建筑，也有如贝氏宅邸、奥尔亭这样的私人建筑；在时间上，从20世纪40年代末贝聿铭初出茅庐的作品，一直介绍到21世纪初贝聿铭功成名就后的收官之作。

翻译出版这部《贝聿铭全集》，是希望可以让读者全面了解贝聿铭的建筑作品，除了欣赏那些精彩的建筑设计，也了解建筑师如何在受到诸多限制和干扰的状态下，"戴着镣铐跳舞"，将设计图纸变成最终的建筑作品。我们聘请新的译者重新翻译这部作品，在译文上尽可能地坚持忠实于英文语义，以确保能够准确表达作者的意思，避免产生曲解；同时，我们也修订了英文版作者由于不了解历史背景和东方的情况而产生的一些误解和讹误。另外，与以前的译本不同的地方还包括，本版的译者翻译了参考注释和贝聿铭的全部作品名录，以方便读者获得更全面的认识。我们还从玛格南图片社得到了一些贝聿铭先生珍贵的照片，放在书前，以飨读者。贝聿铭先生的学生兼同事、木心美术馆的设计者林兵先生为本书做了审校，并写作了《后序：始于教堂，止于圣堂》，回顾了贝聿铭先生的第一件和最后一件作品的创作经过，讲述了一段书中不曾提及的故事。

2019年5月16日，贝聿铭逝世，一代建筑大师曲终谢幕。这部《贝聿铭全集》，是对这位享誉世界的建筑家的郑重纪念。谨以此书，致敬贝聿铭先生！

后浪出版公司

2020年9月